Weitere Bücher von James DeMeo

* *Saharasia: The 4000 BCE Origins of Child Abuse, Sex-Repression, Warfare and Social Violence In the Deserts of the Old World,* Revised Second Edition, 2006

* *Preliminary Analysis of Changes in Kansas Weather Coincidental to Experimental Operations with a Reich Cloudbuster: From a 1979 Research Project,* 2010

* *In Defense of Wilhelm Reich: Opposing the 80-Year War of Mainstream Defamatory Slander Against One of the 20th Century's Most Brilliant Physicians and Natural Scientists,* 2013

* (Herausgeber) *Heretic's Notebook: Emotions, Protocells, Ether-Drift and Cosmic Life-Energy, with New Research Supporting Wilhelm Reich,* 2002

* (Herausgeber zusammen mit Bernd Senf) *Nach Reich: Neue Forschungen zur Orgonomie: Sexualökonomie, Die Entdeckung der Orgonenergie,* Zweitausendeins Verlag, Frankfurt, 1997

* (Herausgeber) *On Wilhelm Reich and Orgonomy,* Orgone Biophysical Research Lab, Ashland, Oregon, 1993

Neue Informationen zum Orgonakkumulator über den Inhalt dieses Buches hinaus sind hier zu finden:
www.orgonelab.org/orgoneaccumulator

Das Orgonakkumulator-Handbuch

*Wilhelm Reichs Entdeckung der Lebensenergie:
Rüstzeug für das 21. Jahrhundert zur Selbstheilung
und allgemeinen Verbesserung der Lebensqualität
Mit vielen Bauanleitungen*

von James DeMeo, PhD

Mit einem Geleitwort von Dr. Eva Reich

Neue erweiterte und überarbeitete Ausgabe

*Natural Energy Works
Orgone Biophysical Research Lab (OBRL)
Ashland, Oregon, USA
www.naturalenergyworks.net*

Verlag und weltweiter Vertrieb:

Natural Energy Works
Orgone Biophysical Research Lab / OBRL
PO Box 1148, Ashland, Oregon 97520 USA
http//www.naturalenergyworks.net
E-mail: info @naturalenergyworks.net

Erhältlich auch über Lightning Source/Ingram.

DAS ORGONAKKUMULATOR-HANDBUCH
Copyright © 2015 by James DeMeo
Alle Rechte vorbehalten. Nachdruck, Vervielfältigung oder Vertrieb, auch auszugsweise oder in elektronischer Form im Internet, sind ohne schriftliche Genehmigung des Autors nicht gestattet.

1. Auflage 2015   150301

ISBN: 978-0989139038   0989139034

Titel der amerikanischen Originalausgabe:
The Orgone Accumulator Handbook:
Wilhelm Reich's Life-Energy Discoveries and Healing Tools for the 21st Century, with Construction Plans
Verlag Natural Energy Works, Ashland, Oregon, USA
Copyright © 1989, 1994, 2010 by JamesDeMeo
Übersetzung: DS Bruckner

Das Umschlagfoto zeigt einen Astronauten der Apollo 12-Mission auf dem Mond (Originalaufnahme der NASA, aus: Life Magazine, 12. Dez. 1969). Wahrscheinlich durch die Anregung des Hochfrequenz-Funkgerätes auf seinem Rücken erstrahlt das Orgonenergiefeld seines Körpers zartblau in der dünnen Mondatmosphäre. Das blaue Leuchten des Lebensenergiefeldes, das in mehreren Aufnahmen von Mondmissionen um die Astronauten herum sichtbar ist, wird entweder systematisch ignoriert oder als »Mondstaub«, »Wasserdampf« oder »Flecken auf der Kameralinse« abgetan. Tatsächlich aber ist hier das menschliche Orgon- oder Lebensenergiefeld mit bloßem Auge erkennbar.
Mehr Informationen zu diesem Thema gibt es hier:
    www.orgonelab.org / astronautblues.htm

Danksagung

Dieses Buch ist das Ergebnis meiner langjährigen theoretischen und praktischen Beschäftigung mit dem Werk Wilhelm Reichs sowie den Beiträgen anderer Ärzte, Therapeuten und Wissenschaftler, deren Forschungsarbeiten mir unentbehrlich waren. Ihre Namen und Veröffentlichungen sind im Literaturnachweis am Ende des Buches aufgeführt.

Durch meine jahrelange Korrespondenz mit etlichen dieser Forscher habe ich viel gelernt. Insbesondere danke ich Eva Reich und Jutta Espanca für ihre konstruktive Kritik an der ersten Ausgabe dieses Handbuches. Desweiteren möchte ich meinen Lehrern Robert Morris, Robert Nunley und Richard Blasband meinen Dank aussprechen, die mir alle verschiedene Aspekte der Lebensenergie zeigten.

Ein besonderes Dankeschön gebührt meinen treuen Freunden Theirrie Cook und Don Bill, die mir auf jede erdenkliche Weise bei meiner Arbeit geholfen haben, und James Martin, der mich auf die Idee brachte und ermutigte, die amerikanische Originalausgabe, ursprünglich ein schmales Büchlein, zu überarbeiten und zu erweitern. James war außerdem für die Schriftsetzung und die Grafiken der frühen Ausgaben verantwortlich, und seine Anregungen waren immer wieder hilfreich.

Darüberhinaus möchte ich all den Forschern und Ärzten meinen Dank aussprechen, die in Deutschland offen mit dem Orgonakkumulator arbeiten, was in den Vereinigten Staaten heute noch immer problematisch ist. Ich habe von ihnen viel über die Möglichkeiten und Grenzen der physikalischen Orgontherapie gelernt. Vince Wiberg sei gedankt für die hier dargestellten einfachen und kostengünstigen Methoden zum Nachweis elektromagnetischer Störungen. Schließlich bedanke ich mich bei meiner Frau Daniela für ihre unermüdliche Unterstützung und Mitarbeit.

Und in erster Linie stehe ich natürlich in der Dankesschuld von Wilhelm Reich, der die Orgonenergie entdeckt und den Orgonakkumulator entwickelt hat.

James DeMeo, PhD
Greensprings, Oregon, USA
November 2010, 2015

Inhalt

Seite

Danksagung v
Vorwort zur deutschen Neuausgabe 2015 viii
Vorwort zur englischen Neuausgabe 2010 xi

1. Geleitwort von Dr. Eva Reich 1
2. Einleitung 3
   – Neue Informationen zur Diffamierungskampagne
     gegen Reich 11

Teil I:
Orgon-Biophysik

3. Was ist Orgonenergie? 37
4. Wilhelm Reichs Entdeckung der Orgonenergie
   und die Erfindung des Orgonakkumulators 41
5. Der objektive Nachweis der Orgonenergie 55
6. Die Entdeckung einer ungewöhnlichen Energieform
   durch andere Wissenschaftler 63

Teil II:
Die sichere und effektive Anwendung
des Orgonakkumulators

7. Grundregeln für Konstruktion und experimentellen
   Einsatz von Orgonakkumulatoren 77
   – Konstruktionsmaterialien 78
   – Standort, Pflege, verantwortungsvoller Einsatz 85
8. Oranur und DOR 89
   – Entstehung und Auswirkungen 92
   – Heutige Naturwissenschaft und Orgon-Biophysik .. 98
   – Neutrinomeer oder Orgonenergiekontinuum? 100
   – Oranur und DOR in unserem Lebensumfeld 105
   – Gesundheitliche Auswirkungen 110

9. Sanierung des bioenergetischen Umfeldes 117
   – Meßgeräte 128
10. Lebendes Wasser, heilendes Wasser 137
    – Die Bionpackung 140
    – Die Zerstörung des Kurwesens in Amerika 142
    – Energetische Reinigung des Umfeldes 145
11. Physiologische und biomedizinische Wirkungen 149
12. Persönliche Erfahrungen 169
13. Einige einfache und fortgeschrittene Experimente
    mit dem Orgonakkumulator............................... 177
14. Fragen und Antworten 191

Teil III:
Bauanleitungen

15. Die zweischichtige Orgondecke 201
16. Der fünfschichtige Konservendosen-Akkumulator
    zur Aufladung von Saatgut 207
17. Die zehnschichtige Orgonakkumulator-Box 211
18. Der Orgonshooter-Trichter 217
19. Der Orgonstab 219
20. Der dreischichtiger Orgonakkumulator von
    Sitzgröße 221

Literaturverzeichnis 233

Informationsquellen und Kontaktadressen.................... 243

Anhang: Ein dynamischer and substantieller
    kosmologischer Äther 245

Stichwortregister 269

Über den Autor 277

Vorwort
zur deutschen Neuausgabe 2015

Seit der ersten deutschen Edition dieses Buches, die 1994 beim Verlag Zweitausendeins unter dem Titel *Der Orgonakkumulator, Ein Handbuch* als Übersetzung der englischen Buchvorlage von 1989 veröffentlicht worden war, sind zwei Jahrzehnte vergangen, und somit war es höchste Zeit für eine Neuausgabe. Die 2010 erschienene überarbeitete und aktualisierte englische Fassung mit über 100 Seiten an zusätzlichem Informationsmaterial liegt hiermit erstmalig in deutscher Sprache vor. Jüngere wissenschaftliche Forschungsergebnisse, die Reichs Entdeckung und Nachweis der Orgonenergie weiter bestätigen und untermauern, sind ebenso enthalten wie neue Informationen zu Baumaterialien und klinischen Anwendungen des Orgonakkumulators. Die Kapitel über Oranur und DOR wurden wesentlich erweitert und an die zunehmenden energetischen Belastungen unserer heutigen Zeit angepaßt. Außerdem haben wir in dieser Neuübersetzung auch einige Mißverständnisse und Übersetzungsfehler bereinigt, die sich in die ursprüngliche deutsche Fassung eingeschlichen hatten.

Im Anhang befindet sich nun eine meiner Abhandlungen über den kosmischen Äther, welcher im Zusammenhang mit Reichs Erkenntnissen über Orgonenergiefunktionen im Weltall von Bedeutung ist. Sowohl Reichs Orgonenergie als auch der Äther sind greifbar, substantiell, experimentell dokumentiert und weisen wesentliche Übereinstimmungen auf. Reich war der Ansicht, daß das Konzept eines Äthers von der modernen Physik vorschnell ausrangiert wurde, und ich teile seine Auffassung.[1]

In Kapitel 2 befindet sich u.a. eine Zusammenfassung neuer Erkenntnisse aus der jüngeren Geschichtsforschung über die Hintergründe der Verfolgung und Diffamierung Reichs in den USA, die zu seinem Tod im Gefängnis führten, und welche Rolle vor allen Dingen westliche Kommunisten und sowjetische Agenten dabei

---

1. James DeMeo: "Dayton Miller's Ether Drift Research: A Fresh Look". http://www.orgonelab.org/miller.htm

spielten. Wer weiter ins Detail gehen möchte, dem seien die zwei Bücher empfohlen, die bereits zu dem Thema erschienen sind.[2]

Für manche an Wilhelm Reich Interessierte mögen seine Erkenntnisse über die kosmische Lebensenergie eine Herausforderung darstellen, insbesondere, wenn sie über eine gängige wissenschaftliche oder medizinische Ausbildung verfügen. Für die deutschsprachige Leserschaft kam lange Zeit erschwerend hinzu, daß nahezu das gesamte naturwissenschaftliche Forschungswerk Reichs erst begann, nachdem er Europa verlassen und aufgehört hatte, in deutscher Sprache zu veröffentlichen. Aus diesem Grund blieb dem deutschsprachigen Europa ein Großteil seiner naturwissenschaftlichen Entdeckungen zu Orgonenergiefunktionen in der Natur weitgehend unbekannt.

Dies ist allerdings nicht der Sprachbarriere allein geschuldet, sondern auch gewissen Neigungen zu selektiver Wahrnehmung, Verzerrung oder Mystifizierung. Mangelnde Kenntnis von Reichs solider Biophysik führt dann z.B. dazu, ihm den Naturwissenschaftler von vornherein ganz abzusprechen, so daß man sich mit seinen diesbezüglichen Forschungsarbeiten gar nicht mehr ernsthaft auseinanderzusetzen braucht. Oder man fühlt sich bemüßigt, ihn unter dem Deckmantel von Jahrmarktsesoterik oder fragwürdigen Verschwörungstheorien mit pseudo-wissenschaftlichem Anstrich »neu zu interpretieren«. Wieder andere behalten lediglich Fragmente von Reichs Entdeckungen zur Orgonenergie innerhalb der engen Gedankenwelt marxistischer Ideologie, so wie die Studentenbewegung der 1960er, obgleich ihr sicherlich das Verdienst zusteht, Reichs deutsche Schriften aus seiner europäischen Schaffensperiode aus der Versenkung geholt zu haben. Übersetzungen von englischen Texten aus Reichs amerikanischem Lebensabschnitt ins Deutsche laufen daher ggf. Gefahr, von derartigen Voreingenommenheiten bzw. grundsätzlich lückenhafter Kenntnis von Reichs naturwissenschaftlichem Forschungswerk beeinflußt zu werden.

Die Orgonenergie ist nichtsdestotrotz real, direkt erfahrbar und objektiv meßbar. Das ist mehr, als man über vieles in der modernen Naturwissenschaft und Medizin sagen kann, wo oft Sachverhalte

---

2. James DeMeo: *In Defense of Wilhelm Reich: Opposing the 80-Year's War of Defamatory Slander Against One of the 20th Century's Most Brilliant Physicians and Natural Scientists*, Natural Energy Works, Oregon 2013; James E. Martin: *Wilhelm Reich and the Cold War*, 2. Ausgabe, Natural Energy Works, Oregon 2014.

und kausale Zusammenhänge postuliert werden, ohne sie beobachtet oder nachgewiesen zu haben. Das trifft auf den Urknall-Schöpfungsmythos ebenso zu wie von Einstein abgeleitete Theorien zur gekrümmten Raumzeit oder multiplen Universen, oder die dem religiösen Konzept der »Erbsünde« vergleichbare behauptete genetische Prädisposition für soziale Gewalt. Ein weiteres Beispiel sind sogenannte »versteckte Viren«, die — dem Aberglauben an unsichtbare Dämonen gleich — angeblich noch Jahre nach vermuteter Ansteckung plötzlich tödliche Krankheiten auslösen sollen, obwohl sie nicht aus dem Blut oder Gewebe betroffener Menschen isoliert werden können. Solches sind keine Anwendungen solider wissenschaftlicher Methodik, sondern eher Rückfälle in mittelalterliches Denken.

Der Orgonakkumulator dagegen stellt eine der wichtigsten Erfindungen in der Geschichte der Menschheit dar. Wäre er entsprechend angenommen und verbreitet worden, hätte er zu einer Revolution in Medizin und Wissenschaft geführt, und zwar nicht nur hinsichtlich einer Verbesserung der Gesundheitsversorgung, sondern auch im Bezug auf eine grundlegend andere, lebenspositive soziale und wissenschaftliche Weltanschauung.

Für diese Revolution ist es noch nicht zu spät. Sie läßt nachwievor auf sich warten, weil in vielen Bereichen noch immer dieselben gesellschaftlichen Einflüsse vorherrschen, die es sich schon zu Reichs Lebzeiten zum Ziel gesetzt hatten, ihn und sein Lebenswerk zu vernichten.

                                      James DeMeo, Ph.D.
                                      Greensprings, Oregon, USA
                                      Januar 2015

Vorwort
zur englischen Neuausgabe 2010

Seit der Veröffentlichung der ersten englischen Ausgabe des Orgonakkumulator-Handbuches im Jahre 1989 ist das Interesse an Wilhelm Reichs Entdeckungen langsam, aber stetig gestiegen. Angefangen bei Dr. Reich und einem kleinen Kreis seiner Studenten, hat sich der therapeutische Einsatz des Orgonakkumulators um den Erdball verbreitet, und er wird nun sowohl von zahlreichen Ärzten und Heilpraktikern als auch von Laien zu Heilungszwecken genutzt. Obendrein haben moderne Forschungsprojekte über das Waldsterben in der Umgebung atomarer Anlagen und über die toxischen Wirkungen niederfrequenter Strahlungen aller Art — seien es anderweitige radioaktive Belastungen z.B. durch Rauchmelder, die elektromagnetischen Felder von Stromleitungen und elektrischen Geräten sowie die Radio- und Mikrowellenstrahlung von Handys und Hochfrequenzsendemasten — Reichs Erkenntnisse über den Oranur-Effekt nachdrücklich bestätigt. Die entsprechenden Kapitel 8 und 9 wurden für die vorliegende Neuausgabe wesentlich erweitert und dem heutigen Stand der Technik angepaßt. Die Problematik verdeutlicht die Notwendigkeit einer verstärkten Berücksichtigung von Umweltfaktoren für alle, die sich mit der Anwendung der Orgonenergie befassen.

Gegen die frühere Ausgabe dieses Buches wurde von verschiedener Seite die Kritik vorgebracht, die möglichen Gefahren des Einsatzes eines Orgonakkumulators in belasteter Umgebung etwas zu übertrieben dargestellt zu haben. So wies ich beispielshalber darauf hin, daß es nicht geraten sei, einen Orgonakkumulator im Umkreis von weniger als 50 bis 80 Kilometern Entfernung von einem Atomkraftwerk oder innerhalb weniger Kilometer von Hochspannungsleitungen und hohen Sendetürmen zu benutzen. Man machte mich jedoch darauf aufmerksam, daß eine solche Warnung diejenigen, die ohnehin gewisse Bedenken gegenüber dem Orgonakkumulator hegten, gänzlich davon abbringen würde, ihn jemals auszuprobieren. Eine solche Vorsicht sei aber nicht geboten. In Deutschland beispielsweise behandelten Mediziner Patienten mit dem Orgonakkumulator in Umgebungen, die ich als »zu belastet« ablehnen würde, wie etwa innerhalb großer Städte.

Da ich in einer relativ intakten Waldgegend an der Westküste der USA lebe, betrachte ich die Angelegenheit natürlich etwas anders als jemand, der im Zentrum einer Großstadt wohnt und trotz eines mutmaßlich belasteten Umfeldes auf die Vorzüge eines Orgonakkumulators nicht verzichten will. Verantwortungsbewußte Kritiker haben mir versichert, daß der Orgonakkumulator auch unter solch weniger idealen Umweltbedingungen mit guten Ergebnissen eingesetzt werden kann.

Seit einigen Jahren erleben wir allerdings eine ungehinderte Ausbreitung von Mikrowellentechnologie in Form von Handys, ihren Mobilfunksendemasten und Verteilerstationen, WiFi-Netzwerken und allen erdenklichen übrigen Utensilien des »drahtlosen Zeitalters«, deren langfristige lebensenergetische Auswirkungen auf unsere Umwelt und Gesundheit niemand wirklich voraussehen kann. Im Zweifelsfall ist es angeraten, sich Meßinstrumente für das Auffinden elektromagnetischer Störfelder, Mikrowellenstrahlung und radioaktiver Belastung zu besorgen* — bzw. einen entsprechenden Fachmann zu konsultieren — um den geplanten Standort eines Orgonakkumulators auszutesten. Und nicht nur diesen: man bedenke, daß wir ja ebenfalls aus Lebensenergie bestehen. Die energetische Qualität unseres Lebens- und Arbeitsumfeldes spielt demnach eine wichtige Rolle!

Im Verlauf meiner wissenschaftlichen Forschungstätigkeit habe ich außerdem die Erfahrung gemacht, daß einige der diffizileren Experimente mit Orgonenergie eindeutig bessere Ergebnisse zeitigen, wenn die strikten Vorgaben hinsichtlich der Umweltbedingungen eingehalten werden. Ich möchte daher lieber »auf Nummer sicher gehen«, auch wenn sich meine Warnungen im nachhinein einmal als unnötig erweisen sollten.

Da ich nachwievor der Meinung bin, daß mäßige bis starke elektromagnetische Felder oder radioaktive Belastung die Nutzungsmöglichkeiten des Orgonakkumulators einschränken, und deshalb meinen ursprünglichen Text dazu nicht geändert habe, möchten Sie meine Mahnungen zum Anlaß nehmen, Ihr unmittelbares Lebensumfeld einer kritischen Bewertung zu unterziehen. Es gibt

---

* Für eine repräsentative Auswahl solcher Meßgeräte siehe www.naturalenergyworks.net

zahlreiche Möglichkeiten der Beschäftigung mit Orgonenergie, und man kann den Orgonakkumulator auch in einer leicht belasteten Umgebung funktionsfähig halten, solange man gewisse Gundregeln beherzigt. Bei Aufstellung im Haus in einem gut gelüfteten Raum oder im Freien unter einem Wetterschutz und regelmäßigem Auswaschen mit frischem Wasser kann der Akkumulator trotzdem eine gute, gesunde Ladung halten.

Für die vorliegende Neuausgabe habe ich ferner ein Kapitel über *Lebendes Wasser* hinzugefügt, und im Anhang findet sich nun eine Abhandlung über den *Kosmischen Äther*. Kapitel 11 enthält desweiteren einen zusammenfassenden Überblick über Orgonakkumulator-Experimente mit Krebsmäusen. Kapitel 14 wurde ebenfalls ergänzt, um einem wachsenden Trend irreführenden Unfugs in Reichs Namen von Seiten diverser unseriöser Internethändler entgegenzutreten. Ferner habe ich dort eine kurze Erörterung des Phänomens der Geistheilung eingeschoben, das meines Erachtens eines Übertragungsmediums wie der Orgonenergie bedarf.

Im Großen und Ganzen wurden die wissenschaftlichen und therapeutischen Ausführungen auf der Grundlage einer Fülle von neuen Forschungsergebnissen bedeutend vertieft, und viele neue Bilder und Grafiken geben einen Einblick in unsere Forschungsarbeit hier am Orgone Biophysical Research Lab (OBRL), meinem Institut im amerikanischen Oregon. Es war dringend notwendig, dieses Handbuch auf den aktuellen Stand zu bringen, und ich glaube, das Ergebnis kann sich sehen lassen.

James DeMeo, Ph.D.
Greensprings, Oregon, USA
April 2010

»Wir halten die Entdeckung der Orgonenergie für eines der größten Ereignisse in der Geschichte der Menschheit.«

Aus einem von 17 Ärzten unterschriebenen Brief an die *American Medical Association* aus dem Jahre 1949.

»Der Orgonakkumulator ist die wichtigste Erfindung in der Geschichte der Medizin — ohne jede Einschränkung.«

Dr. Theodore P. Wolfe,
in: *Emotional Plague Versus Orgone Biophysics*, 1948.

»Zusammenfassend darf ich sagen, daß die Entdeckung des Orgons und seine medizinische Anwendung mittels des Orgonakkumulators, des Orgonshooters, der Bion-Erde und des Orgonwassers eine Fülle neuer und, wie es scheint, überraschend guter Aussichten eröffnet hat.«

Wilhelm Reich,
in: *Die Entdeckung des Orgons, Bd. 2, Der Krebs*, 1974.

»Was aber wirst Du zu den ersten Philosophen unseres Paduaner Gymnasiums sagen, die trotz tausendfacher Aufforderungen sich eisern dagegen sträuben, jemals die Planeten oder den Mond oder das Fernglas selbst zu betrachten, und die somit ihr Auge mit Gewalt gegen das Licht der Wahrheit verschlossen? ... Diese Sorte Menschen glaubt ... die Wahrheit sei nicht in der Welt oder in der Natur, sondern (dies sind ihre eigenen Worte!) durch das Vergleichen von Texten zu erforschen.«

Galileo Galilei, italienischer Astronom, von der katholischen Kirche unter Androhung der Folter zum Widerruf seiner wissenschaftlichen Bestätigung des heliozentrischen Weltbildes gezwungen, in einem Brief an Kepler vom 19. August 1610.

»Es gibt keine Orgonenergie.«

Richter John D. Clifford in seinem Gerichtsentscheid von 1954, in dem das Verbot und die Verbrennung aller Bücher und wissenschaftlichen Veröffentlichungen von Dr. Reich verfügt wurde. Reich selbst wurde zu einer Haftstrafe verurteilt und verstarb im Gefängnis.

1. Geleitwort von Dr. Eva Reich
zur Erstausgabe, März 1989

Mit Hilfe des vorliegenden *Orgonakkumulator-Handbuchs* kann die Orgonomie endlich, zweiunddreißig Jahre nach dem Tode Wilhelm Reichs im Jahre 1957, wie alle anderen Wissenschaften studiert und ausgeübt werden. Dieses kompakte und informative Handbuch bietet allen, die Interesse an der kosmischen Lebensenergie und ihrer Nutzbarmachung haben, eine umfassende und allgemein verständliche Darstellung der Orgonenergie. Es beschreibt ihre wissenschaftliche Definition und die Geschichte ihrer Entdeckung, wie mein Vater von der Beobachtung über wissenschaftliche Versuche zum theoretischen Verständnis und schließlich zur praktischen Anwendung gelangte. Ferner enthält es die Grundlagen zur Konstruktion und experimentellen Nutzung des Orgonakkumulators und gibt detailliert Auskunft über die benötigten Materialien, die Abmessungen und den Schichtaufbau. Den Abschluß bildet ein ausführliches Quellenverzeichnis. Dr. James DeMeo läßt uns teilhaben an seinem umfangreichen Wissen über ein Gebiet, das nachwievor von den Lehrplänen der Universitäten verbannt ist — mit Ausnahme einiger weniger Seminare und Studienkurse in New York und Berlin.

Wilhelm Reich hat einmal gesagt, daß die Lebensenergie schon Tausende von Jahren bekannt ist, es aber erst ihm gelungen sei, ihre praktische Nutzung konkret zu erschließen; das Zeitalter ihrer Anwendung habe gerade erst begonnen. Dieses Buch ist seit langem das erste Werk, das sich speziell damit befaßt, wie die in der Erdatmosphäre vorhandene kosmische Lebensenergie konzentriert und nutzbar gemacht werden kann. Es eignet sich hervorragend als Grundlage für einen wissenschaftlichen Laborkurs über die Lebensenergie und ist trotzdem auch für Nicht-Akademiker verständlich. Mit diesem Buch rückt die Erfüllung einer Hoffnung ein Stück näher, die ich seit fast einem halben Jahrhundert hege: daß das Wissen um die Funktionen der Lebensenergie weltweit zu einem Bestandteil der Allgemeinbildung werden möge, der auf die Lehrpläne unserer Schulen gehört.

Vielen Dank, James DeMeo!

Das Orgonakkumulator-Handbuch

Dr. med. Wilhelm Reich
1897-1957

2. Einleitung

Als ich zwölf Jahre alt war, starb mein Lieblingsonkel nach langem Leiden an Lungenkrebs. Nachdem die Ärzte einen Lungenflügel entfernt hatten, blieb sein Zustand mehrere Monate lang unverändert: Er konnte nicht sprechen, sich nur wenig bewegen und litt unter starken Schmerzen. Meine Tanten erlaubten uns Kindern nicht, ihn in diesem traurigen Zustand zu sehen. Nur einmal hatten sie ihn feingemacht, weil die ganze Familie zusammengekommen war, um sich von ihm zu verabschieden. Sein Tod erfüllte mich mit großer Traurigkeit.

Ich war gerade fünfzehn, da wurde bei meiner Mutter Brustkrebs festgestellt. Ich saß an ihrem Bett im Krankenhaus, als sie aus der Narkose erwachte und man ihr mitteilte, ihre Brust sei entfernt worden. Ihren Blick werde ich nie vergessen. Sie überlebte zwar den Eingriff, aber ihre jahrzehntelange emotionale und sexuelle Resignation, die der eigentlichen Krebserkrankung vorausgegangen war, wurde weder diagnostiziert noch wurde darüber gesprochen.

Freunde unserer Familie hatten uns gedrängt, alternative Behandlungsformen gegen Krebs zu erproben, aber wir alle waren überzeugt, daß die Ärzte im Krankenhaus es am besten wüßten. In der Krebsstatistik wurde meine Mutter in der Rubrik »Überlebende« geführt. Ihr Gesundheitszustand verschlechterte sich jedoch immer weiter; sie starb etwa acht Jahre nach der Operation. Gegen einen zweiten Eingriff hatte sie sich gesperrt.

Meine Erfahrungen mit Krebs im Familienkreis sind nichts Ungewöhnliches, da degenerative Erkrankungen in der Bevölkerung inzwischen epidemische Ausmaße erreicht haben. Aus den aktuellen Statistiken können wir ersehen, daß wir den »Krieg gegen den Krebs« verloren haben. Allen Operationen, Medikamenten und Strahlenbehandlungen zum Trotz leben Krebspatienten heute nicht länger und überleben auch nicht häufiger als vor sechzig Jahren. Im Gegenteil, heute treten degenerative Erkrankungen schon bei jungen Menschen auf, bei denen sie früher selten waren. Es gibt keine wissenschaftlichen Beweise dafür, daß operative Eingriffe, Strahlenbehandlungen und Chemotherapien Krebs tatsächlich wirksam

Das Orgonakkumulator-Handbuch

bekämpfen, und für die Schulmedizin sind Vorbeugemaßnahmen meistenteils lediglich ein Lippenbekenntnis.

Das Bild wird umso beunruhigender, wenn man sich mit den verschiedenen alternativen, nichtaggressiven und nichttoxischen Krebstherapien befaßt. Obwohl sie seit Jahrzehnten von der Schulmedizin als Quacksalberei abgetan werden, scheinen sich mit vielen dieser Behandlungsverfahren zum Teil bemerkenswerte Erfolge erzielen zu lassen. Ihre Befürworter und Anwender nehmen seit Jahren insbesondere hier in Amerika große Risiken auf sich, um kranke Menschen nach Methoden zu behandeln, von deren Wirksamkeit und Zuträglichkeit sie überzeugt sind. Darüberhinaus dienen sie oftmals auch dazu, degenerative Erkrankungen von vornherein zu verhindern.

Die finanziell mit der Pharmaindustrie verfilzte etablierte Medizin gerade auch hier in den USA hält es bisher indes nicht für nötig, sich mit den alternativen Therapien ernsthaft auseinanderzusetzen. Im Gegenteil, sie greift diese seit Jahrzehnten ungerechtfertigt an und veranlaßt »Überprüfungen zum Patientenschutz«, deren Ergebnisse von vornherein feststehen: Die Behandlungsmethoden werden verteufelt, alternative Kliniken durch Gerichtsbeschlüsse mit Polizeigewalt geschlossen, medizinische Unterlagen und Forschungsberichte beschlagnahmt, damit ihre positiven Ergebnisse nicht an die Öffentlichkeit gelangen, und Menschen ins Gefängnis gesperrt; auch vor Bücherverbrennungen schreckt man nicht zurück. Auf diese Weise wird von den mächtigen Ärzteverbänden und der zuständigen Regierungsbürokratie seit langem ein Betrug von unglaublichen Ausmaßen am amerikanischen Volk, aber auch an unseren Gerichten und unserem Rechtssystem begangen.

Dieses Handbuch ist nicht der Ort, um im einzelnen auf solchen Verrat wissenschaftlicher und ethischer Grundsätze einzugehen; es finden sich einige Artikel und Bücher zu dem Thema in der Literaturliste. Und für mich liegt ein Hauptgrund für die Ohnmacht der modernen Medizin gegenüber den degenerativen Krankheiten eindeutig darin, daß sich die konventionelle Ärzteschaft polizeistaatlicher Methoden bedient, um aller wissenschaftlichen Belege zum Trotz sowohl wichtige neue Entwicklungen alternativer Heilpraktiken als auch unorthodoxe Mediziner und Therapeuten zu unterdrücken. In der Tat werden die als am wirksamsten dokumentierten alternativen Therapien am schärfsten angegriffen.

Einleitung

In diesem Zusammenhang erleben wir in der heutigen Zeit ein neues Phänomen: alte linksliberale Bürgerrechtsbewegungen, die einst in Opposition zu autoritären Anwandlungen seitens der Regierungsgewalt standen, haben sich nun unter dem Vorwand sozialer Reformbestrebungen mit der rasant wachsenden Bürokratie im amerikanischen Gesundheitswesen verbündet. Bereitwillige Hilfestellung erhalten sie dabei von den Massenmedien, die überwiegend politisch in Richtung »Big Government is best« tendieren und zudem finanziell abhängig sind von den großzügigen Werbeetats der Pharmaindustrie.[1] Werbespots über irgendwelche neuen Pharmadrogen muten oftmals geradezu hirnverbrannt an, wenn mehr Zeit auf die lange Liste der schauerlichen Nebenwirkungen verwendet wird als auf den angeblichen Nutzen des beworbenen Präparats. Die Massenmedien, völlig auf der Seite des wissenschaftlichen wie medizinischen Establishments, unterstützen und preisen gerne alle möglichen neuen chirurgischen Prozeduren und pharmazeutischen Produkte, egal wie makaber oder toxisch, während sie andererseits voller Verachtung über jede natürliche Heilmethode lästern, derer sie ansichtig werden, und die üblicherweise keines Rezeptes bedarf.

Einer der Beweggründe dafür scheint mir auch der Aufbau eines immer massiveren Bürokratenapparates zu sein mit dem Ziel, unser aller Dasein sozusagen »bis in die Unterwäsche hinein« zu kontrollieren. Es geht nicht mehr nur allein um die Pfründe der Ärzteschaft und des Krankenversicherungswesens. Systematisch werden in diesem Prozeß wissenschaftliche Wahrheit und Methodik mißachtet und mit Füßen getreten.

Ein ausgesprochen treffendes Beispiel für die Art und Weise, wie diese gesellschaftlichen Kräfte gemeinsam eine neue Entdeckung unterdrücken und ihren Entdecker vernichten, ist der Fall Wilhelm Reich und sein Orgonakkumulator.

Reich war einer von Sigmund Freuds jüngeren Mitarbeitern und einer der Pioniere der psychoanalytischen Bewegung in Wien und Berlin. Seine Herangehensweise war allerdings noch revolutionärer

---

1. Anm. d. Ü.: Werbung für Medikamente ist in den amerikanischen Medien uneingeschränkt zugelassen, und es nichts Ungewöhnliches, daß bis zu 50% des Inhalts eines Werbeblocks zur besten Sendezeit aus Anpreisungen diverser Arzneimittel besteht. NPR z.B., ein landesweiter linksliberaler Radiosender, finanziert sich noch zusätzlich zu einem Großteil aus Spenden der Pharmaindustrie.

Das Orgonakkumulator-Handbuch

als die der älteren Psychoanalytiker. Er vertrat mit Nachdruck die Auffassung, daß das menschliche Elend im allgemeinen und die psychischen Krankheiten im besonderen zu einem Großteil die Folge der repressiven gesellschaftlichen und familiären Verhältnisse seien, die es zu verändern gelte, wenn man die Entstehung von Neurosen verhindern wolle.

In vielen seiner Schriften aus den zwanziger und dreißiger Jahren widmete er sich dieser Themen besonders ausführlich, und er erkannte die Wurzeln sowohl der nationalsozialistischen als auch der kommunistischen Bewegungen (die er »schwarze und rote Faschisten« nannte) in der patriarchalen, absoluten Gehorsam fordernden, kindesmißhandelnden und und sexualunterdrückenden Familienstruktur, die damals besonders im deutschsprachigen Raum und weiten Teilen Osteuropas vorherrschte.[2]

Infolge seiner Schriften und Vorträge über Sexualität und das Recht auf Freiheit und Selbstbestimmung kam Reich bald in fast allen gesellschaftlichen und politischen Kreisen in den Ruf eines »Provokateurs«. Interesse an Karl Marx's ökonomischen Theorien, von dessen übrigen gewaltbefürwortenden und menschenverachtenden Schriften Reich ganz offensichtlich nie Kenntnis erlangte[3], hatte ihn anfangs dazu veranlaßt, die kommunistische Partei als Plattform für seine sexualpolitischen und antifaschistischen Aktivitäten zu nutzen. Reich betonte allerdings später mehrfach nachdrücklich, zu keiner Zeit ein Marxist oder gar Kommunist gewesen zu sein,[4] und die deutschen Kommunisten warfen ihn auch in der Tat bald wegen mangelnder Treue zur Parteidoktrin hinaus.

Aufgrund seiner Kritik an Freuds Kompromissen zugunsten gesellschaftlicher Akzeptanz wurde er außerdem schließlich sowohl aus dem engeren Kreis um Freud als auch aus der Internationalen Psychoanalytischen Vereinigung ausgeschlossen. Die psychoanalytischen Bewegungen in Deutschland und Österreich begannen zu der Zeit, Zugeständnisse an die Nationalsozialisten zu machen, und einige Analytiker, wie zum Beispiel C. G. Jung,[5] wurden sogar zu

---

2. siehe W. Reich: *Die Massenpsychologie des Faschismus, Die sexuelle Revolution, Reich Speaks of Freud.*
3. The Hidden History of Marx and Engels:
   http://www.orgonelab.org/MarxEngelsQuotes.htm
4. siehe seine klaren Aussagen im Buch *Reich Speaks of Freud.*
5. siehe »Jung Among the Nazis« in Jeffrey Masson: *Against Therapy.*

Einleitung

ihren Befürwortern und Mitarbeitern. In den dreißiger Jahren stand Reich auf Hitlers und Stalins Todeslisten, was ihn zur Flucht erst nach Skandinavien und später von dort in die Vereinigten Staaten zwang. Seine Schriften wurden in Deutschland und Rußland öffentlich verbrannt.

Während seiner Aufenthalte zunächst in Dänemark, dann in Norwegen machte Reich mehrere bahnbrechende Entdeckungen auf dem Gebiet der Biophysik menschlicher Emotionen und degenerativer Prozesse. Er unternahm einige der frühesten Forschungsprojekte zur Bioelektrizität, wie die Messung emotionaler und sexueller Erregung durch Veränderungen des elektrischen Potentials an der Hautoberfläche mit Millivoltmetern, um dem Verständnis psychischer und somatischer Prozesse näherzukommen. Er war der erste Wissenschaftler, der das enge Zusammenspiel von Psyche und Soma erkannte, was erst in jüngerer Zeit unter dem Begriff »Psychosomatik« Eingang in den Sprachgebrauch gefunden hat.

Reich führte außerdem eingehende Studien an Kleinstlebewesen durch und setzte die expansiven bzw. kontraktiven Bewegungen, die bei Einzellern oder auch bei Weichtieren und Würmern als Reaktion auf äußere positive bzw. negative Reize am ganzen Körper zu beobachten sind, mit ähnlichen Prozessen im Menschen gleich. Im Verlauf seiner mikrobiologischen Untersuchungen stieß er auf die *Bione* und den *bionösen Zerfall von Zellen*, was heute mechanistisch als *Apoptose*, »genetisch programmierter Zelltod«, bezeichnet wird. Diese Entdeckungen enträtselten schließlich zwei langanhaltende wissenschaftliche Mysterien: den Ursprung des Lebens selbst, und die Herkunft der Krebszelle.

Reichs Erkenntnisse auf dem Fundament bester naturwissenschaftlicher Methodik waren wahrhaft epochal und bildeten die Grundlage sowohl für seine späteren Arbeiten auf dem Gebiet der degenerativen Krankheiten als auch für seine Entdeckung der Orgonenergie und des Orgonenergie-Akkumulators. Obwohl ihm natürlich die entsprechende Anerkennung verwehrt wird, müssen sie ebenfalls als Vorarbeiten für heutige Auffassungen in der alternativen Medizin über die systemische Natur von Krebs und anderer degenerativer Erkrankungen bezeichnet werden. Gleiches gilt für das von ihm instrumentell nachgewiesene menschliche Lebensenergiefeld, auch wenn es heute landläufig anders benannt und esoterisch verbrämt wird.

Das Orgonakkumulator-Handbuch

Getreu dem Motto, daß kein gutes Werk ungestraft bleiben solle, wurde Reich für seine Forschungen in dänischen und norwegischen Zeitungen vom linken als auch rechten politischen Spektrum wiederholt angegriffen und diffamiert. Seine frühere Zusammenarbeit mit Freud, sein Einsatz für sexualpolitische Reformen und Verbesserungen der sozialen Verhältnisse, die bioelektrischen Untersuchungen zu Gefühlserleben und Sexualität, seine Entdeckungen bezüglich des Ursprungs des Lebens oder der Krebserkrankung — egal was er anpackte, es erregte garantiert irgendjemandes Zorn. Hinzukam sein jüdischer Familienhintergrund, der ihm damals noch zusätzlich die Feindschaft von Faschisten aller Sorten eintrug. Als Hitlers und Stalins Ideologien und Armeen in Europa immer mehr an Boden gewannen und sein Leben und Arbeiten bedrohten, verließ Reich schließlich auf einem der letzten Schiffe Europa in Richtung Nordamerika.

Als er 1939 in New York eintraf, war ihm sein Ruf als erfolgreicher Therapeut und Forscher mit wichtigen neuen Entdeckungen bereits vorausgeeilt, und es fanden sich schnell aufgeschlossene, engagierte Wissenschaftler und Ärzte, die mit ihm zusammenarbeiten wollten. Die amerikanische Periode seines Schaffens, die mit seinem Tode im Jahr 1957 endete, war trotz vielfacher Belästigungen durch amerikanische Journalisten und Bürokraten ausgesprochen produktiv. Hier wies Reich die biologische und atmosphärische Lebensenergie, die er *Orgonenergie* nannte, experimentell nach und machte sie auf verschiedene Art nutzbar.

Die geringen bioelektrischen Ströme, die er mit Millivoltmetern an der Hautoberfläche von Probanden gemessen hatte, stellten sich als schwacher Widerhall einer kraftvollen, immanent beweglichen Lebensenergie im Körper heraus, die in Gefühlen, Sexualität, Arbeitsleistung und allen möglichen anderen Lebensaktivitäten ihren Ausdruck findet. Reich beobachtete dieser Energie erstmalig direkt als eine von speziellen Sand-Bionkulturen ausgehende bläuliche Strahlung, welche anomale biologische, elektrostatische und magnetische Wirkungen ausübte und sogar fotografische Platten belichtete. Reichs Bestrebungen, diese Energieform zu bündeln und zu verstärken, um sie besser studieren zu können, führten schließlich zur Entwicklung des *Orgonenergie-Akkumulators* und der Entdeckung der atmosphärischen Orgonenergie, die der Orgonakkumulator zu absorbieren und zu konzentrieren vermag (weitere Informationen dazu in Kapitel 4).

Einleitung

Eine Fülle weiterer Erkenntnisse ergab sich danach fast wie von selbst, beinahe »zu viele«, wir Reich notierte, da sie alle ihre eigene Erforschung nach strikter wissenschaftlicher Methodik erforderten, »dem roten Faden der Vernunft und Logik« folgend, der ihn selbst stets von einer Entdeckung zur nächsten führte.

Die Orgonenergie erwies sich als eine neue und völlig andere als alle bislang bekannten Energieformen. Sie wirkt fundamental in der belebten als auch der unbelebten Natur, folgt eigenständigen funktionellen Gesetzmäßigkeiten und kann von konventionellen, rein mechanistischen oder mystizistischen Konzepten her nicht begriffen werden. Während Albert Einstein jahrzehntelang vergeblich nach einer *Einheitlichen Feldtheorie* innerhalb der Physik suchte, war Reich auf eine solche gewisserweise für die gesamten Naturwissenschaften gestoßen. Einstein erfuhr übrigens von Reich über die Entdeckung der Orgonenergie und wiederholte und bestätigte zu seiner Verblüffung einen von Reichs experimentellen Nachweisen.

Reich erkannte die Orgonenergie als eine reale, physisch faßbare Energie, die sowohl unbelebte Materie wie auch alle Lebewesen, vom Einzeller bis zum Menschen, erfüllt und von ihnen ausstrahlt. Mit Hilfe einer simplen Kombination spezieller Materialien kann sie akkumuliert und konzentriert werden. Zum Verständnis will ich das mit der Funktionsweise eines Teleskops oder Flugzeugflügels vergleichen: Beides sind relativ einfache Konstruktionen aus ganz bestimmten Werkstoffen, die — perfekt abgestimmt auf die Eigenschaften sichtbaren Lichtes bzw. auf die Bewegung durch die Luft — erstaunliche Leistungen vollbringen. Selbiges trifft auf Reichs Orgonakkumulator zu, der mit seinem recht simplen Aufbau nichtsdestoweniger nach den Gesetzmäßigkeiten einer in der Atmosphäre — und generell im Kosmos — allgegenwärtigen Energieform funktioniert.

Wissenschaftliche Experimente mit dem Orgonakkumulator zeigen verschiedene physikalische und biologische Besonderheiten, wie eine spontane Erwärmung im Akkumulator, elektrostatische Effekte und eindeutige Wirkungen auf Lebewesen. Menschen mit degenerativen Erkrankungen erleben oftmals eine Remission ihrer Symptome — wobei Reich immer darauf bestand, kein »Allheilmittel für Krebs« gefunden zu haben. Chronische Schmerzen lassen nach oder verschwinden vielfach ganz, und Brandwunden heilen unter dem Einfluß konzentrierter Orgonenergie außergewöhnlich gut.

Das Orgonakkumulator-Handbuch

Der Orgonakkumulator stärkt offenbar, was zu Reichs Zeit unter dem Begriff *Widerstandskraft gegenüber Krankheiten* bekannt war und heutezutage nach rein biochemischem Verständnis als das *Immunsystem* bezeichnet wird.

Reich entwickelte daraufhin einen speziellen Bluttest, bei dem Lebendblut unter dem Mikroskop hinsichtlich seiner Resistenz gegen Zerfall beobachtet wird. Ähnliche Verfahren sind heutzutage durchaus gängig, allerdings ohne Berücksichtigung seines spezifischen Laborprotokolls zur korrekten Durchführung des Bluttests. Reich dokumentierte außerdem das blauleuchtende Energiefeld lebender roter Blutkörperchen, der sichtbare Ausdruck des sogenannten *Zetapotentials*.

Er vertrat darüberhinaus die Ansicht, daß Biolumineszenz und andere bläuliche Leuchterscheinungen in der Natur direkter Ausdruck des Orgonenergiekontinuums sind, welches ebenso wie lebendes Protoplasma zu einer *sichtbaren Erstrahlung* angeregt werden kann.

Später demonstrierte Reich die fließenden und pulsierenden Bewegungen der Orgonenergie in der Atmosphäre, wo sie je nach Konzentrationsgrad das Wettergeschehen beeinflußt. Ihre inhärente Wirbelbewegung liegt Reich zufolge sowohl der Entstehung der großen Spiralgalaxien und der Planetenumlaufbahnen als auch der Bildung von Wirbelstürmen zugrunde, und findet selbst in spiraligen Schneckengehäusen ihren Ausdruck. Die gesamte Schöpfung, vom Mikro- bis zum Makrokosmos, weist immer wieder dieselben grundlegenden Bewegungsmuster der Lebensenergie auf.

In dieser Hinsicht erinnert Reichs Orgonenergie an die früheren Konzepte eines *kosmischen Äthers*, der seit langem in der Physik als widerlegt gilt (was übrigens nicht stimmt, siehe Anhang), jedoch fortgesetzt unter neuen Namen wie *Neutrinomeer*, *Dunkelmaterie-Wind*, *Intergalaktisches Medium* oder *Kosmisches Plasma* wieder aus der Versenkung auftaucht. Wie ich an anderer Stelle gezeigt habe, hat Reichs Orgon viele Gemeinsamkeiten mit jenem kosmischen Äther, den Dayton Miller durch seine Ätherdrift-Experimente nachgewiesen hat.[6]

Desgleichen stolpern die biologischen Wissenschaften immer wieder über bioenergetische Phänomene, die an Orgonenergie

---

6. J. DeMeo: *Ein dynamischer und substantieller kosmologischer Äther*, siehe Anhang

Einleitung

erinnern. Während die alten Vorstellungen vom *Animalischen Magnetismus* oder *Vis Vitalis* heute als lange überholt betrachtet werden, sind es praktische Anwendungen wie die chinesische Akupunktur und Hahnemanns Homöopathie, welche die Idee einer Lebensenergie bewahren, auch wenn Biologen und Ärzteschaft dies konsequent bekämpfen. Egal wie hartnäckig die heutigen mechanistischen Naturwissenschaften, die moderne Medizin oder religiöse Dogmatik die Lebensenergie in Abrede stellen, die Beweise ihres Vorhandenseins treten beständig in neuen Entdeckungen zu Tage. Es ist wie beim Jahrmarktsspiel »Whack-A-Mole«: sobald man einen Maulwurf mit dem Gummihammer in sein Loch zurückgehauen hat, springt prompt ein anderer aus dem nächsten.

Im Verlauf dieses Buches werde ich auf einige dieser Beispiele im Einzelnen eingehen und durch meine eigenen Forschungsergebnisse untermauern.

Neue Informationen zu den Hintergründen der Diffamierungskampagne gegen Reich, die zu seinem Tod im Gefängnis führte

Wilhelm Reich wurde eines der Opfer des gemeinschaftlichen Feldzuges von Wissenschaft und Medizin gegen unliebsame Entdeckungen und alternative Heilmethoden, der Mitte des 20. Jahrhunderts in den Vereinigten Staaten einsetzte. Hierbei spielten gewisse gesellschaftliche Kräfte eine maßgebliche Rolle, auch wenn die »politisch korrekte« Geschichtsschreibung dies gerne verschweigt. Seit seinem Tod haben zahlreiche Veröffentlichungen die irrige Darstellung verbreitet, Reich sei vom amerikanischen Konservativismus zerstört worden, in einer rechtslastigen Hetzkampagne im »McCarthy-Stil«. Neuere Forschungsergebnisse haben dies als Unsinn entlarvt.

In Europa wurde Reich sowohl von den Nationalsozialisten als auch den Kommunisten angegriffen und verfolgt. In den USA dagegen war es ein Zusammenspiel von Komintern-Agenten,[7] schäbigen Journalisten und Ärzten sowie der amerikanischen

---

7. Komintern = Kommunistische Internationale, eine von Moskau aus straff geleitete weltweite Vereinigung mit dem Ziel, in möglichst vielen Ländern einen kommunistischen Umsturz herbeizuführen; angeblich 1943 »offiziell aufgelöst«, aber faktisch noch lange danach aktiv.

Das Orgonakkumulator-Handbuch

Gesundheitsbehörde FDA (*Food and Drug Administration*), das ihn in die Knie zwang. Die Durchsicht internen Aktenmaterials von FDA und FBI mit Hilfe des *Freedom of Information Act* sowie Recherchen in erst seit jüngerer Zeit zugänglichen Sowjetarchiven bilden die Grundlage neuerer Veröffentlichungen, aus denen ich hier die wesentlichen Punkte zusammenfassen will.[8]

In der Zeit zwischen 1927 und 1931 richtete Reich als junger Arzt und Psychoanalytiker Kliniken und Sexualberatungsstellen für die Arbeiterschicht zunächst in Wien und später in Berlin ein. Zu diesem Zweck trat er der kommunistischen Partei (KP) erst in Österreich und später in Deutschland bei. Die KP erlaubte ihm anfangs die Nutzung ihrer Einrichtungen für die Verbreitung seiner Schriften und für seine öffentlichen Veranstaltungen. Seine Vorträge über die Bedürfnisse von Kindern und Familien und über Sexualhygiene zogen weitaus mehr Menschen an als die trockenen und oftmals langweiligen Reden zur marxistisch-ökonomischen Theorie, die von Parteifunktionären gehalten wurden. Die Mitgliedschaft in seinem *Sexpol-Verband* wuchs rasch auf mehrere Tausend, einschließlich vieler freiwilliger professioneller Helfer aus der psychoanalytischen Bewegung.

Reich sah die Möglichkeit der Verhinderung von Neurosen auf gesellschaftlicher Ebene durch Gesetzesänderungen auf der Basis psychoanalytischer Grundprinzipien. So setzte er sich für die Legalisierung von Verhütungsmitteln und Abtreibung ein, plädierte für eine Reform des Scheidungsrechts und vertrat nachdrücklich den Anspruch junger unverheirateter Paare auf ein gesundes Sexualleben ohne Behinderungen durch kleingeistigen Moralismus. Er drängte auf die Verbesserung der oftmals verzweifelten wirtschaftlichen Notlage von alleingelassenen Frauen mit Kindern und kämpfte gegen das Stigma der »Unehelichkeit« an, das damals

---

8. Soweit nicht anders angegeben, wurden die folgenden Quellen herangezogen: James DeMeo: *In Defense of Wilhelm Reich — Opposing the 80-Years' War of Mainstream Defamatory Slander Against One of the 20th Century's Most Brilliant Physicians and Natural Scientists*; Jerome Greenfield: *Wilhelm Reich Vs. the USA;* James E. Martin: *Wilhelm Reich and the Cold War*; Wilhelm Reich: *Conspiracy: An Emotional Chain-Reaction,* John Wilder: *CSICOP, Time Magazine and Wilhelm Reich.* Für eine komplette Auflistung der journalistischen Schmierartikel, die in diesem Kapitel erwähnt werden, siehe:

    http://www.orgonelab.org/bibliogPLAGUE.htm

Einleitung

ernsthafte Konsequenzen für die schulische und berufliche Zukunft des Kindes mit sich brachte. Frauen waren in vielerlei Hinsicht sozial und legal benachteiligt, und es gab keinen rechtlichen Schutz gegen Mißhandlungen durch Väter und Ehemänner. Zusätzlich trugen Zwangsehen ohne Liebe und hohe Geburtenraten mit ungewollten Schwangerschaften zum Elend bei. Diese sozialen Mißstände zusammen mit einer oftmals schwierigen wirtschaftlichen Situation gerade auch in den unteren Gesellschaftsschichten führten zu einem hohen Maß an Neurosen, emotionaler Resignation, Gewalt innerhalb der Familie und Suiziden.

Reich übte auch scharfe Kritik an den Kirchen und den Adelsständen, die mit ihrem Reichtum und politischen Macht umgreifende Verbesserungen der Lebensqualität der breiten Bevölkerung hätten bewirken können. Doch was an kirchlichen und staatlichen Hilfsinstitutionen überhaupt bestand, war in dieser Hinsicht unzureichend und schon gar kein Wegbereiter gesellschaftlicher Reformen. Die Aufgabe der *Sexpol* war dagegen, den Menschen konkret zu helfen, sich aus verzweifelter sozialer, familiärer und emotionaler Lage zu befreien und ein glücklicheres und erfüllteres Leben zu beginnen. Psychoanalytische Therapien wären dann nach Reichs Vorstellungen irgendwann überflüssig. Er drängte die kommunistische Partei vergeblich, seine Initiativen und Reformvorschläge ins Parteiprogramm aufzunehmen.

Obwohl die KP ihn zunächst noch toleriert hatte, führte seine zunehmende öffentliche Kritik an der freiheitsfeindlichen Parteipolitik zum Rauswurf. Weil er keinen Hehl daraus machte, sein Sexpol-Programm der marxistisch-leninistischen Ideologie und dem Stalinismus vorzuziehen, wurde Reich in der offiziellen KP-Propaganda fälschlicherweise als »Trotzkist« gebrandmarkt. Schließlich verurteilte er in seinem Buch *Die Massenpsychologie des Faschismus* sowohl den Nationalsozialismus als auch den Kommunismus als zutiefst psychopathisch.

Im selben Zeitraum verlor Reich auch die Unterstützung seines Mentors Freud und wurde letztlich aus der IPA[9] ausgeschlossen. Viele Psychoanalytiker lehnten seine Vorstellungen zur Sexpol ab und fühlten sich zudem von seiner Anprangerung der IPA-Lethargie angesichts der immensen gesellschaftlichen Probleme jener Zeit auf den Schlips getreten. Obendrein empfand die Führungsspitze

---

9. International Psychoanalytical Association

Das Orgonakkumulator-Handbuch

Reichs öffentlich geäußerte Kritik an der Nazi-Bewegung als eine »unnötige Provokation«.

Mit der Machtübernahme der Nationalsozialisten in Deutschland war Reich klar, daß er sich in Gefahr befand, und er floh Anfang 1933 nach Skandinavien. Innerhalb kurzer Zeit stand sein Name auf den Todeslisten sowohl der Nazis als auch der Komintern, und seine Bücher wurden verboten, beschlagnahmt und verbrannt.

Bald nach seiner Ankunft in Skandinavien sah Reich sich öffentlichen Angriffen in kommunistischen sowie den Nationalsozialisten nahestehenden Zeitungen ausgesetzt. Noch viel schlimmer — und ohne daß Reich etwas davon ahnte — war, daß er sich zu diesem Zeitpunkt bereits im Visier des NKWD[10] befand. In einem Komintern/NKWD-Dokument von 1936 mit der Kennzeichnung »Höchste Geheimhaltungsstufe« und dem Titel »Trotzkisten und andere feindliche Elemente in der Emigrantengemeinschaft der Deutschen KP«,[11] welches aus nunmehr zugänglichen Sowjetarchiven vorliegt, wird er an mehreren Stellen namentlich genannt. Obwohl er nie ein Anhänger Trotzkis war, genügte die Verleumdung als solcher, um in diese offizielle Verhaftungsliste des NKWD aufgenommen zu werden, was durchaus einem Todesurteil gleichkommen konnte. In Zusammenhang mit Reichs Namen wird beispielsweise ein gewisser Otto Knobel benannt, ebenfalls ehemaliges Mitglied der deutschen KP und Mitarbeiter von Reich in Skandinavien. Knobels »Vergehen« bestand darin, engen Kontakt mit Reich gepflegt zu haben. Er wurde vom NKWD verhaftet und zu Arbeitslager verurteilt, danach verliert sich seine Spur. Viele der in *Document 20* aufgelisteten Personen sind in jenen Jahren vom sowjetischen Geheimdienst aufgegriffen und hingerichtet worden.

Obgleich sein Aufenthalt in Skandinavien es ihm ermöglichte, seinen Forschungen eine völlig neue Richtung zu geben, floh Reich

---

10. NKWD: Geheimpolizeiapparat der Sowjetunion, aus dem später der KGB entstand.

11. »Document 20: Memorandum on Trotskyists and Other Hostile Elements in the Emigre Community of the German CP, Cadres Department« datiert vom 2. Sept. 1936, Yale University Archives,
    http://www.yale.edu/annals/Chase/Documents/doc20chapt4.htm
Es ist auch auszugsweise als »Document 17« im Buch *Enemies within the Gates? The Comintern and the Stalinist Repression 1934-1939*, von William J. Chase abgedruckt, Yale Univ. Press 2001, S. 164-174.

Einleitung

schließlich 1939, kurz vor dem Ausbruch des zweiten Weltkrieges, in die Vereinigten Staaten. Dort gab es nur wenige Nazi-Sympathisanten, die zudem in ihren Aktivitäten stark eingeschränkt waren, und so befand er sich relativ sicher vor ihrem Zugriff. Im Gegensatz dazu verfügte der amerikanische Zweig der Komintern über ein sehr großes Netzwerk von Scheinorganisationen, privaten Unterstützern, Komintern- und NKWD-Spionen sowie »freischaffenden« Spitzeln, welche keine offen erkennbare Zugehörigkeit zur KP besaßen, um Spionagetätigkeiten und sonstige sowjetische Intrigen leichter durchführen zu können. Während die amerikanische Linke und Komintern Reich zunächst ignorierten, sollten sie ihm später mit umso gnadenloserer Unerbittlichkeit nachstellen.

Für die ersten zwei Jahre blieb Reich von allen Seiten unbehelligt. Er nahm sein Sexpol-Engagement aus Wiener und Berliner Zeiten nicht wieder auf, sondern konzentrierte sich stattdessen auf die naturwissenschaftlichen und medizinischen Forschungen, die er in Skandinavien begonnen hatte. Sein neues Zuhause in Forest Hills (New York) fungierte sowohl als Laboratorium für Krebsforschung und Biophysik also auch als Therapie-Ausbildungszentrum.

Nach dem japanischen Angriff auf Pearl Harbor im Dezember 1941, welcher Amerikas entgültigen Kriegseintritt zur Folge hatte, inhaftierte das FBI viele deutsche, italienische und japanische Emigranten. Reich war davon ebenfalls betroffen und verbrachte fast einen Monat in einem Gefangenenlager, bis das FBI sich davon überzeugt hatte, daß er keine Nazi-Sympathien hegte und keine Bedrohung darstellte.

Die nächsten sechs Jahre seines amerikanischen Lebensabschnittes verliefen sicher und produktiv, und weitgehend ohne Belästigungen. Reich setzte seine klinischen, biologisch-medizinischen und biophysikalischen Forschungen über die Orgonenergie fort, arbeitete am Aufbau eines neuen Instituts und gründete Fachzeitschriften zur Veröffentlichung seiner Forschungsergebnisse: zuerst das *International Journal of Sex-Economy and Orgone Research*, später gefolgt von *Orgone Energy Bulletin* und *Cosmic Orgone Engineering*. Diese Titel zeugen auch von seinem wachsenden Interesse an der Orgon-Biophysik.

Eine Gruppe amerikanischer Ärzte, Wissenschaftler und Pädagogen unterstützte Reich in seiner Arbeit und ließ sich von ihm ausbilden. Er zog schließlich um ins ländliche Rangeley (Maine), wo nach seinen Entwürfen eine größere Anlage einschließlich

Das Orgonakkumulator-Handbuch

Observatorium und Ausbildungslabor entstand, der er den Namen *Orgonon* gab. Seine Pläne sahen auch den späteren Bau einer Klinik mit dem Schwerpunkt der medizinischen Behandlung mit dem Orgonakkumulator vor, die allerdings nie verwirklicht wurden.

Reichs Orgonenergie-Experimente führten gelegentlich zu bissigen Kommentaren von Seiten der Ärzteschaft, und ein paar Moralapostel jener Zeit regten sich über seine Schriften zur sexuellen Freiheit auf. Aber beides hatte keine ernsthaften Auswirkungen auf seine Arbeit. Seine Bücher, wie z. B. die englische Erstveröffentlichung von *Die Funktion des Orgasmus* im Jahr 1942, erhielten mokante Rezensionenen in medizinischen Fachblättern, welche eine Gerüchtewelle auslösten, der er mit Gegenveröffentlichungen in seiner eigenen wissenschaftlichen Zeitschrift begegnete. Keine dieser lästigen Vorkommnisse aus den frühen Jahren in Amerika führten allerdings zu juristischen Repressalien oder gar organisierter Hetze.

Dies sollte sich jedoch ändern: Kurz nachdem die erste englische Ausgabe seines Buches *Die Massenpsychologie des Faschismus* 1946 in den USA erschienen war — eines seiner Werke aus den dreißiger Jahren, das seinen Namen in Europa auf die Todeslisten der NSDAP und der Komintern gebracht hatte — wurde er wieder zur Zielscheibe schwerer Angriffe von Seiten der Kommunisten.

Das Magazin *New Republic* nahm in der neuerlichen Hetzkampagne gegen Reich eine zentrale Rolle ein. Gegründet und finanziert von Willard Straight, einem US-amerikanischen Investmentbanker, war *New Republic* ursprünglich linksliberal, aber nichtsdestotrotz pro-amerikanisch ausgerichtet. Zu Reichs Zeit hatte jedoch der junge Michael Whitney Straight das Ruder übernommen, der später zugab, bereits 1935 während seines Studiums an der Universität Cambridge als sowjetischer Spion angeworben worden zu sein. Straight war ein wichtiges amerikanisches Mitglied des NKWD-gesteuerten Spionagerings »Cambridge Five« in Großbritannien, an dem ferner die berüchtigten Agenten Anthony Blunt, Guy Burgess und Kim Philby beteiligt waren. Sie versorgten die Sowjetunion während der Zeit des Zweiten Weltkrieges mit Geheiminformationen zu Kriegstechnik und Strategie der westlichen Alliierten und später u.a. auch zum US-Atomprogramm, bis sie 1952 enttarnt wurden. Straight gelang es, seine sowjetischen Verbindungen bis 1962 zu verbergen.

Als Besitzer der *New Republic* und NKWD/KGB-Agent holte

Einleitung

Michael Straight viele offene und verdeckte Kommunisten in seinen Mitarbeiterstab, wie z.B. den ehemaligen US-Vizepräsidenten von 1941 bis 1944, Henry Wallace, als Chefredakteur. Wallaces unverhohlene sowjetische Sympathien, seine Beschönigungen der sowjetischen Gulags und Todeslager sowie andere pro-kommunistische Aktivitäten wie offene Treffen mit Komintern-Funktionären, zwangen Präsident Roosevelt schließlich, ihn 1944 zugunsten Harry Trumans des Amtes zu entheben. Nunmehr veröffentlichte Quellen aus sowjetischen Archiven bestätigen, daß Wallace in der Tat im Geheimen für die Sowjets tätig war.

Unter Straights Direktorat und Wallaces Schriftleitung gaben Komintern und KGB die Zielrichtung des Blattes vor, liberal und sozialdemokratisch eingestellte Amerikaner im sowjetischen Interesse pro-kommunistisch zu beeinflussen. Unter diesem Gesichtspunkt ist begreiflich, daß zu einem zentralen Bestandteil ihrer Mission gehörte, freiheitsliebende Antikommunisten wie Wilhelm Reich zu attackieren, der das Gift des »roten Faschismus«, wie er es nannte, persönlich erlebt hatte und darüber schrieb. Offensichtlich erregte die 1946 erschienene englische Erstausgabe von *Die Massenpsychologie des Faschismus* die Aufmerksamkeit der Komintern und damit der *New Republic*, und löste daraufhin ein neuerliches Bestreben aus, Reich zu vernichten.

Unter der Redaktion von Henry Wallace veröffentlichte die *New Republic* zunächst eine vernichtende »Buchbesprechung« von *Massenpsychologie*, verfaßt von Fredric Wertham, einem sozialistisch orientierten Psychiater, der später mit Büchern und Artikeln zu zweifelhaftem Ruhm kam, in denen er die negativen Auswirkungen von Comic-Büchern auf die amerikanische Jugend anprangerte und für eine Zensur eintrat. In seinem *New Republic*–Elaborat verleumdete er Reich als einen »gefährlichen politischen Radikalen«, der den USA schaden wolle, und beschuldigte ihn der »totalen Verachtung für die Massen«, als sei Reichs scharfe Kritik an den mörderischen Nationalsozialisten und Kommunisten völlig an den Haaren herbeigezogen. Genosse Wertham rief »die Intellektuellen seiner Zeit« auf, entschieden gegen »solche Art von Psycho-Faschismus« vorzugehen, »wie sie Reichs Buch beispielhaft darstelle«.

Doch die Wallace-Wertham Verleumdungen verblassen nahezu im Vergleich mit der öffentlichen Diffamierungskampagne des kommunistischen Schmierfinken Mildred Brady, die im darauf-

Das Orgonakkumulator-Handbuch

folgenden Jahr 1947 begann. Ihre Schmähschiften »The New Cult of Sex and Anarchy« und »The Strange Case of Wilhelm Reich«, die sowohl in *New Republic* als auch in *Harper's* erschienen, enthielten zusätzliche bösartige Behauptungen und stimulierten Copycat-Artikel in anderen Zeitschriften, Zeitungen und Fachpublikationen jener Zeit.

Die Bradys — Mildred und ihr Mann Robert — waren eng verbunden mit Straights and Wallaces Netzwerk von Komintern-Sympathisanten und KGB-Agenten. Robert Bradys Lehrstuhl und Büro an der Universität von Berkeley in Kalifornien war dem FBI als Treffpunkt für Kommunisten und Vermittlungsstelle für Sowjet-Kontakte bekannt. Die Bradys standen außerdem in langjähriger Verbindung mit dem von Nathan Gregory Silvermaster gegründeten größten und erfolgreichsten sowjetischen Spionagering in den USA, der u.a. an der Weiterleitung von Atomgeheimnissen an die Sowjetunion beteiligt war.

Das Ehepaar hatte einige Jahre zuvor bei der Gründung der *Consumers' Union* mitgewirkt, einer kommunistischen Frontorganisation (später Herausgeber der Zeitschrift *Consumer Reports*), die dank aggressiver Lobbyarbeit einen zunehmend starken Einfluß auf die FDA und die Interessengemeinschaften der Ärzte ausübte. Mildred Brady verfaßte sogar einige der spezifischen juristischen Formulierungen für diejenigen gesetzlichen Bestimmungen, derer sich dann die FDA bei ihrem Feldzug gegen natürliche Heilmethoden bediente, wie z.B. die Vorschriften zum Güterverkehr zwischen den amerikanischen Bundesstaaten und der Falschetikettierung von Waren. Offiziell mit der Aufsicht über die Sicherheit von Lebensmitteln, Medikamenten und Kosmetik betraut, war es möglicherweise von Anfang an ein viel wichtigeres Ziel der FDA — durchaus zumindest teilweise vermittels geschickten Komintern-Einflusses — die zentrale Kontrolle über weite Teile der Wirtschaft, das Verhalten der US-Bürger und die medizinische Versorgung zu gewinnen. Die Bradys spielten somit eine Schlüsselrolle beim Aufbau jener diktatorischen Infrastruktur im Namen der »Gesundheitsversorgung«, der so viele alternative Heilmethoden zum Opfer fallen sollten.

Beide waren auch eine Zeitlang für das *Office of Price Administration*[12] tätig gewesen, waren aber 1941 aufgrund ihrer

---

12. Regierungsbehörde zur Kontrolle von Löhnen und Preisen während der Regierungszeit Präsident Roosevelts.

Einleitung

unverhohlenen Sowjet-Sympathien gefeuert worden. Der *Dies-Ausschuß*[13] des US-Kongresses hatte sie öffentlich als sowjetische Agenten demaskiert, was zu ihrer Entlassung führte. Ein Mitarbeiter ihrer *Consumers' Union* war übrigens laut FBI-Akten ein sowjetischer Kurier und der Fahrer des Fluchtwagens der Attentäter bei der Ermordung von Leon Trotzki 1940 in Mexiko City gewesen. Sobald Wilhelm Reich als eine mögliche Bedrohung für Komintern-Ziele in den USA identifiziert war, begann dieselbige Netzwerk sowjetischer Agenten und Sympathisanten, einen massiven und letztlich tödlichen Vernichtungsfeldzug gegen ihn zu organisieren.

Mildred Bradys Hetzartikel legten Reich Lügen in den Mund, unterstellten ihm, einen »kriminellen Sex-Ring« zu betreiben, und wiederholten alte Verleumdungen aus jenen sozialistischen und kommunistischen Zeitungen, die ihn zehn Jahre zuvor in Skandinavien monatelang attackiert hatten. Zudem behauptete Brady, Reich würde den Orgonakkumulator als Allheilmittel anpreisen, was niemals der Fall gewesen war. Sie verleumdete Reich außerdem für seine Kritik an der stalinistischen Sexualunterdrückung — die Bolschewisten unter der Führung von Lenin und Trotzki und später die stalinistische Diktatur hatten nach und nach alles wieder beseitigt, was an Menschenrechten und Freiheiten nach der *ursprünglichen* russischen Revolution *vor* der Machtübernahme der Bolschewisten geschaffen worden waren, einschließlich der ersten Familienrechts- und Sexualreformen.

Als routinierte Demagogin wandte Brady in ihren Schmähschriften geschickt sowjetische Standardmethoden der Desinformation an, in denen Halbwahrheiten mit Spott, Verdrehungen und Lügen vermischt werden, um die Zielperson zu isolieren und zu zerstören. Am Schluß rief sie zu einem offiziellen Ermittlungsverfahren gegen Reich auf.

Bradys üble Machwerke wurden umgehend von diversen anderen Publikationen aufgegriffen und oftmals ohne Überprüfung wortwörtlich nachgedruckt, u.a. auch von mehreren medizinischen

---

13. Das Dies-Kommittee, auch: *House Committee on Un-American Activities*, war ein 1938 gegründeter Ausschuß beim US-Repräsentantenhaus, der die Aufgabe hatte, Bedrohungen der amerikanischen Demokratie durch diverse anti-demokratische Gruppierungen zu untersuchen. Er befaßte sich u.a. mit Interessenverbänden von Nazi-Sympathisanten, dem Ku-Klux-Klan, der Kommunistischen Partei Amerikas, mit der Komintern verbundenen Organisationen und anderen sowjetnahen Gruppen.

Das Orgonakkumulator-Handbuch

Fachzeitschriften. Das einflußreiche *Bulletin der Menninger-Klinik* reproduzierte den schlimmsten der Brady-Artikel Wort für Wort, vermutlich weil Karl Menninger stark von verschiedenen, Reich feindlich gesinnten Psychologen und Psychoanalytikern beeinflußt war, deren Groll gegen Reich noch aus der gemeinsamen europäischen Zeit herrührte. Das *Journal of the American Medical Association* (AMA) beeilte sich ebenfalls mit Vergnügen, seinen eigenen verleumderischen Beitrag Marke Brady beizusteuern; die AMA befand sich mitten in ihrem langjährigen Feldzug gegen alle Naturheilverfahren, die ihren geliebten und sehr profitablen Pharmadrogen Konkurrenz machten. Beiträge mit Auszügen aus den Brady-Schmierereien, gewürzt mit zusätzlichen anzüglichen Kommentaren, erschienen in *Collier's, The New York Post, Everybody's Digest, Mademoiselle* und *Consumer Reports*, um nur einige zu nennen, sowie in Kapiteln und Fußnoten neu erscheinender Fachbücher der Medizin und Psychologie. Zusammengenommen erreichten sie Millionen von Menschen.

Die Brady-Verleumdungen gewannen einige Jahre später in Gestalt des Marxisten und selbsternannten »Humanisten« Martin Gardner (später von zweifelhaftem CSICOP-Ruhm[14]) erneut an Gewicht. Sein Schmähartikel in der Zeitschrift *Antioch Review* von 1950 stellte Reich gegenüber der akademischen Fachwelt als fehlgeleiteten Spinner dar. Zwei Jahre später widmete er Reich in seinem einflußreichen Buch *Fads and Fallacies in the Name of Science* ein ganzes Kapitel in einem Stil, der später zum Markenzeichen von Gardner und CSICOP wurde: Eine Litanei von Unwahrheiten und Übertreibungen, cartoon-ähnlichen Karikierungen ernsthafter Forschungsarbeit unterlegt mit hyänenartigem Spottgelächter sowie Rufmord durch behauptete Gefahr für die Öffentlichkeit. Reich wurde so endgültig als Verrückter und Scharlatan gebrandmarkt.

Gemeinsam ließen Brady und Gardner den Scheiterhaufen so richtig auflodern. Der Orgonakkumulator wurde jetzt in Männermagazinen wie *Sir!* unverfroren als »Sex-Box« betitelt, und Reich

---

14. *CSICOP: Committee for the Scientific Investigation of Claims of the Paranormal.* Mittlerweile umbenannt in (aber inhaltlich noch immer dieselbe Truppe): *Committee for Skeptical Inquiry.* Selbsternannte »Wissenschaftspolizei«, die u.a. auch immer wieder gern gegen alternative Heilmethoden zu Felde zieht. Siehe:

www.orgonelab.org/csicop.htm , www.orgonelab.org/gardner.htm

Einleitung

allerorten ohne Unterlaß mit Hohn und Spott überzogen. Die Hetzerei gipfelte schließlich in lauten Forderungen nach einem »staatlichen Durchgreifen«, um »die Öffentlichkeit vor medizinischer Kurpfuscherei zu schützen«. Wie Reich selbst klarsichtig feststellte, spielte eine kommunistische Intrigenkampagne geschickt mit der vorherrschenden Verklemmtheit und Sexualangst, um erfolgreich eine emotionale Kettenreaktion auszulösen.

Auf dem Höhepunkt dieser Medienhetze gegen Reich übergaben einflußreiche Ärzte die Brady-Artikel an FDA-Spitzenbeamte und lösten damit eine offizielle, doch in höchstem Maße vorurteilsbefrachtete »Untersuchung« aus.

Was für Funktionen übte die FDA in jener Zeit aus?

In den 1940ern war die FDA, von der sozialistisch geprägten Roosevelt-Administration finanziell bestens ausgerüstet und mit Polizeivollmachten ausgestattet worden, unter dem Deckmantel von »Gutmenschentum« und »Verbraucher-Aktivismus« zu einer unternehmerfeindlich eingestellten Mammutbürokratie mutiert. Unter dem Vorwand, »medizinische Quacksalberei auszumerzen«, war ein beträchtlicher Anteil ihrer Ressourcen mit dem Ausspionieren und Zugrunderichten selbständiger medizinischer Pioniere aller Art betraut. Das entsprechende offizielle FDA-Mandat setzte zudem eine enge Zusammenarbeit mit der Ärzteschaft und der Pharma-Industrie voraus. Deren wirtschaftliche Interessen und allopathisch-mechanistische Weltanschauung beeinflußten die FDA zusätzlich, so daß sie zum willfährigen Erfüllungsgehilfen für die Zerstörung der vielen natürlichen und weniger kostspieligen Heilmethoden und ihrer Anwender wurde, den unabhängigen Naturheilkundlern und alternativen Kliniken. Von der Warte des Aufbaus eines gigantischen bürokratischen Machtapparates aus betrachtet, der jeden vernichten konnte, der in sein Visier geriet, verfolgten Komintern-Agenten, Ärztelobby und FDA-Bürokraten durchaus gemeinsame Ziele.

Die FDA hatte bereits die beliebten Krebskliniken von Harry Hoxsey zerschlagen, in welchen auf indianischer Kräuterheilkunde basierende Behandlungsmethoden mit großem Erfolg angewandt worden waren. Sämtliche Kurbäder mit ihren lebensenergiereichen Wasserquellen, an denen schon die Ureinwohnern Nordamerikas friedlich zusammengekommen waren, um ihre Heilkräfte zu nutzen, wurden von der FDA geschlossen (mehr dazu in Kapitel 10). Viele weitere Pioniere alternativer Heilmethoden wie z.B. Dr. Max Gerson

Das Orgonakkumulator-Handbuch

teilten dasselbe Schicksal; fanatische FDA-Bürokraten erzwangen die Schließung ihre Praxen und Kliniken mit Hilfe von Rufmordkampagnen, fingierten Beweismaterialien oder gar Polizeigewalt, in enger Zusammenarbeit mit der konventionellen Ärzteschaft, der *American Medical Association* (AMA) und der Arzneimittelbranche. Das meiste davon geschah Jahre, bevor man auf Wilhelm Reich aufmerksam wurde, doch es bedurfte augenscheinlich keiner besonderen Überredungskunst, noch einem weiteren unkonventionellen Arzt nachzustellen — die einschlägigen Abteilungen für diese Aufgabe existierten ja bereits.

Federführend im Verfahren gegen Reich waren William R.M. Wharton, Leiter des FDA-Zuständigkeitsbereiches für die amerikanischen Ostküstenstaaten, und der damalige FDA-Inspektor für den Bundesstaat Maine, Charles A. Wood. Wharton wurde von FDA-Mitarbeitern und Biografen als rücksichtsloser und sexbesessener pornografischer Charakter beschrieben, der einen Keramik-Phallus in seinem Büro aufbewahrte und jedesmal provozierend auf den Schreibtisch stellte, wenn er seine Sekretärin zum Diktat hereinrief. Er verfaßte interne Rundschreiben, in denen er genüßlich aus den Brady-Artikeln zitierte.

Inspektor Wood, mit der Aktenführung und der Beweissammlung für das juristische Vorgehen gegen Reich betraut, war ebenfalls bereits im vorhinein von den Brady'schen Desinformationen negativ beeinflußt. Schon zu Beginn seiner Untersuchung äußerte er einem von Reichs Mitarbeitern gegenüber, daß »der Orgonakkumulator Betrug« sei, mit dem »Dr. Reich die Öffentlichkeit zum Narren« hielte, und daß er dafür »bald im Gefängnis landen« würde. Er ging demzufolge von Anfang an davon aus, daß die Brady-Schmierereien der Wahrheit entsprächen.

Nebenbei bemerkt taucht der Name Charles A. Wood etwa zehn Jahre früher als der eines Schlichters beim *National Labor Relations Board* (NLRB) auf, einer von der Roosevelt-Regierung eingerichteten Bundesbehörde, die u.a. als Schiedsstelle zur Schlichtung von Arbeitsdisputen und gewerkschaftlichen Auseinandersetzungen fungiert. Aus russischen Archiven wissen wir heute, daß das NLRB damals massiv von sowjetischen Agenten unterwandert war, um die amerikanische Arbeiterbewegung in Richtung Kommunismus zu lenken. Mediator Wood befand regelmäßig *gegen* unabhängige amerikanische Arbeitervertretungen und *zugunsten* des *Congress of Industrial Organizations (CIO)*, den der Dies-Ausschuß des US-

Einleitung

Kongresses als einen sowjet-kontrollierten Gewerkschaftsverband identifiziert hatte. Ferner fällte er Entscheidungen zum Vorteil von ehemaligen Angestellten der politisch unabhängigen Verbraucherorganisation *Consumers' Research*,[15] denen wegen gewaltsamer kommunistischer Agitationen gekündigt worden war. Diese schlossen sich kurze Zeit später zur kommunistisch orientierten *Consumers' Union* zusammen, wobei auch die Bradys zentral involviert waren. NLRB-Schlichter Wood könnte daher schon zu jener Zeit in Kontakt mit Mildred Brady gekommen sein, als er mit dem Arbeitsrechtsstreit gegen *Consumers' Research* befaßt war.

Kurz nach seiner Ankunft an Reichs Forschungsinstitut im ländlichen Maine begann FDA-Inspektor Wood die Tochter des Zimmermanns zu umwerben, der die Orgonakkumulatoren für Reich baute, und gewann sie als Spitzel für die FDA-Ermittlungen. Binnen drei Monaten hatte er sie geheiratet. Der ahnungslose Reich kooperierte eine zeitlang mit Wood, bis die Vorwürfe des »Sex-Rings« aufkamen. Berechtigterweise erzürnt, verweigerte Reich daraufhin jegliche weitere Zusammenarbeit. In seinem Abschlußbefund verurteilte Wood schließlich Reich und den Akkumulator als einen »Betrug obersten Ranges«.

Abgesehen von Woods Bericht nahmen die FDA-Beamten in der Bostoner Geschäftsstelle, die mit dem »Fall Reich« betraut war, allen möglichen Klatsch und Tratsch und natürlich die Brady-Hetzartikel für bare Münze, welche durch den unkritischen Nachdruck in diversen medizinischen Fachzeitschriften den Anschein von »Seriösität« erlangt hatten. Nachdem sich indes keine Beweise für einen kriminellen »Sex-Ring« finden ließen, änderte man geschwind die Taktik und richtete das Augenmerk auf den Orgonakkumulator.

Den Ermittlern gelang es jedoch nicht, auch nur einen einzigen Zeugen zu finden, der sich über der Akkumulator beklagen mochte oder ihn zumindest nicht hilfreich fand, und sich daher möglicherweise zu einer offiziellen Beschwerde gegen Reich hätte überreden lassen können. Sogar ganz im Gegenteil. Also wandten

---

15. »An Inventory to the Records of Consumers' Research, Inc., 1910-1983«, bulk 1928-1980, von Gregory L. Williams, Januar 1995. Special Collections and University Archives, Rutgers University Libraries:
www2.scc.rutgers.edu/ead/manuscripts/consumers_introf.html

Das Orgonakkumulator-Handbuch

sich die FDA-Bürokraten an diejenigen Schulmediziner und orthodoxen Wissenschaftler, die ihnen bei ihren vorherigen »Feldzügen gegen Quacksalber« schon hilfreich zur Seite gestanden hatten. Diese »Experten« waren weder mit den wissenschaftlichen Fakten vertraut noch an ihnen interessiert, konnten aber dazu herangezogen werden, einige »Experimente« mit garantiert negativen Resultaten zusammenzuschustern, oder gleich ein vernichtendes Pauschalurteil zu fällen.[16]

Ich habe beispielsweise einen Brief vom Sohn des Physikers Kurt Lion in meinen Unterlagen — einem der führenden Wissenschaftler, die damals mit der FDA zusammenarbeiteten — in dem er schreibt, er erinnere sich deutlich daran, wie die FDA von seinem Vater verlangte, »zu beweisen, daß die [Orgon-] Box nur eine simple Kiste ist und Dr. Reich ein Betrüger«. Das ist nun wirklich etwas ganz anderes, als aufgefordert zu werden, den Orgonakkumulator einer unvoreingenommenen wissenschaftlichen Untersuchung zu unterziehen. Doch solch eine authentische Studie wurde nie in Auftrag gegeben, und daran bestand auch kein Interesse. Im Verlaufe ihrer Bemühungen, Reichs Arbeit ein Ende zu setzen, verübten die FDA-Beamten unter Leitung von Inspektor Wood und die mit ihnen verbündeten Ärzte, Psychoanalytiker und Physiker eine ganze Reiche von eklatanten Verstößen gegen die Grundsätze wissenschaftlicher und rechtlicher Ethik. Bis zum Ende des Jahres 1954 hatte die FDA bei ihren »Ermittlungen« gegen Reich rund 10 Millionen Dollar verplempert, ein erheblicher Teil des gesamten FDA-Budgets.

Im »Fall Reich« tauchen noch weitere zwielichtige Charaktere mit sowjetischen Sympathien auf. Reichs Rechtsbeistand in jener Zeit war Arthur Garfield Hays, ein angesehener New Yorker Rechtsanwalt und Gründungsmitglied sowohl der damals (wie heute) unzweideutig linksradikalen *American Civil Liberties Union* als auch der Brady'schen kommunistischen *Consumers' Union*. In der Öffentlichkeit lediglich als Verfechter von Bürgerrechten bekannt, steckte Hays als juristischer Berater und Anwalt tatsächlich bis über beide Ohren in verschiedenen sowjetnahen und kommunistischen Frontorganisationen.

---

16. Richard Blasband and Courtney Baker: »An Analysis of the United States Food and Drug Administration's Scientific Evidence Against Wilhelm Reich«, *Journal of Orgonomy*, 1972-1973.

Einleitung

In seiner Eigenschaft als Reichs Rechtsanwalt in idealer Position, brachte er diesen von Verleumdungsklagen gegen Brady und Gardner für deren Rufmordkampagnen ab und unternahm keinerlei Schritte gegen das eindeutig voreingenommene Ermittlungsverfahren der FDA. Ein paar gepfefferte Entschädigungsprozesse hätten wahrscheinlich nicht nur die Schandmäuler gestopft, sondern auch der FDA Einhalt geboten. Es gibt in solchen Fällen mehrere Möglichkeiten rechtlicher Intervention, die ein guter Anwalt ausnutzen kann, doch Hays behauptete Reich gegenüber unlautererweise das Gegenteil und schützte damit sowohl seine Komintern-Genossin Brady als auch die Drahtzieher der FDA-Kampagne.

Obgleich Reich um die kommunistischen Affiliationen einiger seiner Hauptgegner wußte, hatte er weder Ahnung von Hays' sowjetischen Sympathien noch dessen Verbindungen mit den Bradys, und Hays hat Reich nie darüber informiert. Reich konnte dadurch an kritischen Stellen immer wieder geschickt in Richtung Katastrophe gelenkt werden. Die Schmierereien in der Presse ließen nicht ab, und die Machenschaften der FDA nahmen ihren Lauf. Reichs einzige Gegenwehr bestand in seinen Protestbriefen an FDA-Beamte und beteiligte Presseorgane, in Richtigstellungen in seinen eigenen Fachzeitschriften sowie öffentlichen Appellen mit der Bitte um Ehrlichkeit, und dem Kesseltreiben ein Ende zu setzen.

Es ergibt sich hier das Bild einer FDA, die darauf erpicht war, Reich um jeden Preis das Handwerk zu legen, egal wie und wofür, und dafür tatkräftige Unterstützung von hochrangigen Vertretern des medizinischen Establishments erhielt. Außerdem ist ziemlich eindeutig, daß bestimmte Personen aus dem Dunstkreis der Komintern im Hintergrund die Fäden zogen, möglicherweise sogar von Schlüsselpositionen innerhalb der FDA aus. Als die FDA schließlich 1954 vor dem Bundesgericht in Portland (Maine) einen Antrag auf eine einstweilige Verfügung gegen Reich stellte, trat noch ein weiterer Verrat zutage: Reichs vormaliger Rechtsanwalt Peter Mills fungierte nun als Vertreter der Anklage.

Mills war ein opportunistischer Emporkömmling. Begonnen als kleiner Regionalpolitiker im Bundesstaat Maine, gefiel er sich nun auf seinem neuen Posten als ranghoher Staatsanwalt und weigerte sich, den Fall wegen Befangenheit abzugeben, wie es eigentlich ethisch geboten gewesen wäre. In einem Videointerview im Jahr

Das Orgonakkumulator-Handbuch

1986[17] gestand Mills ein, die FDA-Beamten seien mit einer vollständig vorbereiteten Anklageakte in seinem Büro erschienen, die er nur noch abzuzeichnen brauchte. Er erklärte nervös lachend, daß er nicht bereit gewesen sei, Wilhelm Reich zuliebe seinen Job auf's Spiel zu setzen. Auf die Frage nach der Bücherverbrennung reagierte er ausweichend und nannte Reich einen »Verrückten«.

Nach Jahren öffentlicher Hetze, Intrigen und Verrat, die natürlich auch seinen Mitarbeitern beruflich geschadet hatten, weigerte sich Reich, persönlich vor Gericht zu erscheinen, schon gar nicht, wie er es ausdrückte, »um die Rolle des Angeklagten in Sachen naturwissenschaftlicher Grundlagenforschung zu spielen«. Stattdessen reichte er eine schriftliche Erwiderung mit einem Antrag auf Einstellung des Verfahrens beim Gericht ein, in welcher er die jahrelangen verleumderischen journalistischen Lügengeschichten und die unlauteren Methoden des FDA-Ermittlungsverfahrens darlegte. Mit Argumenten aus der Sicht des Naturwissenschaftlers sprach er außerdem der Gerichtsbarkeit die Kompetenz ab, über die Tauglichkeit seiner Orgonforschung zu urteilen.

Die Reaktion des Richters bestand daraufhin in einem überaus harschen Strafurteil gegen Reich, das in der amerikanischen Rechtsgeschichte einmalig und für unseren verfassungsrechtlich garantierten Schutz vor staatlicher Willkür von weitaus größerer Bedeutung ist als der allseits bekannte *Scopes-Monkey-Prozeß* aus dem Jahr 1925 (ausgelöst durch das vorübergehende Verbot der Darwin'schen Evolutionslehre an einer Schule in der Kleinstadt Dayton, Tennessee). Der Richter ignorierte einfach Reichs Eingabe, die als rechtskräftiges juristisches Dokument der Verteidigung hätte akzeptiert und behandelt werden müssen, und entschied stattdessen, daß Reich überhaupt nicht reagiert hätte und dadurch das Verfahren automatisch durch Nichterscheinen verlor.

Dem Antrag der FDA wurde dann in allen Punkten stattgegeben. Die bundesrichterliche Verfügung erklärte, die Orgonenergie »gäbe es nicht«, und definierte alle Bücher, die das verbotene Wort *Orgon* enthielten, in »Reklameliteratur« um und untersagte ihren Transport in andere Bundesstaaten. Dies schloß selbst Bücher ein, in denen der Tabubegriff Orgon nur im Vorwort oder in Anmerkungen auftauchte. Darüberhinaus wurde die Vernichtung sämtlicher Publikationen befohlen, die sich im Detail mit der Orgonenergie

---

17. D. Markowicz: *Viva Little Man*, Dokumentarfilm 1986

Einleitung

Fall Nr. 1056, 19. März 1954,
US District Court, Portland, Maine
Vorsitzender Richter John D. Clifford, Jr.

»VERBOTEN bis zur Streichung sämtlicher Hinweise auf die Orgonenergie:

> The Discovery of the Orgone
> > Vol. I, The Function of the Orgasm
> > Vol. II, The Cancer Biopathy
>
> The Sexual Revolution
> Ether, God and Devil
> Cosmic Superimposition
> Listen, Little Man
> The Mass Psychology of Fascism
> Character Analysis
> The Murder of Christ
> People in Trouble

VERBOTEN mit ANWEISUNG ZUR VERNICHTUNG:

> The Orgone Energy Accumulator:
> > Its Scientific and Medical Use
>
> The Oranur Experiment
> The Orgone Energy Bulletin
> The Orgone Energy Emergency Bulletin
> International Journal of Sex-Economy & Orgone Research
> Internationale Zeitschrift für Orgonomie
> Annals of the Orgone Institute«

befaßten. Alle Apparaturen, welche die Energie nutzten, mußten demontiert oder zerstört werden.

Infolgedessen wurden von den späten Fünfzigern bis in die frühen sechziger Jahre hinein Reichs Bücher und wissenschaftliche Zeitschriften — auch solche, die »nur« verboten waren — in regelmäßigen Abständen von FDA-Beamten und Federal Marshals[18] konfisziert und in Verbrennungsanlagen in Maine und New

---

18. Federal Marshals sind mit Polizeibefugnissen ausgestattete Vollzugsbeamte der US-Bundesgerichtsbarkeit.

Das Orgonakkumulator-Handbuch

York vernichtet. Keine einzige wissenschaftliche Organisation, schriftstellerische oder journalistische Vereinigung, noch ein einziger »Bürgerrechtsvertreter« erhoben öffentlich Protest gegen diese Bücherverbrennungen, oder kamen Reich in irgendeiner Weise zu Hilfe. Obendrein stürmten FDA-Agenten seinen Wohnsitz und Laboratorium in Orgonon und zertrümmerten Orgonakkumulatoren mit Äxten.

Zusätzlich zu den oben genannten Verfügungen hatte das Gericht angeordnet, daß Reich jedwede »Inumlaufsetzung von Informationen« über die Orgonenergie einzustellen habe; somit unterlagen alle seine künftigen Schriften und Vorträge zu diesem Thema der Zensur.

Einige Jahre später wurde Reich wegen »Mißachtung des Gerichts« angeklagt, nachdem einer seiner Assistenten ohne Reichs Wissen und Erlaubnis eine Wagenladung Bücher und Akkumulatoren von Maine nach New York transportiert und damit gegen die Verbotsklausel hinsichtlich »zwischenstaatlichen Handels« aus dem Gerichtsurteil verstoßen hatte. Reich hielt sich zu dem Zeitpunkt mehr als tausend Meilen entfernt zu Feldstudien in Arizona auf.

Noch immer verständlicherweise mißtrauisch gegenüber Rechtsanwälten, vertrat Reich sich selbst vor Gericht. Es wurde ihm jedoch untersagt, Ergebnisse seiner Forschungen als Beweismittel einzubringen. Der Richter beschränkte das Verfahren allein auf den Vorwurf der »Mißachtung des Gerichts« und ließ ausschließlich Beweismaterial hinsichtlich der Frage zu, ob der Transport von verbotenen Artikeln über Staatsgrenzen hinweg tatsächlich stattgefunden hatte oder nicht. Reich wurde dadurch automatisch für schuldig befunden.

Obwohl er Berufung einlegte, und zwar bis zum Obersten Gerichtshof, verlor er den Prozeß aufgrund dieser technischen Formalie und wurde im Bundesgefängnis von Lewisburg (Pennsylvania) inhaftiert. Dort starb er 1957, eine Woche vor seiner Anhörung auf mögliche Entlassung auf Bewährung, als er bereits einem Leben in Freiheit im Kreise seiner Familie entgegensah.

Wie auch immer man Reichs Verhalten vor Gericht bewerten mag, die Grundsätze, für die er einstand, sind von größter Wichtigkeit und reichen mindestens zurück bis zu Galileo Galileis Zeiten, als die katholische Kirche diesem den Prozeß machte. Die Lehre aus dem Verfahren gegen Galilei ist, daß kein Gerichtshof, kein Tribu-

Einleitung

nal, keine religiöse oder wissenschaftliche Organisation dieser Erde befugt ist, allein auf der Grundlage von Textauslegungen oder göttlicher Offenbarung zu entscheiden, was ein Naturgesetz ist und was nicht. Über die Resultate eines Experiments können sich diejenigen, die es nie nachvollzogen haben, kein Urteil erlauben. Und unqualifizierte Ansichten von Ärzten und Wissenschaftlern haben nicht mehr Gewicht als die unbewiesenen Meinungen anderer Leute, seien sie nun Mitglieder der *American Medical Association*, der *National Academy of Sciences* oder desselben Country Clubs, dem zufällig auch der amerikanische Präsident angehört.

Galilei forderte seine Kritiker auf, selbst durch das Fernrohr zu schauen, damit sie seine Beobachtungen auf dem direktesten und einfachsten Weg bestätigen konnten. Aus »sittlichen« Gründen lehnten sie das ab und überschütteten ihn stattdessen mit Hohn und Spott. Reichs Kritiker verhielten sich nicht anders; sie weigerten sich hartnäckig, seine Experimente zu reproduzieren, und ignorierten die publizierten Versuchsergebnisse. Auch heute, mehrere Jahrzehnte nach Reichs Tod, gehen seine schärfsten Kritiker noch immer nach der gleichen unwissenschaftlichen Methode vor und verwerfen seine Entdeckungen, ohne sie fachgerecht überprüft zu haben.

Fassen wir zusammen. Die Hauptverantwortung für den Vernichtungsfeldzug gegen Reich tragen:

1. Propagandisten der Komintern, die verleumderische Desinformationsartikel in linksliberalen Zeitschriften veröffentlichten, in deren Redaktionen KGB-Agenten saßen;

2. machttrunkene Bürokraten innerhalb der FDA (welche in sozialistischer Manier nach zentraler Kontrolle zum »Schutz der Öffentlichkeit« strebt), die den Brady-Schmierereien nur zu gerne Glauben schenkten und Reich erwartungsgemäß als »Betrüger« verurteilten;

3. Reich feindlich gesinnte Psychoanalytiker, Psychiater und Ärzte, die sich bereitwillig an der Medienhetze beteiligten und mit den FDA-Beamten kooperierten;

4. ein unlauterer Rechtsanwalt mit sowjetischen Sympathien und ein Ex-Advokat, der zu sehr damit beschäftigt war, die Karriereleiter zu erklimmen, um sich um Rechtsethik zu scheren;

5. diverse Vertreter der Journaille, die fleißig ihre anzüglichen Lügengeschichten über einen »Sex-Skandal« verbreiteten.

Das Orgonakkumulator-Handbuch

Bei den Bemühungen, Reich auszuschalten, traten sowohl in Europa und als auch in Amerika zuerst NKWD/KGB-Handlanger in Erscheinung, beidesmal organisierten sie u.a. Diffamierungskampagnen in der Presse. Weitere kommunistische Sympathisanten in Schlüsselpositionen übten dann an entscheidenden Stellen während des Verfahrens ihren zerstörerischen Einfluß aus, wie z.B. Reichs Rechtsanwalt. Als der Fall schließlich bei Gericht landete, kamen weitere Elemente ins Spiel, insbesondere die erdrückende bürokratische Lethargie innerhalb der Mühlen der US-Gerichtsbarkeit, zwischen denen Reich langsam zermahlen wurde. Die Richter hielten sich peinlich genau an die *Buchstaben des Gesetzes* und mißachteten dadurch in fataler Weise den rechtsstaatlichen *Sinn des Gesetzes*, der weder zuläßt, schriftliche Anträge des Betroffenen in den Mülleimer zu werfen, noch Bücherverbrennungen anzuordnen.

Das Verhalten der rigiden Richter war fast noch schlimmer als die Machenschaften der Komintern-Genossen oder der FDA, da sie aus unerfindlichen Gründen Reichs verfassungsmäßig garantiertes Grundrecht auf freie Rede und öffentliche Verbreitung in Wort und Bild vollkommen ignorierten und stattdessen nicht nur die Verbrennung von Büchern legitimierten, sondern auch, einen Wissenschaftler für die Verteidigung seiner Forschungen wegzusperren. Und das ganze für die angebliche Verletzung einer lausigen Etikettierungsvorschrift!

All dies ist unentschuldbar. Und selbst wenn Reich eine gewisse Gutgläubigkeit hinsichtlich der Integrität der Vertreter des amerikanischen Rechtswesens an den Tag gelegt hat, trifft ihn hier keine Mitschuld. Nahezu umzingelt von Heimtücke und Verrat, kamen ihm lediglich ein paar enge Freunde und Mitarbeiter zu Hilfe, die mit Briefen und Artikeln versuchten, Unterstützung und Beistand für ihn zu gewinnen, wo sie konnten. Sie stellten sogar einen Revisionsantrag beim Obersten Gerichtshof, wenngleich ohne Erfolg. Die Presse und die FDA mögen mit kommunistischen Sympathisanten und eifernden Helfershelfern des medizinischen Establishments durchsetzt gewesen sein, doch jeder Staatsanwalt und Richter wußte um die Rechtswidrigkeit von Bücherverbrennungen und Gefängnisstrafen für die Entwicklung neuer Gedanken und erfolgreicher Therapien — aber irgendwie ignorierten sie alle bereitwillig ihren Amtseid bezüglich Schutz und Verteidigung der Grundrechte.

Einleitung

Heutzutage ist die Situation immer noch die gleiche. Die Angriffe und Verleumdungen gegen Wilhelm Reichs Vermächtnis gehen seit seinem Tod fast unausgesetzt weiter. Es treiben mittlerweile gut organisierte und finanziell bestens ausgestattete »Skeptiker-Gruppen« vielerorts ihr Unwesen, deren Lebensinhalt offenbar darin besteht, neue wissenschaftliche Entdeckungen abseits des Mainstreams unter dem Vorwand des »wissenschaftlichen Rationalismus« zu verteufeln. Der Autor schließt nicht aus, daß oftmals Aktivisten marxistisch-kommunistischer Orientierung mit ihrer Obsession der Kontrolle der Öffentlichkeit dahinterstecken, wie es bei der Mutterorganisation CSICOP der Fall war.[19]

Einige derselben Genossen, die später CSICOP gründeten, waren ebenso bei den Attacken gegen die Orgonomie in den Jahrzehnten nach Reichs Tod zentral involviert, wie z.B. Martin Gardner, aber es hat sich auch so manch neuer Schmierfink dem Schmähgesang angeschlossen. Es ist daher kein Zufall, daß vornehmlich politisch linksstehende Medien — die *New York Times* und *Time Magazine* in vorderster Linie — Reich und die Orgonomie immer wieder denunzieren und dafür gerne die alten Brady'schen Lügengeschichten aus der Schublade holen.

Die Einzelheiten über die wesentliche Rolle kommunistischer Agenten und Aktivisten bei der Verfolgung Reichs kamen erst seit den späten 1990er Jahren ans Licht, auch mit Hilfe neuer Studien in verschiedenen nunmehr zugänglichen russischen Archiven. Vorreiter bei der Aufdeckung dieses neuen Materials war das detailreiche und ausführlich dokumentierte Buch *Wilhelm Reich and the Cold War* von James Martin. Ich habe die verwendeten Quellen selbst zu Literaturrecherchen herangezogen und darüberhinaus noch weitere Dokumente gefunden, die Martins Schlußfolgerungen stützen, und kann somit ihre Authentizität bestätigen.[20]

---

19. John Wilder: »CSICOP, Time Magazine and Wilhelm Reich«, in: *Pulse of the Planet* #5, verfügbar auch als PDF-Download unter
http://www.orgonelab.org/WilderOnTimeCSICOP.pdf

20. Eine Fülle neuer Hintergrundinformationen und weiteres Dokumentationsmaterial insbesondere über die Verwicklung von Kommunisten und Konsorten in den »Fall Reich« finden sich in einem neuen Buch des Autors, das im Sommer 2013 erschienen ist: *In Defense of Wilhelm Reich: Opposing the 80-Years' War of Mainstream Defamatory Slander Against One of the 20th Century's Most Brilliant Physicians and Natural Scientists* (siehe auch Literaturnachweis).

Das Orgonakkumulator-Handbuch

Zwar sind alle namhaften Biographien über Wilhelm Reich lange vor Bekanntwerden dieser neuen Informationen geschrieben worden. Trotzdem haben Reichs Biographen, allesamt eher linksliberal einzuordnen, es versäumt, immerhin die Hintergründe von Reichs Hauptwidersachern zu recherchieren, deren kommunistische Affiliationen unschwer zu übersehen waren. Stattdessen kanzelten sie Reichs rationalen Antikommunismus — und seine Klarsicht, aus welchem Lager die Angriffe gegen ihn kamen — bestenfalls als Trugschluß, schlimmstenfalls als Beweis von »Paranoia« ab. Folglich geben heutzutage die meisten Menschen, denen Wilhelm Reich ein Begriff ist, automatisch dem »rechtskonservativen Amerika«, »christlicher Prüderie« oder »McCarthyismus« die Schuld an der Bücherverbrennung und seinem Tod. Aber es gibt kaum ein Indiz für solche Bezichtigungen, und der Vorwurf gegen Reich mutet seltsam an: Sollen wir daraus entnehmen, daß eine antikommunistische Haltung als Beweis einer emotionalen Störung oder gar Geisteskrankheit zu verstehen sei? (Und im Umkehrschluß, daß Kommunisten, deren Ideologie im 20. Jahrhundert 100 Millionen Menschen das Leben gekostet hat, »geistig und emotional gesund« sein sollen?!)

Es gibt im »Fall Reich« jedoch umfängliches Belastungsmaterial gegen die Komintern und ihre Handlanger und Sympathisanten aus der linken Szene mit ihrer Heimtücke und Zerstörungswut, sowohl zu Reichs Lebzeiten als auch in den Jahrzehnten nach seinem Tod. Es ist höchste Zeit, diese Fakten zu akzeptieren, gerade auch im Hinblick darauf, wer im aktuellen Ringen gegen politischen Irrationalismus und die Auflösung unserer harterkämpften gesellschaftlichen Freiheiten auf unserer Seite steht.[21]

Aufgrund der historischen Geschehnisse haben darüberhinaus **die FDA und insbesondere sämtliche Gerichte, akademische Organisationen und Regierungsinstitutionen für immer die Entscheidungsbefugnis darüber verwirkt, wie die Menschen den Orgonakkumulator zu nutzen vermögen.** Die Entdeckung der Orgonenergie ist in der Obhut der Normalbürger wesentlich sicherer aufgehoben als in den Händen von irgendwelchen Politikern, Wissenschaftlern oder Ärzteverbänden.

Dieses Handbuch richtet sich mithin nicht in erster Linie an ein wissenschaftliches oder medizinisches Publikum, sondern an die

---

21. Siehe auch meinen Artikel über fortgesetzte FDA-Repressalien: http://www.orgonelab.org/fda.htm

Einleitung

breite Öffentlichkeit. Wie das Sonnenlicht, die Luft und das Wasser ist die Orgonenergie Teil der Natur. Sie existiert überall und soll jedem Menschen frei von jeglicher restriktiver Kontrolle uneingeschränkt zugänglich sein. Die Erfindung des Orgonakkumulators ist überdies Gemeingut, nicht patentierbar, und kann somit nicht von einer Einzelperson oder einem Unternehmen monopolistisch ausgebeutet werden. Es ist für jedermann **völlig legal**, einen Orgonakkumulator zu bauen bzw. zu erwerben und zu benutzen.

Natürlich geht mit diesem Recht eine große Verantwortung einher, denn die richtige Anwendung und Wartung eines Akkumulators stellt gewisse soziale und ökologische Anforderungen an seinen Besitzer. Die atmosphärische Orgonenergie kann wie unsere Luft, unsere Nahrung und unser Wasser gestört und verunreinigt werden, wodurch sie einige ihrer lebensfördernden Eigenschaften verliert. Die Kenntnis darüber, wie derartige Kontamination vermieden wird, ist daher unbedingt erforderlich.

Dieses Handbuch vermittelt eine grundlegende Übersicht über die Orgonenergie, den Orgonakkumulator sowie den Bau und sicheren Einsatz von orgonakkumulierenden Geräten. Die an wissenschaftlichen Details und weiterführenden Informationen interessierten Leser seien an die im Literaturverzeichnis aufgeführten Publikationen verwiesen.

Innerhalb weniger Jahre nach Reichs Tod wurden sein Zuhause und Laboratorium als das *Wilhelm Reich Museum* der Öffentlichkeit zugänglich gemacht. Heute sind seine wichtigsten Werke in viele Sprachen übersetzt und finden sich in Buchhandlungen und Bibliotheken weltweit. In den späten 1960ern begannen Reichs ehemalige Mitarbeiter, neue Organisationen und Fachzeitschriften zu etablieren, wie z.B. das *Journal of Orgonomy* und die *Annals of the Institute for Orgonomic Science*. Sie gaben den neuen Forschungen und akademischen Studien ein Forum, welche die wissenschaftliche Legitimität von Reichs Entdeckungen dokumentierten. Zum selben Zweck gründete der Autor 1978 das *Orgone Biophysical Research Laboratory* mit dem hauseigenen Magazin *Pulse of the Planet*.

Das Interesse an Reichs Werk hat im Laufe der Jahrzehnte langsam zugenommen, und viele neue experimentelle Untersuchungen auch auf internationaler Ebene haben seine Entdeckungen über die Lebensenergie bestätigt. Hochschulen bieten Kurse zu Leben und Werk Wilhelm Reichs an, und viele seiner

Das Orgonakkumulator-Handbuch

Experimente über die Orgonenergie und den Akkumulator sind an Universitäten und Kliniken reproduziert und verifiziert worden. Er wird außerdem in zahlreichen Veröffentlichungen positiv gewürdigt, darunter viele Studienarbeiten, Biographien und sogar Filme. Trotz einigen Unfugs, der mittlerweile im Internet herumgeistert,[22] und der fortgesetzten Diffamierungen von Seiten der »Skeptiker« und bestimmter Medienkreise, entdecken immer wieder neue Generationen von Wissenschaftlern, Ärzten und interessierten Laien den authentischen Wilhelm Reich.

Die Bemühungen, die Entdeckung der Orgonenergie zu zerstören, sind gescheitert.

---

22. siehe: http://www.orgonelab.org/orgonenonsense.htm

Teil I:
Orgon-Biophysik

Das Orgonakkumulator-Handbuch

3. Was ist Orgonenergie?

Orgonenergie ist die kosmische Lebensenergie, die elementare schöpferische Kraft, die im Einklang mit der Natur lebenden Menschen seit jeher bekannt ist. Naturwissenschaftler haben in der Vergangenheit über ihr Vorhandensein spekuliert, doch nun ist sie objektiv nachgewiesen. Ihre Entdeckung verdanken wir Wilhelm Reich, der auch viele ihrer grundlegenden Eigenschaften identifiziert und beschrieben hat. Sowohl alles Lebendige als auch die unbelebte Materie werden von der Orgonenergie aufgeladen und strahlen sie ab. Sie durchdringt alle Formen von Materie, allerdings mit unterschiedlichen Geschwindigkeiten. Alle Stoffe wirken auf die Orgonenergie, sie ziehen sie an und absorbieren sie, oder stoßen sie wieder ab und reflektieren sie. Orgon kann man sehen, fühlen, messen und fotografieren — es ist eine reale, physikalische Energie, und nicht etwa nur eine übersinnlich oder hypothetisch postulierte Kraft.

Orgon existiert in freier Form in der Atmosphäre und im Vakuum des Weltraums. Es läßt sich anregen und verdichten. Es pulsiert spontan, kann sich ausdehnen und zusammenziehen. Die Orgonladung einer bestimmten Umgebung oder Substanz ist veränderlich und gewöhnlich zyklischen Schwankungen unterworfen. Am stärksten wird die Orgonenergie von allem Lebendigen, von Wasser und von anderen hohen Orgonpotentialen angezogen. Sie bewegt sich frei in der Atmosphäre, strömt aber im allgemeinen von Westen nach Osten, wobei sie etwas schneller ist als die Erdrotation. Sie ist allgegenwärtig, ein kosmischer Ozean dynamischer Energie, welche das gesamte Universum verbindet. Alle Lebewesen, alle Wettersysteme und alle Planeten reagieren auf ihre Pulsation und ihre Bewegungen.

Orgon ist zwar mit anderen Energieformen verwandt, unterscheidet sich jedoch grundsätzlich von ihnen. So kann es beispielsweise ferromagnetische Stoffe wie Eisen und Stahl magnetisch aufladen, ist jedoch selbst nicht magnetisch. Es ist in der Lage, Isolatoren (nichtleitende Materialien) elektrostatisch aufzuladen, wirkt aber von Natur aus nicht im engeren Sinne elektrostatisch.

Das Orgonakkumulator-Handbuch

Die Orgonenergie reagiert aggressiv auf radioaktive Substanzen oder auf starken Elektromagnetismus, ähnlich wie entsprechend überreiztes Zellplasma. Man kann sie mit speziell aufgeladenen Geiger-Müller-Zählern messen. Sie ist auch das *Medium* — der alten Vorstellung vom *Äther* vergleichbar — für die Übertragung elektromagnetischer Störwirkungen, ist jedoch in ihrem Wesen selbst nicht elektromagnetisch.

Das Strömungsverhalten der Orgonenergie innerhalb der Erdatmosphäre hat Einwirkungen auf die Luftzirkulation und das Wettergeschehen. Gesetzmäßigkeiten der atmosphärischen Orgonenergie liegen auch der Entstehung von Unwettern zugrunde und beeinflussen Lufttemperatur, Luftdruck und Luftfeuchtigkeit. Kosmische Orgonfunktionen scheinen auch im All aktiv zu sein, insbesondere bei bestimmten Gravitations- und Sonnenphänomenen. Dennoch ist die in sich massefreie Orgonenergie keine dieser physikalisch-mechanischen Faktoren noch deren Summe. Ihre Eigenschaften leiten sich vielmehr vom Lebendigen selbst ab, in etwa vergleichbar mit dem historischen Konzept des *élan vital* — der schöpferischen Lebenskraft, die biologische Prozesse steuert — allerdings mit dem Unterschied, daß Orgonenergie auch im Unbelebten vorhanden ist, wie in der Atmosphäre und im Weltall. Sie ist die ursprüngliche, elementare kosmische Lebensenergie, alle anderen Energieformen sind ihr nachgeordnet.

In der Naturwissenschaft sind einige ihrer Erscheinungsformen durchaus bekannt; je nach Fachgebiet wird sie als *Plasma-Energie*, *Äther* oder *Dunkle Materie* bezeichnet, doch im Grunde bleibt sie dort etwas mechanisches und lebloses. Die meisten Menschen erfahren die Lebensenergie dagegen als Liebeskraft, spüren sie in der sexuellen Umarmung und beim Orgasmus, und empfinden ihre belebende Wirkung draußen in der Natur. Manche gewahren sie bei Meditation oder Gebet, mißdeuten sie jedoch als etwas Übernatürliches.

Die Funktionen der Orgonenergie bilden die Basis aller wichtigen Lebensprozesse. Der Umfang ihrer Pulsation, Strömung und Ladung im Organismus bestimmt Bewegung, Aktivität und Verhalten von Zellplasma und Gewebe ebenso wie die Intensität »bioelektrischer« Phänomene. Emotionen sind biologisch betrachtet Teil der Ladungs- und Entladungsfunktionen der Orgonenergie innerhalb eines Organismus, so wie das Wettergeschehen vom Kreislauf der Ladung und Entladung des Orgons in der Atmosphäre bestimmt wird.

Was ist Orgonenergie?

Sowohl der Organismus als auch das Wetter reagieren auf den jeweiligen Zustand der Lebensenergie. Orgonenergieabläufe sind überall in der Natur wirksam, in Einzellern ebenso wie in allen höher entwickelten Lebewesen, sogar in Gewitterwolken, Wirbelstürmen und Galaxien.

Die Orgonenergie erfüllt und belebt uns nicht nur, wir sind auch völlig von ihr umgeben — wie Fische im Wasser. Darüberhinaus ist sie das Medium, durch welches Emotionen und Wahrnehmungen übertragen werden, und das uns mit dem Kosmos und allem Lebendigen verbindet.

Das Orgonakkumulator-Handbuch

4. Wilhelm Reichs Entdeckung der Orgonenergie und die Erfindung des Orgonakkumulators

Reich begann bereits in den zwanziger Jahren des vergangenen Jahrhunderts, sich mit der Frage einer biologischen Energie zu beschäftigen, als er noch ein Schüler Sigmund Freuds war, des Begründers der Psychoanalyse. Freud hatte in seinen frühen Arbeiten eine Triebenergie als Grundlage menschlichen Verhaltens theoretisch diskutiert, die er *Libido* nannte. Während Freud und die meisten anderen Psychoanalytiker sich allmählich von diesem Begriff lösten, hielt Reich das Libidokonzept für ein sehr brauchbares Modell und begann nach Belegen für diese Kraft zu suchen, die Emotionen, Verhalten und Sexualität der Menschen zu bestimmen schien.

Im Verlauf seiner umfangreichen klinischen Arbeit in der psychoanalytischen Praxis wurde Reich auf vegetative Ströme emotionaler Energie im menschlichen Körper aufmerksam. Sie traten bei gesunden Menschen im Stadium großer Entspannung in Erscheinung, wie beispielsweise nach starken Gefühlsausbrüchen oder nach einem sehr befriedigenden genitalen Orgasmus. Der freie, ungehemmte emotionale Ausdruck und die natürliche sexuelle Erregung sowie ihre vollständige Befriedigung im Orgasmus wurden von Reich als Merkmale ungehinderten Energieflusses im Körper identifiziert.

Wenn ein Individuum jedoch unter dem Einfluß eines großen Seelenschmerzes stand, z.B. infolge eines Kindheitstraumas, wenn es seine Gefühle rigoros unterdrückte (»große Jungen weinen nicht«, »brave Mädchen werden nicht wütend«) oder unter chronischer Sexualblockade und ungestilltem sexuellen Verlangen litt, beobachtete Reich, daß das gesamte Nervensystem und bestimmte Bereiche der Muskulatur am Prozeß der emotionalen Niederhaltung bzw. Abwehr beteiligt waren. Diese Art der Gefühlsverdrängung wurde generell begleitet von mehr oder weniger ängstlicher Vermeidung (potentiell) lustbringender Situationen, die möglicherweise zurückgehaltene unangenehme Erinnerungen wecken konnten. Wenn solches Sichversagen von Freude und Lustgefühlen

Das Orgonakkumulator-Handbuch

chronisch wurde, vermerkte Reich, daß dies einherging mit einer Versteifung des Körpers und einer Verminderung der Atmung, gefolgt von einem Verlust der Empfindungs- und Kontaktfähigkeit.

Diese anhaltende *neuromuskuläre Panzerung*, wie Reich sie nannte, ist kein natürlicher Zustand, obgleich sie bei der akuten Bewältigung von schmerzhaften und traumatischen Erlebnissen von Nutzen sein kann. Wird die Panzerung jedoch chronisch, das heißt zu einer Lebensweise, so beeinträchtigt sie die natürlichen biologischen Funktionen des Menschen und beeinflußt das Verhalten selbst in Situationen, in denen schmerzhafte Erfahrungen gar nicht zu befürchten sind. Die Panzerung fixiert praktisch die lustfeindliche Haltung und Gefühlszensur. Tiefsitzende Ängste und der Druck, sich dem gesellschaftlich jeweils vorherrschenden, gepanzerten Lebensstil anpassen zu müssen, halten das Individuum davon ab, wirksame Schritte zu einer positiven Veränderung der Lebensumstände und damit zu emotionaler Heilung zu unternehmen. Der Großteil von Reichs frühen Schriften hat diese sozialen, sexuellen und emotionalen Belange des Menschen zum Inhalt.

Reich vertrat außerdem die Ansicht, daß der in einer Liebesbeziehung erlebte heterosexuelle *genitale* Orgasmus eine zentrale, regulierende Rolle im Energiehaushalt des Menschen spielt, indem er aufgespeicherte bioenergetische Spannung regelmäßig abbaut. Je intensiver die orgastische Entladung der akkumulierten Bioenergie in der genitalen Umarmung, desto ausgeprägter sind danach die Gefühle von Zufriedenheit, Gelöstheit und Erfüllung. Wenn sexuelle Bedürfnisse — und Emotionen im allgemeinen — dagegen chronisch versagt und unterdrückt werden, kann sich die innere Spannung derart steigern, daß es gegebenenfalls zum Durchbruch neurotischer oder gar sadistischer Symptome kommt.

Reich entwickelte therapeutische Techniken zur Loslösung der gestauten emotionalen Energie bei seinen Patienten, was zur Freisetzung lange niedergehaltener Gefühle führte. Dies wiederum steigerte die Lebensfreude und insbesondere die Fähigkeit, genitale Lust genießen zu können. Reich stellte fest, daß mit der Gesundung der Sexualität und erhöhter genitaler Befriedigung die neurotischen Symptome bei seinen Patienten abnahmen.

Einige der früheren Beiträge Reichs zur psychoanalytischen Theorie und Technik wurden zunächst sehr begrüßt. Je mehr er sich jedoch auf die Folgen von Kindesmißhandlungen und sexueller Repression konzentrierte, desto stärker wandten sich die konven-

Reichs Entdeckung der Orgonenergie

tionellen Psychoanalytiker gegen ihn und begannen, ihn anzugreifen. Reich löste sich schließlich ganz von der Psychoanalyse und gab seinem Ansatz einen neuen Namen: *Sexualökonomie*.

Nach der Machtergreifung Hitlers war Reich gezwungen, aus Deutschland nach Skandinavien zu fliehen. In Norwegen angekommen, bemühte er sich, einen experimentellen Nachweis für sein Modell vom menschlichen Energiehaushalt zu finden. Seine Beobachtungen über die Zusammenhänge menschlichen Verhaltens, emotionalen Ausdrucks, Sexualfunktion, Orgasmus und vegetativer Strömungsempfindungen legten nahe, daß all diesen intensiven Erfahrungen eine reale, greifbare Energie zugrundelag. Um seine Vermutung zu testen, führte er eine Reihe von Experimenten durch, bei denen er die bioelektrische Ladung an der Hautoberfläche von Versuchspersonen in unterschiedlichen Gefühlszuständen mit empfindlichen Millivoltmetern maß.

Genußvolle Erfahrungen, stellte er fest, konnte man an einem Ansteigen der bioelektrischen Ladung der Haut nachweisen, wohingegen unangenehme Gefühle eine Ladungsabnahme mit sich brachten. Menschen mit tiefer Atmung und einer entspannten Grundhaltung erzielten regelmäßig höhere Werte am Millivoltmeter als verkrampfte, ängstliche, oder hochgradig gepanzerte Personen, deren Lebensgeschichte von Traumata, Mißhandlungen, verdrängten Gefühlen und unbefriedigter Sexualität geprägt war. Wenn jemand durch Gewöhnung oder Konditionierung schon im Kindesalter dann entweder zu einem lustbejahenden oder lustverneinenden (oder gar schmerzsüchtigen) Erwachsenen herangewachsen war, zeigten seine Hautoberfläche sowie andere physiologische Parameter eine entsprechend hohe beziehungsweise niedrige Energieladung. Reich folgerte, daß das Ausmaß, inwieweit sich das Individuum der Welt zuwandte respektive sich von ihr zurückzog, sowie die damit jeweils korrespondierende Energieladung das Ergebnis der individuellen Lebensgeschichte war. Fortgesetzt schmerzhafte Erfahrungen würden im Laufe der Zeit zur Panzerung des Organismus führen und es ihm erschweren, sich der (als qualvoll erlebten) Außenwelt zuzuwenden.

Reich kam jedoch schließlich zu der Überzeugung, daß die mit den Millivoltmetern gemessenen, relativ geringen bioelektrischen Ströme die machtvollen Energien im menschlichen Fühlen und Verhalten nicht zufriedenstellend erklären konnten. Das war bei chronisch immobilisierten Katatonikern und anderen vollständig in

Das Orgonakkumulator-Handbuch

sich zurückgezogenen seelisch Kranken besonders augenfällig. Konnten nämlich deren emotionale Blockaden gelöst werden, erlebten diese Patienten enorme Ausbrüche von Traurigkeit oder Wut. Im Anschluß daran kam es zu einer außerordentlichen Entspannung der Muskulatur, einer spontanen Vertiefung der Atmung und einem Wiedererlangen des klaren Bewußtseins bei verstärkter Kontaktfähigkeit.

Diese Beobachtungen von Energie*spannung* — die unterdrückte und in Unbeweglichkeit gebundene emotionale Energie der Kranken — und *-entladung*, wenn die emotionale Energie schließlich im Gefühlsausdruck während der Therapie freigesetzt wurde, ließen Reich schlußfolgern, daß dem sexuellen Orgasmus im Organismus eine vergleichbare Entladungsfunktion zukam. Doch woher erhielt der Organismus diese Energie, und welcher Natur war sie? Diese Fragen drängten sich Reich vor dem Hintergrund dieser Erfahrungen geradezu auf.

Von Natur aus bewegen sich lebende Organismen auf Lustbringendes zu, ziehen sich dagegen von unangenehmen Situationen zurück. Als universelles Konzept muß das auf alle Lebewesen zutreffen, selbst auf Schnecken, Regenwürmer und sogar mikroskopisch kleine Amöben. Nun besitzt ein Einzeller allerdings im Unterschied zu höheren Lebewesen kein Nervensystem oder Gehirn, das diesen Prozeß steuern könnte, und dennoch öffnet oder verschließt er sich seiner Umwelt in ähnlicher Weise. Reich fragte sich, ob viele Funktionen, die dem Gehirn zugeschrieben werden, in Wirklichkeit Bestandteile von Ganzkörperreaktionen waren. Diese bedurften bei höheren Lebewesen zwar der Mitwirkung des vegetativen Nervensystems, konnten aber primär aus energetischen Kräften resultieren, wie er sie in der klinischen Praxis beobachtet und bei seinen bioelektrischen Experimenten dokumentiert hatte. Diese biologischen Energieströme, so postulierte er, mußten in allen Lebewesen wirken. Um seine These zu überprüfen, wollte er Millivoltmessungen an Amöben im Zustand der Expansion bzw. Kontraktion vornehmen.

Reich wandte sich deshalb an das Mikrobiologische Institut der Universität von Oslo und bat um eine Amöbenkultur. Er erhielt die Auskunft, daß man diese einfachen Organismen nicht vorrätig halte, weil sie unmittelbar aus einem Moos- oder Heuaufguß kultivierbar seien. Reich verwunderte das. Ihm war die Luftkeimtheorie natürlich bekannt, doch als Erklärung für die Genese von Amöben oder Pantoffeltierchen konnte sie nicht herangezogen

Reichs Entdeckung der Orgonenergie

werden. Solche komplexeren Einzeller entwickeln sich nicht aus luftgetragenen Sporen.

Reich setzte daraufhin selbst Moos- und Heuaufgüsse an und verfolgte dann sorgfältig im Mikroskop den Prozeß der Amöbenentwicklung. Nirgendwo sah er aufquellende Sporen, die zu neuen Kleinstorganismen geworden wären. Stattdessen beobachtete er, daß Moos und Gras zerfielen und sich zu kleinen, blaugrünen Bläschen zersetzten. Diese winzigen Vesikel ballten sich nach ein paar Tagen zusammen, und eine Membran bildete sich um das Bläschenknäuel. Die Bläschen begannen dann, innerhalb der Membran zu pulsieren und rotieren, bis sich schließlich das ganze Gebilde aus eigener Kraft fortbewegte — es war zu einer neuen Amöbe geworden.

Ferner stellte Reich fest, daß auch andere organische und anorganische Substanzen bei ihrer Desintegration in einer sterilen Nährlösung und die winzigen blaugrünen Vesikel bildeten. Von den Mikrobiologen der Universität wurden diese Beobachtungen mit Skepsis aufgenommen, woraufhin Reich eine Reihe strikter Kontrolluntersuchungen entwickelte, um auf ihre Argumente einzugehen und den Prozeß noch deutlicher zu demonstrieren. Die Kontrollverfahren bestanden z.B. darin, die Nährlösungen lange zu autoklavieren[1] und die zu testende Substanz über einer Flamme zum Glühen zu bringen, bevor sie in die sterile Nährlösung gegeben wurde.

Andere Wissenschaftler seiner Zeit wiederholten seine Experimente und bestätigten seine Entdeckungen, und 1938 wurden sie sogar der Französichen Akademie der Wissenschaften vorgestellt. Das trug aber wenig dazu bei, seine Kritiker zufriedenzustellen, die sich rundheraus weigerten, seine Experimente nachzuvollziehen, und ihn stattdessen in der norwegischen Presse attackierten.

Reich verwendete ein Lichtmikroskop mit sehr starken, etwa 3500- bis 4500-fachen Vergrößerungen. Er verzichtete auf die Einfärbung der Präparationen und wandte auch keine der anderen gängigen Verfahren an, welche die Proben abtöten. Daher unterschied sich Reichs Vorgehen erheblich von dem des konventionellen Mikrobiologen, der seine Präparate bis auf den heutigen Tag mit geradezu religiösem Eifer abtötet und einfärbt, weil er wenig Sinn

---

1. Autoklavieren ist eine Sterilisationsmethode, bei der eine Lösung unter Luftausschluß bei erhöhtem Druck erhitzt wird.

Das Orgonakkumulator-Handbuch

darin sieht, lebende Mikroben in einem Lichtmikroskop bei mehr als 1000-facher Vergrößerung zu beobachten. Und mit den üblicherweise verwendeten Elektronenmikroskopen lassen sich keine Aufnahmen von lebenden Kulturen machen.

Reich gab dem ungewöhnlichen winzigen Bläschen, das er entdeckt hatte, die Bezeichnung *Bion*. Bione von ähnlicher Größe, Form und Beweglichkeit bildeten sich in der unter dem Lichtmikroskop beobachteten Lösung, wenn er verschiedene Substanzen langsam aufquellen und desintegrieren ließ. Kochen oder Autoklavieren der Präparationen, oder Erhitzen von anorganischen Substanzen bis zum Glühen, bevor sie in sterile Nährlösungen getaucht wurden, verhinderten die Entstehung der Bione nicht etwa, sondern setzten sie stattdessen in umso größerer Zahl frei. Auch bei der Untersuchung von Zerfalls- und Zersetzungsprozessen in Nahrungsmitteln fand Reich vergleichbare bionöse Prozesse.

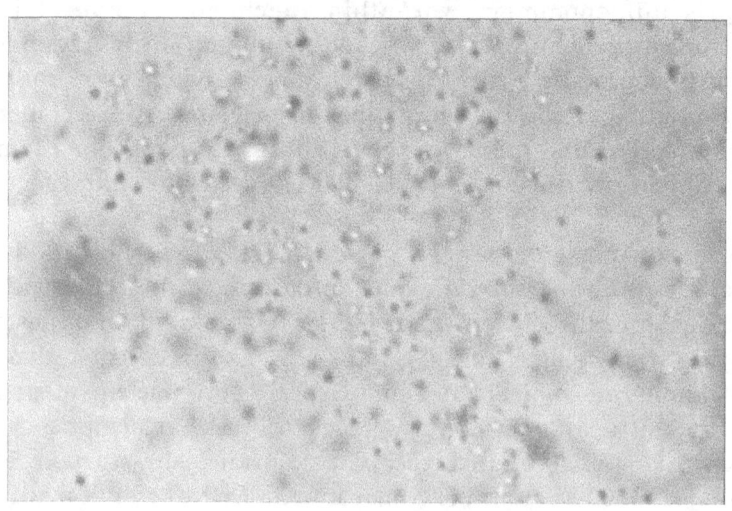

Mikroskopaufnahme von Bionen, Quelle: autoklaviertes Gras, 300fache Vergrößerung. Sie haben einen Durchmesser von etwa 1 Mikrometer and zeigen deutlich einen bläulichen Schimmer. Die Bion-Präparation wurde im Labor des OBRL exakt nach Reichs Versuchsprotokoll hergestellt. Das Mikroskop ist ein Leitz Ortholux mit apochromatischen (farbechten) Linsen. Nicht nur »Reichianer« können Bione sehen!

Reichs Entdeckung der Orgonenergie

Ganz wie Reichs Arbeiten im Bereich menschlichen Verhaltens ist auch seine Bionforschung viel zu umfangreich, um sie in diesem Buch vollständig darzustellen zu können. Es soll jedoch darauf hingewiesen werden, daß seine Experimente weltweit von vielen Wissenschaftlern erfolgreich reproduziert worden sind. Die heutige Mikrobiologie kennt inzwischen ganz ähnliche kleine Bläschen, doch Reichs Priorität ihrer Entdeckung wird bisher nicht anerkannt.

Seine Erkenntnisse aus der Bionforschung haben zwei wissenschaftliche Rätsel gelöst: erstens die Frage nach dem Prozeß der natürlichen Entstehung von Einzellern aus abgestorbenem Pflanzengewebe, und zweitens nach dem Ursprung der Krebszelle. Reich hatte festgestellt, daß der Desintegrationsvorgang von abgestorbenem Tiergewebe genauso ablief wie bei Pflanzengewebe: Erst zerfiel es in Bione, dann reorganisierten sich die Bione spontan zu einzelligen Formen. Er postulierte, daß der Verwesungs- und Zerfallsprozeß, im Boden wie im Körper, durch Verlust der lebensenergetischen Ladung des betroffenen Gewebes ausgelöst wird. Der Krebstumor wäre somit das Produkt aus bionösem Zerfall und Reorganisation energetisch toten Gewebes im menschlichen Körper (siehe auch Reichs Buch *Der Krebs*).

Es war im Verlaufe seiner Bionexperimente, daß Reich zum ersten Mal auf ein Stahlungsphänomen aufmerksam wurde, welches von den Bionkulturen ausging und dem er später den Namen *Orgon* geben sollte. Schließlich führte es ihn zur Entdeckung des Funktionsprinzips des Orgonakkumulators.

Spezielle Bionpräparationen aus pulverisiertem und geglühtem Meeressand in steriler Nährlösung zeigten besonders kräftige Strahlungseigenschaften. Seine Laboranten zogen sich Bindehautentzündungen zu, wenn sie die Sandbionkulturen zu lange durch das Mikroskop betrachteten, und entwickelten Hautirritationen in nächster Nähe der Behälter. Reich, der sich selbst täglich viele Stunden lang im Labor aufhielt, bekam durch die Kleidung hindurch mitten im Winter eine intensive Körperbräunung.

Ferner magnetisierte die mysteriöse Energiestrahlung in der Nähe befindliche Gerätschaften aus Eisen oder Stahl und lud isolierende Materialien wie beispielsweise Gummihandschuhe statisch auf. Unverbrauchter Fotofilm, der in metallenen Laborschränken untergebracht war, wurde spontan belichtet. Reich bemerkte, daß Metalle diese *Bionstrahlung* — oder was immer sie war — sogleich anzogen, aber ebenso schnell wieder an die Umgebung

Das Orgonakkumulator-Handbuch

abgaben. Organische Materialien dagegen absorbierten und speicherten sie. Versuche, sie mit Hilfe von Meßinstrumenten für Radioaktivität oder elektromagnetische Wellen zu messen, schlugen fehl.

Reich stellte außerdem fest, daß man die Atmosphäre in den Räumen, wo diese speziellen Bionkulturen aufbewahrt wurden, als »drückend« oder »aufgeladen« empfand. Bei Nacht, in vollständiger Dunkelheit, glitzerte und glühte die Luft dort sichtbar vor pulsierender Energie. In dem Bemühen, die Energiestrahlung einzufangen, baute Reich einen speziellen Kasten, der innen mit Blech ausgekleidet war, und stellte eine Bionpräparation hinein. Aufgrund der vorher beobachteten Materialeffekte vermutete er, daß dieser Aufbau die von den Sandbionen ausgehende Strahlung reflektieren und im Inneren konzentrieren würde, und genau das geschah auch. Zu seiner Überraschung war die Energie in dem Kasten aber auch nach Entfernen der Bionkultur vorhanden. Egal, was er versuchte, er fand keine Möglichkeit, die Strahlung zum Verschwinden zu bringen.

Reich gelangte schließlich zu der Überzeugung, daß diese besondere, mit Metallblech ausgekleidete Konstruktion eine atmosphärische Variante des gleichen Energiephänomens einfing, das auch von den Bionen ausging und welches er bereits ganz allgemein bei lebenden Wesen beobachtet hatte. Er nannte diese neu entdeckte Energie *Orgon* und entwickelte Methoden zur Verstärkung der energiekonzentrierenden Wirkung des Kastens, indem er ihn mit mehreren abwechselnden Lagen verschiedener organischer und metallischer Materialien umgab. Weder Elektrizität noch Magnetismus, Elektromagnetismus oder Nuklearenergie kamen bei diesen Konstruktionen zum Einsatz, sie funktionierten vielmehr vollständig passiv. Sie erhielten später die Bezeichnung *Orgonakkumulatoren.*

Die ganze Fülle von Reichs klinischer Forschungsarbeit — seine bioelektrischen Experimente, seine Beobachtungen an den Bionen, die Versuche zur Biogenese und zum Ursprung der Krebszelle, seine Entdeckung der Orgonenergie und die Erfindung des Orgonakkumulators — kann hier natürlich nicht ausführlich behandelt, sondern nur grob zusammengefaßt werden. Weiterführende Literatur hierzu finden Sie im Quellennachweis am Ende des Buches.

Untersuchungen mit dem Orgonakkumulator zeigten spezielle lebensfördernde Wirkungen auf Pflanzen und Tiere, die man der konzentrierten Lebenskraft in seinem Inneren aussetzte. Reich und

Reichs Entdeckung der Orgonenergie

seine Mitarbeiter entdeckten und dokumentierten zahlreiche meßbare Veränderungen der physikalischen Eigenschaften einer Vielzahl von Materialien, welche in Akkumulatoren aufgeladen wurden. Sie veröffentlichten unzählige Forschungsberichte über die physikalischen Eigentümlichkeiten und positiven biomedizinischen Effekte des Orgonakkumulators. Seine Wirkungsweise ist wiederholt bestätigt worden, in der Tat ist die *Orgon-Biophysik* bis auf den heutigen Tag Gegenstand wissenschaftlicher Forschung.

Einige der bekannten Merkmale der Orgonenergie und des Einflusses des Orgonakkumulators seien im folgenden aufgezählt.

Eigenschaften der Orgonenergie:

- Überall vorhanden, erfüllt den gesamten Raum
- Massefrei; kosmisch, uranfänglich
- Durchdringt alle Materie, jedoch mit jeweils unterschiedlicher Geschwindigkeit
- Pulsiert spontan, dehnt sich aus, zieht sich zusammen, und folgt dem Bewegungsmuster der Kreiselwelle
- Direkt beobachtbar und meßbar
- Negativ entropisch (organisierend)
- Starke wechselseitige Affinität zu Wasser
- Wird von lebenden Organismen mit Nahrung und Wasser sowie durch die Atemluft und die Haut aufgenommen
- Gegenseitige Anziehung und Anregung von separaten Orgonenergieströmen oder Orgonsystemen (Prinzip der kosmischen Überlagerung)
- (Über-)Erregbarkeit durch Sekundärenergien (Kernenergie, Elektromagnetismus, elektrische Ladung oder Reibung) bis zur Erscheinung von Leuchteffekten

Physikalische Wirkungen einer starken Orgonladung im Akkumulator:

- Leicht erhöhte Lufttemperatur im Inneren des Orgonakkumulators gegenüber der Umgebung
- Höhere elektrostatische Spannung mit verlangsamter elektroskopischer Entladungsrate im Vergleich zur Umgebung

Das Orgonakkumulator-Handbuch

- Höhere Luftfeuchtigkeit und niedrigere Verdunstungsraten als in der Umgebung
- Verringerung von Ionisierungseffekten in gasgefüllten Geiger-Müller-Röhren
- Entstehung von Ionisierungseffekten in nicht-ionisierbaren Vakuumröhren mit einem Innendruck von 0,5 micron oder weniger (sogenannte *Vacor-Röhren*)
- Fähigkeit, elektromagnetische Strahlung zu übertragen, zu bremsen und zu absorbieren

Biologische Wirkungen von starker Orgonaufladung eines Organismus im Akkumulator:

- Generelle Aktivierung des vagischen Teils des parasympathischen Nervensystems und Expansion des gesamten Organismus
- Gefühl von Prickeln und Wärme an der Hautoberfläche
- Leichter Anstieg der Haut- und Körperkerntemperatur, ggf. Gesichtsrötung
- Senkung des Blutdrucks und der Pulsfrequenz
- Verstärkte Peristaltik, Vertiefung der Atmung
- Schnelleres Gewebewachstum und verbesserte Wundheilung (in der klinischen Praxis sowohl beim Menschen als auch bei Tieren belegt)

Allgemeine Kennzeichen einer ausgeprägten Orgonladung bei lebendigen Organismen:

- Erhöhte Widerstandskraft, Spannung und Integrität von tierischem und pflanzlichem Gewebe
- Verstärktes Keimen, Knospen, Blühen und Fruchttragen bei Pflanzen
- Höheres Energieniveau, verbesserte Immunität
- Vermehrte Aktivität und Lebendigkeit

Reichs Entdeckung der Orgonenergie

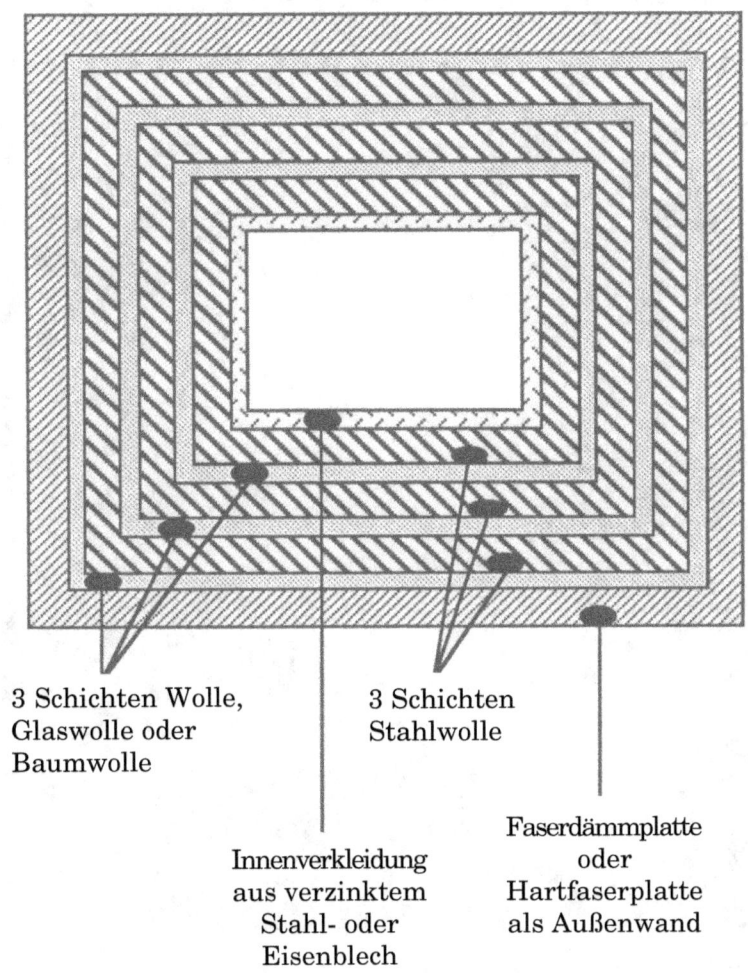

3 Schichten Wolle, Glaswolle oder Baumwolle

3 Schichten Stahlwolle

Innenverkleidung aus verzinktem Stahl- oder Eisenblech

Faserdämmplatte oder Hartfaserplatte als Außenwand

Einfache schematische Darstellung eines Orgonakkumulators

Das Orgonakkumulator-Handbuch

Ein dreischichtiger Orgonakkumulator zum Darinsitzen im Labor des Autors. Unten links ist ein zehnschichtiger kleinerer Akkumulator mit angeschlossenem Orgon-Shooter zu sehen. Für den Zweck lokaler Anwendung wird konzentrierte Orgonenergie über das flexible hohle Stahlkabel in den Stahltrichter geleitet, der auf dem Stuhl im großen Akkumulator liegt. Im Teil III dieses Buches befinden sich Konstruktionspläne auch für den Orgon-Shooter.

Reichs Entdeckung der Orgonenergie

Oben: *Orgonakkumulator mit montierter optischer Linse und ausziehbarem Kamerabalg zur Beobachtung von Orgonenergiephänomenen.*

Unten: *Orgonakkumulatorhütte. Eine vorgefertigter Schuppen aus Holzfaserhartplatte wurden innen komplett mit Stahlblech ausgekleidet. Bei geschlossener Tür ist es im Inneren fast vollkommen dunkel. Zwei Akkumulatoren von Sitzgröße sind an der Rückwand zu sehen.*

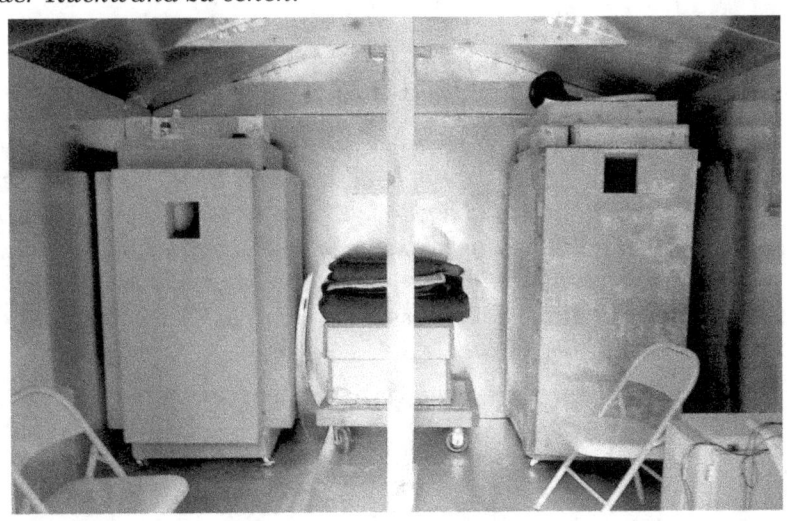

Das Orgonakkumulator-Handbuch

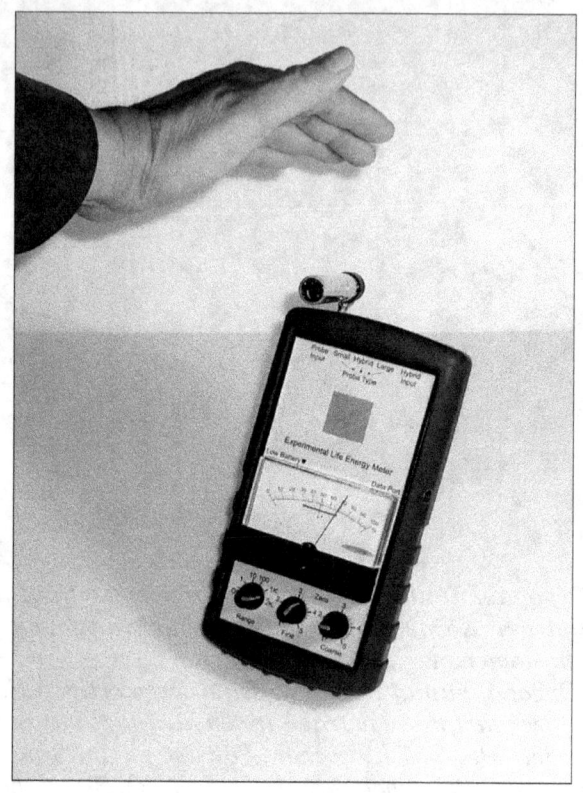

Unser neues Meßinstrument,
das **Experimental Life Energy Meter**.

Eine elektronische Version von Reichs ursprünglichem Orgonfeldmeter. Es ist das einzige uns bekannte Meßinstrument, welches einen konstanten (nicht schnell wieder abfallenden) Ablesewert der Energieladung von Lebewesen liefert, ohne in physischem Kontakt mit dem Testsubjekt zu stehen. Je höher die Ladung, desto stärker schlägt die Nadel aus. Es kann auch zur Messung der Lebensenergieladung von Flüssigkeiten, Früchten oder anderen Objekten verwendet werden.

Mehr Informationen bei: www.naturalenergyworks.net

5. Der objektive Nachweis der Orgonenergie

Wilhelm Reich entwickelte eine Reihe unterschiedlicher wissenschaftlicher Verfahren für den objektiven Nachweis der Orgonenergie. Die gängigen Methoden werden im folgenden kurz vorgestellt. Zusätzliche Informationen befinden sich im Kapitel 13 über Experimente mit dem Orgonakkumulator und natürlich in weiterführender Literatur im Quellenverzeichnis am Ende dieses Buches.

a) Bioelektrische Felder

Reich hatte diverse bioelektrische Erscheinungen identifiziert, die seiner Ansicht nach Anzeichen für einen starken Energiestrom im Körper waren. Die geringen Millivoltwerte der »Bioelektrizität«, die er gemessen hatte, waren für ihn lediglich ein kleiner Anteil dieser den Körper durchströmenden Energie, die sowohl eine emotionale als auch eine sexuelle Komponente besitzt. Er wies sie später objektiv nach und nannte sie *Orgonenergie*.

b) Strahlungseffekte von Bionkulturen

Von besonderen Bionkulturen aus Meeressand ging eine starke Strahlung aus, die fühlbar und in Dunkelräumen sichtbar war. Sie wurde von Instrumenten zur Messung radioaktiver oder elektromagnetischer Strahlung nicht registriert. Sie konnte ferner Film belichten, isolierende Materialien statisch aufladen und Laborausrüstung aus Stahl magnetisieren.

c) Beobachtungen in Dunkelkammern, in der Atmosphäre, und die Entwicklung des Orgonoskops

Reich beobachtete und kategorisierte später eine Reihe von Phänomenen, die in der aufgeladenen Luft von Dunkelräumen sichtbar waren, nachdem sich das Auge an die Dunkelheit gewöhnt hatte: funkelnde nebelartige Formen und tanzende stecknadelkopfgroße Lichtpunkte. Er entwickelte Verfahren, um deren faktische

Das Orgonakkumulator-Handbuch

Existenz nachzuweisen, und eines davon war ein neues Meßinstrument, das Orgonoskop. Es bestand aus Röhren, Linsen und einer Bildfläche aus fluoreszierendem Material und diente zur Vergrößerung der verschiedenen wahrgenommenen Lichterscheinungen.

Reich baute Orgonakkumulatoren von Zimmergröße, mit deren Hilfe viele dieser Effekte noch verstärkt und verdeutlicht werden konnten. So entdeckte er beispielsweise ein *Orgonteilchen*, dessen Verhalten sich nach kosmischen und meteorologischen Gesetzmäßigkeiten richtete. Diese Lichtpunkte können mit bloßem Auge auch draußen am Tageshimmel beobachtet werden und stellen in der Tat ein alltägliches Phänomen dar, welches für die meisten Menschen sichtbar ist, sobald man sie darauf hinweist.

Reich erkannte ferner, daß nicht nur jedes einzelne Lebewesen, sondern auch die Erde eine eigene Orgonenergiehülle bzw. -feld besitzt.

d) Foto-Aufnahmen

Reich hatte die Erfahrung gemacht, daß die Strahlung von speziellen Bionkulturen unverbrauchten fotografischen Film belichten konnte, der in Metallschränken in der Nähe lagerte. Er stellte daraufhin Petrischalen mit diesen Bionpräparaten direkt auf unbelichteten Film und erhielt ein Bild der Schale und ihres Inhaltes.

In jüngerer Zeit hat Thelma Moss von der University of California in Los Angeles gezeigt, daß allein durch Verstärkung des Lebensenergiefeldes Fotos von demselben gemacht werden können, ohne daß eine elektrische Stimulierung wie bei der Kirlian-Fotografie notwendig ist. Lebende Objekte, die für ein paar Tage in einem verdunkelten Orgonakkumulator direkt auf Fotofilm gestellt werden, erzeugen unter sachgerechten Versuchsbedingungen ein fotografisches Abbild.

e) Röntgenaufnahmen

Reich zufolge läßt sich das sogenannte »X-ray Ghost«-Phänomen — spontane, unerklärliche Schleier auf Röntgenaufnahmen — als Auswirkungen der Orgonstrahlung oder Lebensenergie erklären. Er veröffentlichte mehrere Fotografien, auf denen die Schleiereffekte künstlich durch Anregung des Orgonfeldes der Testperson kurz vor der Röntgenaufnahme hervorgerufen worden waren.

Nachweis der Orgonenergie

f) Das Orgonenergie-Feldmeter

Reich entwickelte dieses Gerät zur Messung der Stärke von Energiefeldern. Es bestand u.a. aus einer Tesla-Spule und speziellen akkumulatorähnlichen Komponenten und konnte unterschiedliche Energielevel von Menschen oder Objekten erfassen. Eine moderne elektronische Version dieses Meßinstrumentes ist unter dem Namen »Experimental Life Energy Meter« bei Natural Energy Works erhältlich (siehe Seite 54).

g) Demontration der Orgonenergie-Pulsation

Reich zeigte, daß die Energiefeldpulsation einer großen Metallkugel ein in der Nähe aufgehängtes Pendel aus metallischem und organischem Material in Bewegung setzen kann.

h) Die Akkumulator-Temperaturdifferenz (To-T)

An sonnigen, klaren Tagen, wenn die Orgonladung an der Erdoberfläche besonders stark ist, entwickelt ein Orgonakkumulator spontan eine etwas höhere Temperatur im Inneren als in der Umgebung beziehungsweise in einem Kontrollkasten vorherrscht. Der Effekt verschwindet nahezu bei wolkigem, regnerischem Wetter, wenn die Orgonladung an der Erdoberfläche niedrig, dagegen in der Atmosphäre hoch ist.

Dieses Temperaturexperiment, das mehrfach erfolgreich wiederholt worden ist, verdeutlicht, daß sich die Orgonenergie im Widerspruch zum Zweiten Hauptsatz der Thermodynamik verhält.

i) Elektrostatische Wirkungen

Ein Elektroskop im Inneren eines Orgonakkumulators baut seine Ladung langsamer ab als ein identisches Elektroskop im Raum oder in einem Kontrollkasten. Ein nur teilweise aufgeladenes oder vollständig entladenes Elektroskop entwickelt in einem Akkumulator manchmal spontan eine statische Ladung. Wie der Temperaturunterschied verschwinden auch die elektrostatischen Phänomene bei regnerischem Wetter oder bedecktem Himmel, wenn die Orgonladung an der Erdoberfläche gering ist.

j) Anomale Ionisierungseffekte

Geiger-Müller-Zähler, die im Innern eines sehr starken Akkumulators mehrere Wochen oder Monate aufgeladen werden,

Das Orgonakkumulator-Handbuch

scheinen oftmals für längere Zeit überhaupt nicht zu funktionieren, fangen dann aber plötzlich an, wechselhafte Zählraten der Hintergrundstrahlung von unterschiedlicher Intensität im Akkumulator oder in der Nähe anderer hoher Orgonladungen zu erbringen.

Reich hatte spezielle Vakuumröhren anfertigen lassen, die der Konstruktion von Geiger-Müller-Röhren glichen, jedoch bis weit unter dem Niveau evakuiert waren, bei dem es zur Ionisierung kommt. Derartige Vakuumröhren ergeben erwartungsgemäß anfangs keine Meßwerte, wenn sie mit einem Strahlungsdetektor verbunden werden. Nach wochen- oder monatelanger Aufladung in einem starken Akkumulator jedoch liefern diese Vakuumröhren auf einmal sehr hohe Werte der Hintergrundstrahlung pro Minute, selbst bei sehr niedriger angelegter Spannung. Reich nannte sie *Vacorröhren* (für: Vacuum + Orgon-Röhren).

Die Ergebnisse dieses Experimentes widersprechen der konventionellen Interpretation des Ionisierungseffektes im Inneren der Geiger-Müller-Röhre und werfen Fragen auf hinsichtlich der gängigen Lehrmeinung zu radioaktiven Zerfallsprozessen.

k) Luftfeuchtigkeit und Verdunstungseffekt im Akkumulator (EVo-EV)

Jüngere experimentelle Untersuchungen legen die Vermutung nahe, daß der Orgonakkumulator im Innern eine leicht erhöhte Luftfeuchtigkeit aufrechterhält, da die Wasserverdunstung in einem offenen Gefäß im Akkumulator gehemmt wird. Wie alle anderen Orgonakkumulatorphänomene vermindert sich auch dieses bei regnerischem Wetter.

l) Die Pulsation der atmosphärischen Energie und das Orgonotische Potential

Ausgehend von seinen Beobachtungen zu den thermischen, elektroskopischen und ionisierenden Eigenschaften des Orgonakkumulators erkannte Reich einen strukturierten, gesetzmäßigen Energiezyklus in der Atmosphäre und im Energiefeld der Erde. Diese Erkenntnisse führten ferner zur Entdeckung einer Eigenschaft der Orgonenergie, die im Widerspruch zu den Gesetzen der Thermodynamik steht und erklärt, warum orgonotische Systeme in der Natur (Lebewesen, Wettersysteme, Planeten) eine höhere Energiekonzentration aufrechterhalten können als ihre Umgebung:

Nachweis der Orgonenergie

das *Orgonotische Potential*. Es bewirkt, daß das stärkere von zwei orgonotischen Systemen so lange Energie vom schwächeren abzieht und damit seine eigene Ladung erhöht, bis das schwächere entweder keine Energie mehr hat oder das stärkere System einen gewissen Sättigungsgrad seiner Ladung erreicht hat. Danach können Entladungsvorgänge auftreten, bei denen das aufgeladene System seinen Energieüberschuß an die Umgebung abgibt.

Als Beispiel sei die energetische Pulsation der Atmosphäre genannt: Bei klarem, sonnigem Wetter ist die Orgonladung an der Erdoberfläche stark und im Zustand der Expansion, wodurch größere Wolkenbildungen verhindert werden. Sobald das Energiefeld der Erde in den Zustand der Kontraktion übergeht und dabei seine Energieladung an der Erdoberfläche an die Atmosphäre abgibt, entwickelt diese eine erhöhte Aufladung, was wiederum zum Aufbau von Regenwolken führt.

Der Ladungsverlust an der Erdoberfläche bei regnerischem Wetter verlangsamt die Aktivität von Lebewesen, und auch der Akkumulator arbeitet weniger gut.

m) Das Millivoltmeter

Alle Objekte und Organismen, einschließlich der Luft, des Wassers und der Erde selbst, besitzen eine Orgonladung, die in Abhängigkeit von kosmischen und meteorologischen Faktoren in zyklischer, pulsierender Weise zu- und abnimmt. In Lebewesen lösen starke Orgonladungen Perioden physischer und psychischer Aktivität aus, wohingegen geringere Orgonladungen den Tätigkeitsdrang zeitweise herabsetzen. In der Natur gehen starke Orgonladungen in der Atmosphäre mit wolkenreichen Perioden und starken Regenfällen einher, vermehrte Orgonladung an der Erdoberfläche kennzeichnet hingegen wolkenfreie Wetterlagen.

Diese Orgonladungen produzieren geringfügige elektrische Spannungen, die mit einem empfindlichen Millivoltmeter meßbar sind. Sie stellen hervorragende Indikatoren, sogar je nach Umständen mit Vorhersagekraft, für zugrundeliegende machtvolle biologische Vorgänge und Umweltprozesse dar, sind aber selbst viel zu geringfügig und schwach, um als deren Auslöser fungieren zu können. Reich — sowie auch andere Forscher, die sich mit diesen geringen elektrischen Spannungen befaßt haben, wie beispielsweise H. S. Burr — betrachteten sie als Anzeichen für ein mächtigeres,

Das Orgonakkumulator-Handbuch

allgegenwärtiges Energiephänomen, welches die Sonne, den Mond, die Erde, die Wettersysteme und alle Lebewesen energetisch miteinander verbindet.

n) Untersuchungen zur Förderung des Pflanzenwachstums

Samen und Pflanzen, die im Orgonakkumulator aufgeladen werden, wachsen schneller und bringen höhere Erträge. Es handelt sich um eines der eindrucksvollsten und am häufigsten wiederholten Akkumulator-Experimente. Meine eigenen Tests mit im Orgonakkumulator aufgeladenen Mungbohnen im Vergleich mit einer unbehandelten Kontrollgruppe ergeben beständig mindestens eine Verdoppelung der Länge der Keimlinge. Keim- und Wachstumsraten, Blüte und Fruchtbildung können beschleunigt werden, indem man Samen oder wachsende Pflanzen direkt im Akkumulator auflädt. Man kann die Samen entweder im Akkumulator zum Auskeimen bringen oder sie ein paar Stunden bzw. Tage vor der Aussaat aufladen. Das Wachstum läßt sich ebenfalls fördern, indem man die Pflanzen mit im Orgonakkumulator aufgeladenen Wasser gießt.

o) Untersuchungen an Tieren

Kontrollierte Untersuchungen der Wirkung des Orgonakkumulators an krebskranken bzw. verletzten Mäusen bestätigen Reichs Erkenntnis, daß Gewebe mit höherer energetischer Ladung — im Vergleich mit energetisch geschwächtem Gewebe — schneller heilt, und die Tumorbildung langsamer erfolgt oder sogar ganz unterbleibt. Diese Ergebnisse stehen im direkten Widerspruch zum Primat der DNA-Theorie bei der Zelldifferenzierung, welche somit eher unmittelbar unter dem strukturierenden Einfluß des Lebensenergiefeldes eines Organismus zu stehen scheint.

p) Untersuchungen an menschlichen Probanden

Von den klinischen Tests abgesehen, die Reich und sein Team in den vierziger und fünfziger Jahren durchführten, wurden in den USA die biologischen Wirkungen des Orgonakkumulators auf den Menschen bisher kaum erforscht. Die Maßnahmen der »Gesundheitspolizei« in Gestalt der FDA in den 1950ern setzten jeglicher Forschungstätigkeit auf diesem Gebiet ein Ende.

Jüngere Untersuchungen aus Deutschland, Österreich und Italien dagegen bestätigen die von Reich beobachteten biologischen

Nachweis der Orgonenergie

Wirkungen. Generell gilt, daß eine im Orgonakkumulator sitzende Person individuell unterschiedliche Empfindungen von wohliger Wärme oder Kribbeln auf der Hautoberfläche erlebt, während sich die Körperkerntemperatur erhöht und die Haut sich rötet. Blutdruck und Pulsfrequenz pendeln sich im allgemeinen auf gesunde Mittelwerte ein. Bei richtiger Anwendung hat der Akkumulator einen deutlichen vagotonen Effekt, d.h. den parasympathischen Teil des vegetativen Nervensystems stimulierend, und wird als belebend empfunden.

Kapitel 11 über die physiologischen und biomedizinischen Wirkungen wird dieses Thema im einzelnen behandeln.

Das Orgonakkumulator-Handbuch

6. Die Entdeckung einer ungewöhnlichen Energieform durch andere Wissenschaftler

Reich steht mit seiner Entdeckung der Lebensenergie nicht allein. Mehrere andere Naturwissenschaftler sind im Verlauf ihrer Forschungen auf energetische Gesetzmäßigkeiten gestoßen, welche den Orgonenergiefunktionen in der Natur ähneln.

Die chinesische Medizin geht seit jeher von der Existenz einer Lebensenergie aus, *Chi* genannt; das traditionelle Heilverfahren der Akupunktur basiert auf dem Vorhandensein dieser Energie im Körper. Die Akupunkturpunkte decken sich nicht notwendigerweise mit Nervenenden, und die meisten guten Akupunkteure beziehen sich auch gar nicht erst auf Modelle aus dem westlichen Physiologieverständnis, um die Wirkungsweise der Akupunktur zu erläutern. Weil ihr das Konzept einer Lebensenergie fehlt, kann sich die westliche Medizin das Prinzip der Akupunktur nicht erklären und hat sich beispielsweise in den USA jahrzehntelang gegen ihre Einführung gewehrt.

Akupunktur wirkt außerdem auch bei Tieren und widerlegt damit die Unterstellung eines reinen Placebo-Effekts. Alte indische Texte sprechen ebenfalls von einer Lebensenergie, hier *Prana* genannt, und beinhalten u.a. Tafeln, auf denen *Nila-Punkte* (vergleichbar mit Akupunkturpunkten) bei Elefanten verzeichnet sind. Die historischen Quellen sowohl aus dem alten China als auch aus Indien sprechen von einer Energie, die mit dem Atem eingesogen wird und sich entlang sogenannter *Meridiane* durch den Körper bewegt. Gesundheit wird definiert durch das freie, ungehinderte Strömen dieser lebensnotwendigen Energie, während Krankheit als Folge der Blockierung des Energieflusses verstanden wird. Dies erinnert sehr an Reichs Vorstellungen von der Orgonenergie, obwohl die asiatischen Quellen im Gegensatz zu Reich sehr wenig über die Bedeutung des freien Gefühlsausdrucks berichten. Sie treten sogar häufig für eine bewußte Kontrolle der Emotionen und der sexuellen

Das Orgonakkumulator-Handbuch

Empfindungen bis hin zur Vermeidung des Orgasmus ein, dementgegen Reich gezeigt hat, daß in solcherart chronischer Hemmung und Selbstkontrolle gerade die Ursache für die Blockade oder Stauung der Lebensenergie besteht.

In der abendländischen Geistesgeschichte diskutierten die *Vitalisten* — eine Denkrichtung in der Biologie des 18. und 19. Jahrhunderts — unter anderem auch das Vorhandensein einer biologischen Energie oder Lebenskraft *(Vis vitalis)*, die wahlweise *Animalischer Magnetismus, Od, psychische Kraft* oder *élan vital* genannt wurde. Der Arzt Franz A. Mesmer, Begründer der Lehre des *Animalischen Magnetismus*, beschrieb diesen als ein atmosphärisches Fluidum, das alle Kreaturen umgebe, auflade und belebe, und das ein Heiler selbst über Entfernungen hinweg bewegen könne.

Mesmer war ein Lehrer von Jean-Martin Charcot, einem der Pioniere der modernen Neurologie. Charcot beinflußte seinerseits Sigmund Freud stark, bei welchem wiederum Reich in jungen Jahren lernte. Reich studierte außerdem bei anderen Vitalisten, beispielsweise bei dem Biologen Paul Kammerer, auch von der Lebensphilosophie Henri Bergsons wurde er inspiriert. Es gibt selbst heute noch eine kleine Anzahl von Biologen, die am Vitalismus festhält, ohne viel Aufhebens davon zu machen.

Neben Reich gehörte Harold S. Burr von der Yale University zu den neueren Vertretern dieser Richtung. Burr schloß aufgrund seiner Forschungsergebnisse auf das Vorhandensein eines machtvollen *elektrodynamischen Feldes* in der Natur, von dem sowohl das Wetter als auch alle Lebewesen beeinflußt würden. Der Biologe Rupert Sheldrake hat eine ebenfalls von der vitalistischen Tradition abgeleitete Lehre über in der Natur wirksame *morphogenetische Felder* entwickelt. Wie Burr bietet auch Sheldrake u.a. einen dynamisch-energetischen Erklärungsansatz für den Vorgang der Vererbung, der die rein biochemische DNA-Theorie ersetzt, was Redakteure des Wissenschaftsmagazins *New Scientist* dazu verleitete, eines von Sheldrakes Büchern als den »besten Kandidaten für den Scheiterhaufen« zu bezeichnen, den sie seit langem in Händen gehabt hätten.

Der Chirurg Robert O. Becker erzielte bei der Weiterentwicklung der vitalistischen Prinzipien absolut verblüffende Ergebnisse. Wie er seinem Buch *The Body Electric* [1] darlegt, konzipierte er eine Reihe

---

[1] deutsche Ausgabe: *Der Funke des Lebens*, Piper 1994

Entdeckungen anderer Wissenschaftler

von Geräten zur elektrischen Stimulation mit Gleichstrom bei Knochenheilung und Schmerzlinderung. Später gelang es ihm dann, die Regeneration von amputierten Gliedmaßen bei Mäusen künstlich so zu stimulieren, *daß den Mäusen das verlorene Bein nachwuchs.* In der Natur gibt es das nur bei niederen Lebewesen, wie beispielsweise Salamandern oder Spinnen. Säugetiere einschließlich des Menschen besitzen diese Fähigkeit im allgemeinen nicht, und die Regeneration eines amputierten Gliedes war bis dato weder bei einer Maus noch bei einem anderen Säugetier je demonstriert worden.

Beckers Arbeit war ein harter Schlag für die biochemische DNA-Theorie zur Zelldifferenzierung sowie für die Auffassung, daß das bioelektrische Feld des Organismus nur ein bedeutungsloses Nebenprodukt seines chemischen Stoffwechsels ist sei, vergleichbar dem elektrischen Feld eines laufenden Motors. Seine Forschungsergebnisse bestätigen Reichs Erkenntnis, daß das Energiefeld eines Lebewesens ein wesentlicher Bestimmungsfaktor bei Wachstum und Heilung ist. Als Becker sich dazu anschickte, sein Verfahren bei Unfallopfern anzuwenden, die einen Körperteil verloren hatten, reagierte das biologisch-medizinische Establishment äußerst aggressiv und benutzte alle möglichen schmutzigen Tricks, um ihm die finanzielle Basis für seine Forschungsarbeit zu entziehen und die Schließung seines Laboratoriums zu erwirken.

Ein weiterer Vitalist unserer Zeit ist Dr. Björn Nordenström, ehemaliger Direktor des Radiologischen Instituts des Stockholmer Karolinska-Krankenhauses. Nordenström erforschte das »X-ray Ghost«-Phänomen, worunter man ein ungewöhnliches, spontanes Auftreten von nebelartigen Schleiern oder Flecken auf Röntgenaufnahmen versteht. Sie sind zuweilen auch auf den Monitoren der Sicherheitskontrolle auf Flughäfen zu sehen. Sie lassen sich nicht vorhersagen, und für die meisten Röntgenologen sind sie nur lästig. Nordenström entschloß sich jedoch, sie zu untersuchen, und entdeckte eindeutige Strukturen, die in Beziehung zu den bioelektrischen Feldern seiner Patienten standen. Genau wie Reich gewahrte und maß er bioelektrische Ströme im Körper. Seine außerordentlich detaillierten Forschungen faßte er in seinem Buch *Biologically Closed Electric Circuits: Clinical, Experimental, and Theoretical Evidence for an Additional Circulatory System* zusammen. Obwohl es auch in amerikanischen medizinischen Fachzeitschriften intensiv beworben wurde, verkauften sich weniger als 200 Exemplare — ein Beleg für das Desinteresse der orthodoxen Ärzteschaft an jeder

Das Orgonakkumulator-Handbuch

neuen Entdeckung, die das Konzept einer Lebensenergie untermauert, selbst wenn sie rein bioelektrisch interpretiert wird. Nordenström fand schließlich im Westen keine Unterstützung mehr und sah sich genötigt, zur Fortzusetzung seiner Arbeit nach China zu gehen.

Andere Biologen haben aufgrund ihrer experimentellen Forschungen gleichfalls auf das Vorhandensein einer Vitalenergie geschlossen. Sobald sie stichhaltige Beweise lieferten, wurden sie scharf angegriffen. Der französische Wissenschaftler Louis Kervran beispielsweise brachte Jahre damit zu, sehr elegante, einfache Experimente zu entwickeln, mit denen er nachwies, daß Lebewesen chemische Grundelemente per *Transmutation* verstoffwechseln. Hühner, die kalziumfreies Futter erhielten, legten keine weichen oder dünnschaligen Eier, solange der Siliziumgehalt des Futters nicht reduziert wurde. Verminderte man diesen, wurden die Eierschalen tatsächlich dünn und mürbe, wobei es gänzlich unerheblich war, wieviel Kalzium die Hühner stattdessen bekamen.

In Tierversuchen verbesserte sich die Knochenheilung bei Labormäusen, wenn ihre Nahrung reich an organischen Silikaten war, und verschlechterte und verlangsamte sich, sobald der Siliziumgehalt drastisch reduziert und dagegen vermehrt Kalzium gegeben wurde. All diese Experimente lassen den Schluß zu, daß die im Futter enthaltenen Silikate im Körper der Tiere zu Kalzium umgewandelt wurden. Kervran wies noch weitere mögliche Transmutationen von anderen Elementen experimentell nach, und andere Wissenschaftler in Europa und Japan haben seine Ergebnisse bestätigt. Er gelangte schließlich zu der Überzeugung, daß hinter diesen Umwandlungen irgendeine unbekannte, machtvolle biologische Energie stehen müsse. Doch als er einen führenden amerikanischen Wissenschaftler um Hilfe bei der Beschaffung der Ausrüstung für ein wichtiges Experiment bat, forderte dieser ihn frech auf, »erst einmal ein Lehrbuch über die Grundlagen der Biologie zu lesen«.

In den Vereinigten Staaten ist Kervran in homöopathischen Kreisen und bei Öko-Bauern besser bekannt als bei Universitätsprofessoren. Falls Kervran allerdings recht hat — und seine Experimente legen das nahe — dann müßten unsere Biochemiebücher umgeschrieben werden. Wie Kervran wiederholt betont hat, sind Biologie und Biochemie zwei völlig verschiedene Fachrichtungen, die nicht miteinander verwechselt werden sollten. Die Biologie befaßt sich mit beobachtbaren Fakten, während die Biochemie diese

Entdeckungen anderer Wissenschaftler

beobachteten Fakten durch eine chemische Theorie zu erklären versucht, welcher die Beständigkeit der Elemente zugrundeliegt. Und in eben dieser Prämisse liegt ein Teil des Irrtums.

Einem weiteren französischen Forscher, dem Mediziner Jacques Benveniste, gelang es tatsächlich, die Wirkung eines solchen Energieprinzips in homöopathischen Lösungen nachzuweisen. Unabhängige Laboratorien in anderen Ländern haben seine Experimente mit Erfolg wiederholt, was jedoch seine starrköpfigen Kritiker nicht zum Schweigen brachte. Unter dem Vorwand, die experimentelle Vorgehensweise für seine unbequeme Entdeckung zu »begutachten« — welche u.a. auch Unterstützung für homöopathische Ärzte bedeutete, die in den USA häufig strafrechtlicher Verfolgung einschließlich Haftstrafen ausgesetzt sind — setzte die Wissenschaftszeitschrift *Nature* ein Schlägerkommando aus unwissenschaftlichen »Betrugsermittlern« und Skeptik-Club-Kumpanen in Marsch. Diese selbsternannten »Wissenschaftspolizisten« richteten ein Chaos in Benvenistes Laboratorium an und belästigten seine Mitarbeiter, bis man sie schließlich hinauswerfen konnte. *Nature*-Redakteure versuchten anschließend, Benveniste in ihren Artikeln zu verunglimpfen, konnten aber keine wissenschaftliche Widerlegung seiner Arbeit durch sachgerechten Nachvollzug seiner Experimente vorweisen. Solcherart sind die unlauteren Methoden orthodoxer akademischer Wissenschaft.

In der Wetterforschung wurde die Vorstellung dynamischer Energieprozesse, die ganze Regionen beeinflussen, eine Zeitlang durch ältere Meteorologen bewahrt, die Streamline-Analysen anstelle der Frontentheorie zur Wettervorhersage benutzten. Die Streamline-Analyse beschäftigt sich vornehmlich mit Windrichtungen und Windgeschwindigkeiten, im modernen Fachjargon auch *Jet Streams* genannt. Wenn man Satellitenfilmaufnahmen von Wolkenformationen betrachtet, sieht man keine »Fronten«, sondern fließende Wolkenbewegungen. Wiederum war es Reich, der die Grundprinzipien dieser atmosphärischen Strömungen entdeckte — Jahre, bevor die ersten Wettersatelliten ins All befördert wurden.

Desgleichen gingen viele Meteorologen früher von stärkeren funktionellen Wechselbeziehungen atmosphärischer Vorgänge aus. Charles G. Abbot, 40 Jahre lang Direktor des Astrophysikalischen Observatoriums der Smithsonian Institution, entdeckte einen Zusammenhang zwischen veränderlicher Sonnenaktivität und dem Erdklima, und stützte seine Wetterprognosen für Monate im voraus

Das Orgonakkumulator-Handbuch

auf entsprechende energetische Modelle. Man nahm ihn allerdings damals nicht ernst, trotz der geradezu unheimlichen Genauigkeit seiner Voraussagen.

Irving Langmuir, einer der Väter des *Cloudseeding*,[2] wies einst objektiv nach, daß Cloudseeding im US-Bundesstaat New Mexico Unwetter bis nach Ohio auslösen konnte, und er warnte den sich rasch entwickelnden neuen Erwerbszweig vor derartigen Gefahren. Die »Wolkenimpfer« von heute jedoch, die mit Millionen Dollar aus der Bundeskasse finanziert werden, agieren als ob Langmuirs Untersuchungen nie stattgefunden hätten und weigern sich, sein einfaches Experiment zu wiederholen. Sie streiten ab, daß Cloudseeding Auswirkungen über weite Entfernungen zu haben vermag, wohl wissend, daß man ihnen wahrscheinlich das Handwerk legen würde, wenn die Öffentlichkeit über diese Zusammenhänge aufgeklärt würde.

In der Physik gab es die jahrhundertelange Vorstellung eines energetischen Mediums in Form des sogenannten *Äthers*. Der Theologe und Physiker Isaac Newton bestand in seinen späteren Jahren nachdrücklich darauf, daß dieser Äther statisch sein müsse, damit er keine direkte Rolle bei der Bewegung und Ordnung des Himmels spielen könne. Diese Aufgabe war laut Newton seinem anthropomorphen Gott vorbehalten (der zu jener Zeit noch verlangte, Ungläubige zu foltern oder gar auf dem Scheiterhaufen zu verbrennen). Während ein solchermaßen leb- und bewegungsloser Äther jedoch nie dokumentiert wurde, konnte der amerikanische Physiker Dayton Miller dagegen einen *dynamischen Äther* einwandfrei nachweisen (siehe Anhang).

Miller fand auch eine Erklärung dafür, warum alle bisherigen Anstrengungen, den Äther zu messen, gescheitert waren. Erstens, erkannte er, wird der Äther an der Erdoberfläche *abgebremst* und bewegt sich somit in großen Höhen schneller als in Niederungen. Alle früheren Meßversuche waren nur in geringen Höhenlagen, innerhalb massiver Steinbauten oder gar im Tiefparterre veranstaltet worden. Zweitens wird Millers Äther *von Metallen reflektiert*, und die vorherigen Meßexperimente erfolgten mit Instrumenten, deren maßgebliche Komponenten sich in Metallgehäusen befanden. Wie Miller feststellte, war das Erfassen des sogenannten *Ätherwindes* kein Problem, wenn man die entscheidenden Messungen auf einem

---

2. Unter *Cloudseeding* versteht man das künstliches Herbeiführen von Niederschlägen durch chemische »Impfung« von Wolken, z.B. mit Silberjodid.

Entdeckungen anderer Wissenschaftler

Berg in einer offenen, metallfreien Leichtbaukonstruktion vornahm. Im Verlauf von dreißig Jahren führte er über 200.000 Einzelmessungen durch.

Man vergleiche diesen Aufwand mit dem berühmten Michelson-Morley Experiment von 1887, das über vier Tage hinweg insgesamt ganze sechs Stunden tatsächlicher Meßzeit in Anspruch genommen hatte und gemeinhin fälschlicherweise als vollkommen gescheiterter Versuch präsentiert wird, die Existenz des Äthers nachzuweisen. Es bildete allerdings einen Wendepunkt in der Geschichte der Naturwissenschaften, da die Vorstellung eines Äthers danach ganz aufgegeben wurde und stattdessen Relativitäts- und Quantentheorie Einzug erhielten, welche beide einen »leeren Raum« postulieren.

Millers ausführliche Ätherforschungen wurden zu seinen Lebzeiten nie widerlegt, man verglich seine Arbeit jedoch verächtlich mit der »Suche nach dem Perpetuum mobile«. Nach seinem Tod konnten die Anhänger der »Empty Space«-Theorie endlich aufatmen. Heutzutage beginnt jedes physikalische Lehrbuch mit der Lüge, daß »der Äther nie gemessen oder nachgewiesen wurde«. Man muß sich vor Augen führen, daß sowohl Relativitätstheorie und Quantenphysik als auch die Lehren vom Urknall und dem sich ausdehnenden Universum mit der Existenz einer kosmischen Energie völlig unvereinbar sind. Deshalb weigern sich viele Physiker, die sich fest an die konventionellen Dogmen klammern, entsprechende Belege zur Kenntnis zu nehmen. Schlimmer noch: Die Wissenschaftsdisziplin Physik ist zu einer Milliardendollar-Industrie verkommen, die solch fragwürdige Technologien wie Atomreaktoren, Kernfusionsanlagen (die bislang noch nicht einmal genug Energie produziert haben, um eine einzige Glühbirne zu betreiben) und gigantische Teilchenbeschleuniger finanziert. Die Menschheit hat von diesen Entwicklungen zu keiner Zeit wirklich profitiert. Sie stellen aber für das heutige naturwissenschaftliche Weltbild lauter heilige Kühe dar, welche durch die Anerkennung einer primären, kosmischen Energie sozusagen in ihrem Lebensnerv getroffen würden.

Die Physiker haben leider auf die Entdeckung der Lebensenergie mit der gleichen Arroganz und Bosheit reagiert wie das medizinisch-pharmazeutische Establishment. Die Anhänger Einsteins zum Beispiel wurden kürzlich in einigen Veröffentlichungen ausgesprochen hinterhältiger Zensur- und Unterdrückungspraktiken beschuldigt. Eine neue Zeitschrift mit dem Namen *Scientific Ethics*

Das Orgonakkumulator-Handbuch

hat — zumindest für eine gewisse Zeit — den Versuch unternommen, diese Schweinereien aufzudecken.

Im Bezug auf Reichs Forschungen ist von besonderem Interesse, daß Millers dynamischer Äther in größeren Höhen aktiver ist und von Metallen reflektiert wird. Genau dasselbe gilt für Reichs Orgonenergie. Außerdem erfüllt Orgon auch die weiteren grundlegenden Eigenschaften und Funktionen des Äthers: es ist allgegenwärtig, massefrei sowie ein Übertragungsmedium für elektromagnetische Strahlung. Darüberhinaus pulsiert Orgon spontan, bildet sich überlagende Wirbelstrukturen und ist direkt an der Erzeugung von Materie und Leben beteiligt.

Es gibt allerdings einige Wissenschaftler, die dynamische Energieströme in den Tiefen des Weltalls entdeckt bzw. auf deren Vorhandensein geschlossen haben — ohne freilich dabei Tabuworte wie »Äther« oder gar »Orgon« in den Mund zu nehmen. Der amerikanische Astrophysiker Halton Arp z.B. fotografierte so viele Energie-Materie-Brücken zwischen Objekten in den Fernen des Alls, bei denen es solche Energiebrücken gemäß der Theorie der Rotverschiebung eigentlich gar nicht geben dürfte, daß man ihm die Benutzung der großen amerikanischen Teleskope verbot. Seine Aufnahmen haben die Theorien vom leeren Raum, vom expandierenden Universum und vom Urknall mit einem schlichten Kameraklick über den Haufen geworfen. Seine Arbeit wurde derart angefeindet, daß er schließlich nach Deutschland gehen mußte, um seine Forschungen fortzusetzen.

Von Hannes Alfven, einem weiteren bekannten Physiker, fühlte sich seine Zunft ebenfalls zutiefst brüskiert, als er — ähnlich wie Reich — die Ansicht vertrat, das Weltall sei erfüllt von Plasmaenergieströmen. Man hat sich denn auch bislang standfest geweigert, Raumsonden in die von Alfven bezeichneten Gebiete zu schicken, da es sich sonst herausstellen könnte, daß er recht hat. In der Tat gärt es in der modernen Physik, man müht sich verbissen, jeden neuen Beweis für die Existenz einer Energie im All wegzuerklären und an Urknall-Kreationismus, Relativitätstheorie und »Multiversum«-Quantenphysik festzuhalten. »Empty space« ist zu einer Religion geworden, propagiert von einer akademischen Priesterschaft.

Kaum eines der hier genannten Forschungsprojekte, zu denen auch die Entdeckung über die Beziehung zwischen Sonnenfleckenaktivität und Erdklima zu zählen ist, wird heutzutage nennenswert finanziell unterstützt. In wissenschaftlichen Fachzeitschriften kann

Entdeckungen anderer Wissenschaftler

man nachwievor die fälschliche Behauptung lesen, daß es »keinen Mechanismus« für solar-terrestrische Korrelationen gebe, und in den Physiklehrbüchern findet sich weiterhin die Lüge, »der Äther sei nie nachgewiesen worden«. Und es ist richtig, daß diese Phänomene weder existieren können noch einen Sinn ergeben, solange man von einem leeren Raum ausgeht. Sie setzen ein Medium sowohl in der Atmosphäre als auch im All voraus, durch welches sich die energetischen Einwirkungen unabhängig von Temperatur- oder Druckveränderungen ausbreiten können. Das heißt, es muß eine Kraft geben, die sich in der Atmosphäre schneller als die Luft bewegt und Einflüsse ebenso mühelos durch die Weiten des Kosmos transportiert. Reichs Orgonenergie erfüllt einmal mehr alle diese Voraussetzungen.

Darüberhinaus haben weitere Forscher gezeigt, daß sowohl Lebewesen als auch chemisch-physikalische Eigenschaften des Wassers in einer Weise auf wetterabhängige oder kosmische Faktoren reagieren, die mit den konventionellen Einflüssen wie Licht, Temperatur, Feuchtigkeit und Luftdruck allein nicht zu erklären sind. So hat der Biologe Frank Brown von der Northwestern University in Chicago über Jahrzehnte hinweg immer wieder nachgewiesen, daß die biologische Uhr vieler verschiedener lebendiger Organismen außer von Mondzyklen auch noch von anderen kosmischen Kräften beeinflußt wird. Zu seinen Lebzeiten gelang es niemandem, seine Ergebnisse zu widerlegen, und heutzutage werden seine Entdeckungen weitgehend ignoriert. Der italienische Chemiker Giorgio Piccardi demonstrierte die Veränderung der physikalischen Chemie des Wassers infolge Magnetismus, Sonnenflecken und weiterer kosmischer Einwirkungen. Seine Arbeiten über die magnetische Behandlung von Wasser stießen zumindest in Europa auf starkes Interesse und führten u.a. zu neuen Verfahren, die Kalkablagerungen in Wasserleitungen und Boilern zu reduzieren. Bei richtiger Anwendung können Magneten die Löslichkeitseigenschaften von Wassers dahingehend beeinflussen, daß gelöste Substanzen länger und in höherer Konzentration in Lösung verbleiben, als es bei einer gegebenen Temperatur sonst normalerweise der Fall ist.

In den USA wurden diese Erkenntnisse mit Hohn und Spott aufgenommen, weil eben in jedem Lehrbuch steht, daß Magnetismus keinerlei Wirkung auf Wasser habe. Obendrein verwendet fast jedes Chemielabor für seine chemischen Lösungen magnetische Rührvorrichtungen anstelle der »altmodischen« Handrührstäbe aus Glas.

Das Orgonakkumulator-Handbuch

Wenn Piccardi recht hat — und davon bin ich überzeugt — verändern diese magnetischen Mixgeräte die Eigenschaften, den Umfang der Ausfällung sowie die Titrationskurven jeder chemischen Reaktion. Während man in Amerika derartige Entdeckungen eben einfach nicht zur Kenntnis nimmt, kommen anderswo entsprechende Produktanwendungen auf den Markt. Wassermagnetisierungsanlagen für die privaten Haushalte sind in Westeuropa bereits an der Tagesordnung, fast überall haben sie die Wasserenthärter nach dem Ionenaustauschprinzip mit ihrem Riesenbedarf an Regeneriersalz ersetzt. In den Vereinigten Staaten dagegen ist es inzwischen Herstellern von Wasserenthärtern in Absprache mit unbelehrbaren Wissenschaftlern und Politikern gelungen, in einigen Bundesstaaten Gesetze durchzusetzen, die den Verkauf magnetischer Wasserbehandlungsanlagen verbieten.

Piccardis Forschungen gehen jedoch über die einfache Magnetisierung von Wasser hinaus. Irgendwann bemerkte er eine unbekannte, nichtmagnetische Energie, die seine chemischen Experimente beeinflußte, und versuchte, sie zu isolieren. Um die unbekannte Strahlung abzuhalten, die auch irgendwie mit Sonnenfleckenaktivität in Beziehung stand, konstruierte er um seine Versuchsanordnungen herum eine elektromagnetische Abschirmung in Form eines geerdeten Metallkastens. Zur Stabilisierung der Temperatur im Inneren umgab er ihn mit einer Lage Wolle. Zu seinem Erstaunen brachte die Metallbox den energetischen Einfluß allerdings nicht zum Verschwinden, sondern verstärkte ihn. Piccardi und seine Mitarbeiter experimentierten jahrzehntelang mit Konstruktionen, die der Bauweise von Reichs Orgonakkumulator entsprechen!

Eine weitere unabhängige Bestätigung des Orgonakkumulator-Prinzips wurde — wenn auch indirekt — durch den bereits erwähnten Biologen Frank Brown erbracht. Brown machte die Erfahrung, daß die von ihm festgestellten kosmischen Einflüsse auf die biologische Uhr in versiegelten Metallkästen, in deren Inneren er Druck, Temperatur, Licht und Feuchtigkeit konstant hielt, nicht ausgeschaltet wurden, sondern im Gegenteil genauer beobachtet und sogar noch erweitert werden konnten. Um ein Beispiel zu nennen: Der Stoffwechsel von Kartoffeln in solch einer Metallbox folgte einem Zyklus, der von lunaren, solaren und galaktischen Parametern abhing. Er stand außerdem in Wechselbeziehung mit den örtlichen Witterungsverhältnissen — allerdings nicht des jeweiligen Tages,

Entdeckungen anderer Wissenschaftler

sondern mit dem Wetter zwei Tage im voraus! Die Kartoffel im Kasten reagierte auf energetische Faktoren in der Umgebung, die auch Determinanten des zukünftigen Wettergeschehens waren.

Die genannten Beispiele sind Belege für ein energetisches Prinzip, das der Orgonenergie ähnelt bzw. mit ihr identisch ist. Überwiegend wußten diese Forscher nichts von Reichs Entdeckungen. In wenigen Fällen lehnten sie ihn rundweg ab, wie ich aus persönlicher Erfahrung weiß, und duldeten nicht einmal, daß ihre Studenten Reichs Namen auch nur erwähnten — obgleich ihre eigene Arbeit unwillentlich Reichs Orgonenergie maßgeblich untermauerte. Es muß allerdings betont werden, daß Reichs Erkenntnisse diesbezüglich weit umfassender, aussagekräftiger und greifbarer sind als die oben beschriebenen Konzepte. Orgon kann nicht nur quantitativ erfaßt und gemessen werden, es ist außerdem sicht- und fühlbar und läßt sich — wie in diesem Buch dargelegt wird — vermittels speziell konstruierter Geräte akkumulieren und praktisch anwenden.

Um noch einmal auf die Reaktion der wissenschaftlichen Welt auf diese neuen Entdeckungen zurückzukommen: Es fällt auf, daß die meisten, wenn nicht alle der genannten Forscher ignoriert, isoliert oder vehement angegriffen wurden, ungeachtet ihrer Qualifikation, Reputation oder der Fülle ihres Beweismaterials. Die zugrundeliegende zwanghafte Motivation für Angriffe gegen neues Gedankengut, welches ein herkömmliches Weltbild erschüttert, wurde von Reich als Ausdruck einer spezifischen Gemütserkrankung erkannt, die er *emotionale Pest* nannte. Sie findet sich in ihrer schlimmsten Ausprägung in radikalen, ideologisch bzw. religiös motivierten Massenbewegungen und ihren Institutionen, die "Heretiker" und "Ungehorsame" gezielt verfolgen und ermorden.

Ganz allgemein gibt es aber auch den *Emotionale-Pest-Charaktertypus*, der sich von allen möglichen gesellschaftlichen Organisationsstrukturen angezogen fühlt, wo er sich dann nicht mit produktiver Arbeit, Forschung oder anderen Beiträgen zum Wohle der Menschheit einen Namen macht, sondern durch politische Ränke und die Anzahl der Leichen, die seinen Weg säumen.

Gerücht, Verleumdung, Intrige, Verrat und Angriff aus dem Hinterhalt sind die üblichen Methoden der emotionalen Pest, selbst vor Manipulation von Polizei und Gerichtsbarkeit schreckt sie nicht zurück. Ihr eigentliches Ziel — wie ehedem bei den Großinqisitoren der Kirche — besteht darin, alles zu vernichten, was lebendiger ist als ihre eigenes, emotional erstarrtes Selbst, so z.B. ihr zuwider-

Das Orgonakkumulator-Handbuch

laufende lebensförderliche neue Entdeckungen und die Frauen und Männer, die sie vollbringen. Die Historie von Wissenschaft und Medizin ist reich an solchen Beispielen.[3] Ich empfehle dringlichst die Lektüre von Reichs Büchern *Ausgewählte Schriften, Charakteranalyse, Menschen im Staat* und *Christusmord*, in welchen er sich mit der emotionalen Pest beschäftigt. Nachwievor ist sie eines der Haupthindernisse auf dem Wege des gesellschaftlichen und wissenschaftlichen Fortschritts der Menschheit.

---

[3]. Siehe auch J. DeMeo: *The Suppression of Dissent and Innovative Ideas in Science and Medicine,* www.orgonelab.org/suppression.htm

Teil II:

Die sichere und effektive Anwendung des Orgonakkumulators

Das Orgonakkumulator-Handbuch

7. Grundregeln für die Konstruktion und den experimentellen Einsatz von Orgonakkumulatoren

a) Die Innenwände eines Orgonakkumulators müssen aus unbedecktem ferromagnetischem Metall (Eisenblech- oder Stahl) bestehen, da Farbanstriche, Lackierungen oder sonstige Beläge die Akkumulierungseigenschaften negativ beeinflussen. Durch das Verzinken der verwendeten Metalle wird die Wirkung des Akkumulators hingegen nicht beeinträchtigt.

b) Für die Außenwände eines Orgonakkumulators muß orgonabsorbierendes, organisches, nicht-metallisches Material verwendet werden.

c) Man kann zwischen Innen- und Außenwand mehrere Lagen aus abwechselnd metallischen und nicht-metallischen Materialien einfügen. Je mehr Schichten — wobei unter »Schicht« eine metallische plus organische Lage zu verstehen ist — desto stärker der Akkumulator, obwohl eine Verdoppelung der Schichten nicht automatisch eine Verdoppelung der Leistung nachsichzieht. Ein dreischichtiger Akkumulator hat ungefähr 70% der Stärke eines zehnschichtigen.

d) Man kann auch Akkumulatoren verschiedener Größen ineinanderstellen, um eine intensivere Ladung zu erzielen. Die Punkte a) und b) müssen dabei jedoch unbedingt eingehalten werden. Eine Leistungssteigerung läßt sich bei Akkumulatoren mit mehrfachen Schichten außerdem dadurch erreichen, indem man die Außen- und Innenwände jeweils aufstockt: die nichtmetallische Außenwand nach innen mit einer weiteren Lage organischen Materials (z.B. einer Lage Schafswolle), und die metallische Innenwand mit einer zusätzlichen Lage Stahlwolle.

Das Orgonakkumulator-Handbuch

Konstruktionsmaterialien

Ein häufiger Fehler beim Nachvollzug von Reichs Orgonakkumulator-Experimenten ist die Verwendung ungeeigneter Werkstoffe. Wenn Sie Ihren Akkumulator für Lebewesen einsetzen

Organische (nichtmetallische) Materialien	
Geeignet:	**Ungeeignet bzw. toxisch:**
• reine Schafswolle, Baumwolle (auch als Matten) • (Poly)Acryl, Styrol-Kunststoffe • Hartfaserplatte • Faserdämmplatten (für Wärmedämmung, Schallschutz) aus natürlichen Zellulosesorten wie den nachwachsenden Rohstoffen Holzfaser, Hanf, Flachs oder Kokos, hergestellt mit ungiftigen, oft materialeigenen Bindemitteln/Harzen • Kork(platte) • Steinwolle, Glaswolle (nur mit Atemmaske handhaben!) • Bienenwachs, Kerzenwachs • Schellack (als natürlicher Außenanstrich) • Erde, Wasser	• Massivholz oder Sperrholz • Spanplatten • Urethane oder Polyurethane • Nylon, Polyester • generell alle Materialien, die Formaldehyd, Asbest oder sonstige giftige Chemikalien enthalten
Metalle (ferromagnetisch)	
Geeignet: *Als Grundregel gilt: »Ein Magnet muß dran hängenbleiben!«* • Stahl- oder Eisenblech, verzinkt oder unverzinkt • Stahldraht-, Eisendrahtgewebe • Stahlwolle für die inneren Lagen • rostfreier Stahl • Weißblech	**Ungeeignet, toxisch wirkend:** • Aluminium (egal in welcher Ausführung) • Kupfer, Kupferlegierungen • Blei

Grundregeln für Konstruktion und Einsatz

wollen — egal ob für Menschen, Tiere oder Pflanzen — sind Kupfer, Aluminium oder andere nichtmagnetische Metalle unter allen Umständen zu vermeiden, weil sie als Orgonakkumulator *toxisch* wirken. Desgleichen haben sich bestimmte Schaumstoffe (Polyurethane) als negativ für lebende Organismen erwiesen. Generell sollten ferner keine mit Formaldehyd oder hochgiftigen Klebstoffen imprägnierten sowie aus Kunstharzen hergestellten Materialien für den Akkumulatorbau verwendet werden.

Die weltweite Forschungsarbeit mit dem Orgonakkumulator wird kontinuierlich fortgesetzt, und mit Hilfe des Internets können neue Erkenntnisse sofort verfügbar gemacht werden. Wir haben zu diesem Zweck eine Webseite eingerichtet, die bei Bedarf entsprechend aktualisiert wird:

www.orgonelab.org/orgoneaccumulator

Man kann den Orgonakkumulator sozusagen als einen *Hohlraum-Kondensator* betrachten. Der gängige elektrische Kondensator, wie er in der Elektrotechnik verwendet wird, ist ein passives elektrisches Bauelement mit der Fähigkeit, elektrische Ladung und damit zusammenhängende Energie zu speichern, die dann zu einem späteren Zeitpunkt wieder freigesetzt werden kann. Er besteht aus wechselnden Schichten von metallischen, leitfähigen Komponenten und starkem dielektrischem Isoliermaterial. Dasselbe Bauprinzip kommt beim Orgonakkumulator zum Einsatz, nur mit dem Unterschied, daß wir hier einen Innenraum schaffen, worin Menschen sitzen bzw. Objekte zum Aufladen platziert werden können.

e) Alle metallischen Komponenten des Orgonakkumulators müssen *ferromagnetisch* sein, d.h. sie werden von einem Magneten angezogen. Die organischen Lagen sollten aus Materialien mit starken *dielektrischen* Eigenschaften bestehen. Das bedeutet, sie eignen sich gut als elektrischer Isolator und können außerdem eine starke elektrostatische Ladung an der Oberfläche aufbauen.

f) Einen weiteren wichtigen Aspekt nenne ich mangels eines besseren Begriffs den »*Flauschfaktor*«: Erfahrungsgemäß erzielt die organische Lage die beste orgonakkumulierende Wirkung, wenn sie sozusagen »atmen« kann. Das heißt, das Material sollte locker bzw. porös genug sein, um mindestens eine geringfügige Luftdurchlässigkeit zu gewährleisten. Luft besitzt ebenfalls gute dielektrische Qualitäten. Faserige oder poröse organische Zellstoffe — auch in

Das Orgonakkumulator-Handbuch

Kombination z.B. mit einem Wachsüberzug — eignen sich daher am besten.

g) Seit Reich in den vierziger Jahren des letzten Jahrhunderts erstmals Informationen über den Orgonakkumulator veröffentlichte, haben er und andere (ich eingeschlossen) für die Konstruktion der nichtmetallischen Wandkomponenten *Celotex* empfohlen. Dabei handelte es sich um einen Markennamen der Firma Celotex, der ursprünglich einem bestimmten natürlichen Dämmaterial vorbehalten war, welches aus zermahlenen Zuckerrohrstielen und anderen pflanzlichen Agrarrückständen angefertigt wurde. Das zerkleinerte organische Material wurde mit Bindemitteln vermischt, zu Platten gepreßt und nach dem Trocknen auf einer Seite weiß lackiert. Das Endprodukt war relativ stabil und konnte trotzdem mit einem Teppichmesser zurechtgeschnitten werden. Derartiges Faserplattenmaterial gibt es heutzutage von verschiedenen Herstellern, auch mit ökologischem Gütesiegel; es wird normalerweise zur Wärme- und Schalldämmung eingesetzt.

Die Firma Celotex stellt allerdings ihre Dämmplatten mittlerweile aus völlig unakzeptablen und für Orgonakkumulatoren giftigen Bestandteilen her, wie Schaumstoffen und Aluminiumfolie. Daher hat der Begriff »Celotex« für uns seine ursprüngliche Bedeutung verloren und wird nicht mehr verwendet.

h) Ein weiteres ausgezeichnetes Material insbesondere für die Außenwände ist sogenannte *Hartfaserplatte*. Sie ist dünner, aber kompakter und damit robuster als die weicheren Zellulosedämmplatten. Sie wird aus Holzfasern hergestellt, die mit Bindemitteln vermischt und dann zu dünnen flachen Platten gepreßt werden. Die dielektrischen, orgonabsorbierenden Eigenschaften der Hartfaserplatte kann man sogar noch erhöhen, indem man sie auf der nach außen gewandten Seite mit mehreren Anstrichen natürlichen Schellacks lackiert. Der Schellack-Überzug dient außerdem der Haltbarkeit, da er den Orgonakkumulator gegen Feuchtigkeit versiegelt.

i) Als Ersatz für die Glaswolle, die traditionell für die nichtmetallischen Lagen im Inneren der Akkumulator-Paneele verwendet wurde, ist mittlerweile *kardierte Schafswolle* vielerorts relativ kostengünstig zu erwerben. Nach der Schafschur wird die Rohwolle

Grundregeln für Konstruktion und Einsatz

sanft gewaschen und gekämmt, um sie von Schmutz und anderen Rückständen zu reinigen. Je mehr Waschgänge, desto gründlicher wird auch das natürliche Lanolin (Wollfett) entfernt. Das Resultat ist ein leichtes, lockeres Wollvlies, welches dann zu Garnen und schließlich Wollstoffen weiterverarbeitet wird.

Kardierte Wolle läßt sich leicht auseinanderziehen, um für den Akkumulatorbau Lagen von unterschiedlicher Dicke und Dichte zu erhalten. Sie hat keinerlei toxische Eigenschaften und ist auch ideal für die Anfertigung von *Orgondecken* geeignet. Je höher übrigens der Lanolingehalt der Wolle, desto intensiver ihre dielektrischen Qualitäten.

j) Biomedizinische Forschungen aus jüngerer Zeit legen nahe, daß *Glaswolle* viel problematischer in ihrer Handhabung ist als früher angenommen. Insbesondere das Einatmen des feinen Faserstaubes hat sich als extrem gesundheitsschädlich erwiesen, weshalb immer eine Atemmaske zu tragen ist, wenn man mit Glaswolle arbeitet. Ich rate daher, sich stattdessen natürlicher Materialien wie z. B. kardierter Schafswolle zu bedienen, obgleich Glaswolle sehr gute dielektrische und orgonabsorbierende Eigenschaften besitzt. Sie mag auch für manche kostengünstiger und leichter zu beschaffen sein als kardierte Wolle. Bitte treffen Sie geeignete Vorsichtsmaßnahmen — Atemschutzmaske, Schutzbrille, langärmelige Kleidung und Handschuhe — wenn Sie sich für die Verwendung von Glaswolle entscheiden sollten.

k) Für die Anfertigung von *Orgondecken* empfehle ich weiterhin *Polyacryl-Stoff*. Man sollte sich beim Kauf jedoch vergewissern, daß man es tatsächlich mit Polyacryl zu tun hat und nicht mit dem mittlerweile häufigeren (und billigeren) Polyester, welches sich für orgonakkumulierende Zwecke als schädlich erwiesen hat. Im Zweifelsfall ist es besser, zu Stoffen aus reiner Schurwolle oder fertigen Wolldecken zu greifen. In Europa sind auch Stoffe aus einem Gemisch aus Wolle und Polyacryl verbreitet (beispielsweise 60% Wolle, 40% Polyacryl), die sich ebenfalls hervorragend für Orgondecken eignen. Um meinem »Flauschfaktor« zu genügen, kann man für die inneren organischen Lagen kardierte Rohwolle oder lockeres Wollfilzvlies verwenden, und für die metallischen Lagen Stahlwolle mit einem höheren Feinheitsgrad (z.B. »000«).

Das Orgonakkumulator-Handbuch

Die Materialzusammensetzung eines Orgonakkumulators und die energetische Qualität seiner Umgebung sind generell wichtiger als seine äußere Form. Die Ausnahme bilden jedoch spitz zulaufende Formate. Im Bild sind in der oberen Reihe sechs Orgonakkumulatoren aus verzinktem Stahlblech zu sehen, darunter ihre jeweiligen formidentischen Kontrollkästen aus Pappe, mit denen der Autor 1973 Keimversuche durchführte. Von links nach rechts: Tetraeder, Cheopspyramide, Kegel, Würfel, Zylinder und Kugel.

Die gängigen Akkumulatorbauweisen aus zylindrischen und rechteckigen Formen erbrachten immer die besten Keimergebnisse. In den zugespitzten Figuren (Tetraeder, Pyramide, Kegel) verkümmerten die meisten Triebe, und viele Samen keimten gar nicht erst auf. Die Wirkung des Orgonakkumulatorprinzips übertrumpfte außerdem den reinen Formeffekt, das heißt das schlechteste Akkumulator-Resultat war im Durchschnitt immer noch etwas besser als das beste Ergebnis bei den Kontrollboxen. Der Autor hat auch entsprechende Keimexperimente unternommen, um die Wirkung verschiedener, zum Akkumulatorbau verwendeter Metalle zu testen. Ferromagnetische Varianten erzielten immer die besten lebensfördernden Ergebnisse. Daher gilt:

Wenn ein Magnet nicht dranhängen bleibt, verwende es nicht!

Grundregeln für Konstruktion und Einsatz

Ganz allgemein sind Materialien mit starken elektrostatischen oder dielektrischen Eigenschaften auch gute Orgonabsorbierer, wie die Schafswolle mit ihrem natürlichen Wollfett (Lanolin), bestimmte Kunststoffe, Acryl, Glaswolle, Schellack, Bienenwachs, usw. Während Sie vermutlich im nächsten Baumarkt die notwenigen Metallbleche, Faserdämmplatten, Holzrahmungen, Glas- und Stahlwolle für Ihren Orgonakkumulator erwerben können, sind Stoffhandel bzw. auf Wollprodukte spezialisierte Fachhändler die besten Quellen für gute Wollstoffe und Rohwollmaterialien. Achten Sie darauf, daß Sie nicht etwa eine Polyester-Beimischung untergejubelt bekommen. Läden für Outdoor-Ausrüstung und Campingzubehör führen häufig simple, kostengünstige Wolldecken. Stahlwolle in größeren Mengen läßt sich unter Umständen auch über den Fachhandel für Bodenbeläge oder Malerei und Anstrich beziehen, da sie bei Poliermaschinen zum Einsatz kommt.

l) Ich habe oben *Erde* als ein mögliches Baumaterial genannt, weil tatsächlich einige Anwender damit experimentiert und gute Resultate erzielt haben. Metallkästen wurden mit guter, dunkler, von Pestiziden und Herbiziden freier Gartenerde umgeben. Die größeren dieser speziellen Akkumulatoren sahen danach aus wie abgedeckte Rübenmieten oder Hügelgräber. Einige Forscher sind der Ansicht, daß Menschen in vorgeschichtlicher Zeit mit lebensenergetischen Prinzipien vertraut waren und sie bewußt anwendeten. Es gibt historische Erdbauten, die eine Schichtenkonstruktion erkennen lassen, bei welcher sich tonreiche Erde oder Steine mit hohem Eisengehalt unter einer Lage von humusreicher Erde oder Torf befinden.

m) Einen besonders starken Akkumulator erhält man, wenn man die Außenwände mit *Bienenwachs* überzieht. Die für einen größeren Akkumulator benötigten Mengen können allerdings schnell teuer werden. Zur besseren Haltbarkeit des doch recht brüchigen Materials können Sie es mit klarem *Schellack* streichen. Die Außenbemalung mit Schellack ist generell erprobt und scheint die Akkumulation und die lebensfördernden Eigenschaften der Orgonenergie nicht zu beeinträchtigen. Verwenden Sie es jedoch niemals für die metallischen Innenwände.

Das Orgonakkumulator-Handbuch

n) Wie sich experimentell erwiesen hat, ist die richtige Materialzusammensetzung eines Orgonakkumulators weitaus wichtiger als seine Form (siehe Abb. auf S. 82). Bei als *Kegel, Pyramide* oder *Tetraeder* gestalteten Orgonakkumulatoren sind jedoch gelegentlich unerklärliche *lebensfeindliche Wirkungen* aufgetreten. Sofern man nicht beabsichtigt, diese negativen Phänomene genauer zu erforschen, sollten Orgonakkumulatoren deshalb generell rechteckig oder zylindrisch gebaut werden. Abgesehen davon, daß diese Formen immer die besten lebensfördernden Eigenschaften gezeigt haben, sind sie auch schlichtweg leichter anzufertigen.

An dieser Stelle möchte ich von einem Erlebnis berichten, das ich 1980 in Ägypten während einer Besichtigung der Cheopspyramide hatte. Im Inneren der Pyramide befiel mich plötzlich so heftige Beklemmung, daß ich kaum noch Luft bekam. Erst als ich, einem Impuls folgend, das Wasser aus meiner Feldflasche über Kopf und Brust ausgoß, fühlte ich mich schlagartig besser. Später erfuhr ich, daß es immer wieder ganzen Gruppen von Touristen ähnlich ergeht, manche Besucher werden sogar bewußtlos und müssen dann im Freien wiederbelebt werden. Ich kann nicht völlig ausschließen, daß es sich hierbei schlicht um ein Problem schlechter Belüftung im Inneren der Pyramide handelt. Aber in meinem Fall bestand unsere Gruppe aus acht Personen, und ich war der einzige, dem es plötzlich schlechtging.

Wenn ich allerdings meine Erfahrungen mit verkümmerten oder abgestorbenen Keimlingen in konischen bzw. pyramidenförmigen Akkumulatoren bedenke, so halte ich es durchaus für möglich, daß hier irgendein energetisch toxischer Einfluß oder beispielsweise ein Überladungseffekt am Werke ist. Es sind weitere Forschungen zur Klärung dieser formabhängigen Wirkungen erforderlich. Auch muß der Einsatz von Orgonakkumulatoren in Gebieten noch genauer untersucht werden, die von lebensenergetischer Stagnation gekennzeichnet sind, wie zum Beispiel Wüstengegenden. Kapitel 8 diskutiert die entsprechende Problematik von *Oranur und DOR* im Detail.

o) Die Ecken eines Akkumulators müssen weder luftdicht sein, noch die einzelnen Wandkomponenten absolut paßgenau montiert werden, auch wenn eine sauber verarbeitete Konstruktion natürlich schöner ist. Ich habe schon Akkumulatoren gesehen, bei denen ein Kasten aus Weißblech einfach lose mit Lagen von Stahlwolle und Baumwolle, Filz oder Wolle umwickelt worden war. Manche Leute

Grundregeln für Konstruktion und Einsatz

nehmen simple *Konservenbüchsen*, wickeln sie in Plastikfolie und stellen sie in größere Dosen, die wiederum mit Plastikfolie umwickelt werden. (*Bitte beachten:* es muß sich dabei um Dosen aus *Weißblech* handeln, nicht aus Aluminium! Das können Sie wie oben erwähnt mit einem Magneten testen.) Wenn man eine ausreichende Zahl von Konservendosen ineinanderschachtelt, ergibt das einen recht brauchbaren mehrschichtigen Mini-Orgonakkumulator, der beispielsweise zur Aufladung von Samen geeignet ist. Er sieht nicht gerade professionell oder »wissenschaftlich« aus, funktioniert aber.

Standort, Pflege und veranwortungsbewußter Einsatz des Orgonakkumulators

p) Orgonakkumulatoren bewahrt man am besten an Orten auf, wo frische Luft zirkulieren kann. Wird der Akkumulator nicht benutzt, ist es ratsam, Tür bzw. Deckel immer ein wenig offenstehen zu lassen. Die Atmosphäre im Inneren kann man auch frisch und belebend halten, indem man ein offenes Gefäß mit klarem Wasser hineinstellt. Wischen Sie den Akkumulator von Zeit zu Zeit innen und außen mit einem feuchten Tuch ab. Insbesondere die Innenwände müssen danach gut abgetrocknet werden, damit sie nicht rosten.

q) Größere Orgonakkumulatoren, die von Menschen oder Tieren benutzt werden, sollten am besten im Freien, jedoch vor Regen geschützt stehen. Gute Luftzirkulation und Sonne fördern die Energiekonzentration. Ein idealer Ort für Orgonakkumulatorforschung stellt beispielsweise eine geräumige Holzscheune auf dem Land dar, weitab von Überlandleitungen, elektromagnetischen Störfeldern, Sendemasten und Atomanlagen. Diese Erkenntnisse über die für die Lebensenergie besten Umweltbedingungen decken sich übrigens vollständig mit jüngeren Einsichten aus der *Baubiologie*, welche sich mit den Möglichkeiten gesundheitsschädlicher Einflüsse von Gebäuden auf ihre Bewohner befaßt. Kapitel 8 enthält weitere Informationen zu diesem Thema.

r) Wie bereits in Kapitel 5 beschrieben, baut der Orgonakkumulator bei regnerischem Wetter keine starke Ladung auf. An solchen Tagen ist die Orgonladung an der Erdoberfläche geringer, da der größere Anteil des Orgons von der Wolkendecke in der

Das Orgonakkumulator-Handbuch

Atmosphäre absorbiert wird. Der Orgonakkumulator erreicht seine stärkste Aufladung an klaren, sonnigen Tagen, wenn die Orgonladung an der Erdoberfläche am größten ist.

s) Orgonakkumulatoren in Höhenlagen erzielen generell eine intensivere Aufladung als solche in Niederungen. Da die durchschnittliche Orgonladung der Erdoberfläche am Äquator höher ist als am Polarkreis, ist auch die maximale Ladekapazität des Orgonakkumulators in der Regel vom jeweiligen Standort geographischer Breite abhängig. Klimatische Bedingungen spielen ebenfalls eine Rolle: in einer Umgebung mit geringerer Luftfeuchtigkeit wird eine stärkere Ladung im Orgonakkumulator erreicht als an Orten mit hoher Luftfeuchtigkeit. Rege Sonnenfleckenaktivität und Sonneneruptionen haben eine erhöhte Orgonladung zur Folge, und bestimmte Konjunktionen von Sonne, Erde und Mond in Voll- und Neumondphasen scheinen zu einer Anregung der Orgonenergie in der Atmosphäre und somit auch im Orgonakkumulator zu führen.

t) Wenn Sie ein kontrolliertes Experiment mit dem Orgonakkumulator durchführen wollen, dürfen Sie keine beeinflußbaren Instrumente in seiner unmittelbaren Nähe lagern. Das Energiefeld des Orgonakkumulators wirkt auf Objekte in seiner Umgebung, wenn auch schwächer, wie auf solche in seinem Innenraum. Darüberhinaus üben gegebenenfalls vorhandene elektrische oder elektromagnetische Felder einen störenden Einfluß auf den Orgonakkumulator aus, dasselbe gilt auch für die Mikrowellenstrahlung heutiger Mobilfunknetze. Diese Warnungen seien besonders allen denjenigen ans Herz gelegt, die experimentelle Forschungen mit dem Orgonakkumulator beabsichtigen.

u) Betreiben Sie im Orgonakkumulator oder in seiner Nähe keine elektrischen Geräte, die an das Stromnetz angeschlossen sind. Sie dürfen in seiner Umgebung auch keine Computer, Laptops, tragbare Telefone, Fernseher oder andere Geräte benutzen, die ein elektromagnetisches Feld aufbauen oder gar Funkfrequenzen aussenden (wie z.B. Handys, iPads, WLAN-fähige eBook-Reader), da sich all dies äußerst negativ auf die Energiequalität im Orgonakkumulator auswirkt. Außerdem leiten die Metallwände im Innern Elektrizität, wodurch Sie sich der Gefahr eines elektrischen Schlages aussetzen könnten. Wenn Sie im Orgonakkumulator Licht

Grundregeln für Konstruktion und Einsatz

z.B. zum Lesen benötigen, bedienen Sie sich am besten einer batteriebetriebenen Leselampe. Sie können auch eine starke Lampe außen auf den Akkumulator richten und die Tür einen Spaltbreit offen lassen. Ich rate jedoch davon ab, tragbare Musikplayer wie Radios, Walkmans oder iPods mit in den Akkumulator zu nehmen, weil sie bei Betrieb ebenfalls ein elektromagnetisches Feld erzeugen.

v) Wenn Sie mit dem Orgonakkumulator experimentieren, sollten Sie bedenken, daß alle sich darin befindlichen organischen bzw. Feuchtigkeit enthaltenden Materialien die Orgonladung absorbieren. Bringen Sie bei Ihren Sitzungen im Orgonakkumulator keine überflüssigen Gegenstände mit hinein und mißbrauchen Sie ihn nicht als Abstellkammer.

w) Orgonakkumulatoren von Sitzgröße sollten möglichst so konstruiert sein, daß die Innenwände nicht weiter als zehn bis zwanzig Zentimeter vom darinsitzenden Anwender entfernt sind. Für eine Sitzung im Orgonakkumulator entkleidet man sich am besten so weit wie komfortabel, weil dicke Kleidung die Orgonaufnahme des Körpers beeinträchtigt. Als Sitzgelegenheit sind ein Holzstuhl oder eine Holzbank gut geeignet, denn trockenes Massivholz absorbiert das Orgon relativ schlecht. Stühle aus Metall lassen sich ebenfalls verwenden, können allerdings als unangenehm kalt empfunden werden.

x) Bitte beachten Sie: Ein zu häufiger oder zu langer Aufenthalt im Orgonakkumulator kann zu Überladung führen. Sie äußert sich z.B. als Druckgefühl im Kopf, leichte Übelkeit, allgemeines Unwohlsein oder Schwindel. In diesem Fall verlassen Sie den Orgonakkumulator auf der Stelle und gehen am besten für eine Weile an die frische Luft. Derartige Überladungssymptome verschwinden gemeinhin innerhalb weniger Minuten.

Reich warnte zudem, daß Personen mit sogenannten *Überladungsbiopathien* den Orgonakkumulator nur mit besonderer Vorsicht und lediglich für wenige Minuten benutzen dürften. Zu den Überladungsbiopathien zählen u.a. **Bluthochdruck, Herzkrankheiten, Gehirntumore, Arteriosklerose, Grüner Star (Glaukom), Epilepsie, starke Fettleibigkeit, Neigung zu Schlaganfall, entzündliche Hautkrankheiten und Bindehautentzündung.** Jüngeren orgonmedizinischen Erkenntnissen zufolge gehört auch **Leukämie** dazu, in diesem Fall ist der Akkumulator generell kontraindiziert. Patienten, die **entzündungshemmende Präparate** (Corticosteroide, insbesondere Immunsuppressiva wie Prednisolon etc.) einnehmen oder sich einer **radioaktiven Bestrahlungstherapie** unterziehen, sollten nach der Einnahme ihrer letzten Dosis bzw. **nach der letzten Strahlenbehandlung mehrere Tage warten**, bevor sie den Orgonakkumulator verwenden (siehe auch Kapitel 11). Ziehen Sie ggf. einen Arzt zu Rate, der mit Orgonmedizin vertraut ist.[1]

y) Die Frage »Wann ist es genug?« kann nur mit Hinblick auf das individuelle Energieniveau und von jedem Menschen anders beantwortet werden. Niemand sagt Ihnen, wieviel Sie trinken müssen, um Ihren Durst zu stillen. Sie trinken einfach, bis Sie vom Körper das Signal bekommen: »Nun ist es genug.« Gleiches gilt für die Benutzung des Orgonakkumulators. Wenn Sie das Gefühl haben, »jetzt reicht es«, dann verlassen Sie ihn (oder legen die Orgondecke beiseite). Bei den meisten Menschen ist dieser Zeitpunkt erreicht, wenn ihr Energiefeld leicht schimmert oder mit warmer Erregung auf der Haut prickelt, oder nachdem sie anfangen zu schwitzen.

Falls sich solche Empfindungen bei Ihnen nicht gleich einstellen, seien Sie geduldig. Manche Menschen benötigen mehrere Anwendungen, bis sie beginnen, die energetischen Wirkungen zu spüren. Als Faustregel gilt, die Sitzungen auf 30 bis 45 Minuten zu beschränken. Dafür kann man aber den Orgonakkumulator mehrmals am Tag benutzen. Man sollte allerdings vermeiden, im Inneren einzunicken. Weitere Informationen zu den biologischen Wirkungen finden Sie im Kapitel 11.

z) Der qualitative Zustand sowie die absolute Ladung des Orgons sind überall auf der Erde ständigen Schwankungen unterworfen. Wetterzyklen bedingen Veränderungen in der Intensität der Akkumulatorladung, und schädliche Umwelteinflüsse können den Orgonakkumulator zeitweise oder auf Dauer kontaminieren und seinen Einsatz zum Risiko werden lassen. Der experimentelle Nutzen des Orgonakkumulators erfordert daher Kenntnis der Auswirkungen von Wetterlagen und gewisser anderer Umweltfaktoren, welche im folgenden Kapitel behandelt werden.

---

1. http://www.orgonelab.org/resources.htm

8. Oranur und DOR

Eine Eigenschaft des Orgonakkumulators wird heutzutage häufig zum Problem: er konzentriert die Orgonenergie in derjenigen Qualität, die in seiner Umgebung vorherrscht. Das bedeutet, daß man sich über die energetischen Bedingungen des Standortes im Klaren sein muß, wo der Akkumulator genutzt werden soll. Nicht nur draußen im Freien, sondern auch im Inneren eines Gebäudes kann die Orgonenergie bestimmten energetischen Störeinflüssen ausgesetzt sein, die ihre Umwandlung in spezielle toxische Energiezustände bewirken, die Reich *Oranur* bzw. *DOR* nannte. Wenn Ihr Haus oder Ihre Wohngegend dementsprechend belastet sind, ist von dem Einbringen eines Orgonakkumulators in eine derartige energetische Atmosphäre abzuraten, es sei denn, die schädigenden Reizauslöser werden vorher beseitigt. Sonst wäre es fast unmöglich, etwas anderes als eine schädliche Ladung aufzubauen.

Bevor wir im Einzelnen darauf eingehen, was unter *Oranur* und *DOR* zu verstehen ist, seien die folgenden verbindlichen Grundregeln für die Standortwahl genannt:

Orgonakkumulatoren — und das gilt ganz besonders für solche, die für die Gesundheitsversorgung oder für biologische Experimente zum Einsatz kommen — dürfen nie in Räumen aufgestellt werden, in denen sich die folgenden orgonschädigenden Einrichtungen und Geräte befinden, da deren Betrieb elektromagnetische Wechselstromfelder erzeugt:

- Leuchtstoffröhren,
- Lampen mit Kompaktleuchtstoffbirnen (sogenannte »ökologische Energiesparlampen«),
- Fernseher und Monitore, insbesondere die älteren Modelle mit den gewölbten Kathodenstrahl-Bildschirmen (vor Aufkommen der Flachbildschirme),
- andere Kathodenstrahlgeräte, wie Elektronenmikroskope und Röntgenapparate,

Das Orgonakkumulator-Handbuch

- Computer, einschließlich Laptops und Tablets (iPads, etc.),
- alle Periphärgeräte, die über ein Funknetzwerk mit dem Computer oder einer Basisstation kommunizieren, wie schnurlose Keyboards, Drucker oder Internet-Router,
- Funktelefone und Handys,
- tragbare elektronische Videospielkonsolen (Game Boy, PlayStation),
- Ladegeräte und Trafos (zur Umwandlung von Wechsel- in Gleichstrom, den viele Elektrohaushaltsgeräte benötigen),
- ans Stromnetz angeschlossene Heizdecken (egal ob eingeschaltet oder nicht),
- Elektromotoren,
- Mikrowellenöfen und Küchenherde mit Induktionskochfeld,
- Apparate zur Hochfrequenz-Wärmetherapie und gepulsten Elektromagnetischen Feldtherapie,
- Satellitenschüsseln, die aktive Funksignale aussenden (wie für WLAN-Verbindungen notwendig; die Schüsseln zum passiven Fernsehempfang sind nicht so bedenklich),
- Rauchmelder, die auf radioaktiver Grundlage nach dem Ionisierungsprinzip arbeiten,
- Uhren, Armbanduhren oder andere Utensilien mit radioaktiven Leuchtstoffen (phosphoreszierende Materialien, die absorbiertes Licht abgeben, sind ungefährlich),
- andere radioaktive Stoffe oder starke chemische Dämpfe.

Orgonakkumulatoren sollten auch nicht dort aufgestellt werden, wo in einem anderen Teil desselben Gebäudes besonders starke Varianten der oben aufgezählten Geräte (beispielsweise Röntgenanlagen) in Gebrauch sind oder es kürzlich waren. Bereits Reichs Experimente, aber auch in jüngerer Zeit durchgeführte Untersuchungen in großen Krankenhäusern haben gezeigt, daß Röntgenapparate die lebensfördernde Wirkung der Orgonenergie zerstören. Hinzu kommt ein *Persistenz-Effekt*, wonach die toxischen Oranur- bzw. DOR-Bedingungen noch eine Weile fortbestehen, auch nachdem die verursachende Störquelle abgestellt oder entfernt worden ist.

Oranur und DOR

Orgonakkumulatoren sollten sich ferner nicht in der Umgebung der folgenden Anlagen befinden:

- Flughafenradar,
- Radio-, Fernseh- und Kurzwellensender,
- Mobilfunkmasten und -antennen (wie z.B. an und auf Gebäuden angebracht),
- Hochspannungsleitungen,
- Kernkraftwerke, atomare Zwischenlager,
- Endlager und Uranminen,
- Militäreinrichtungen mit Atomwaffenbeständen,
- aktive oder ehemalige Atombombenversuchsgelände.

Reich und andere warnten bereits in den vierziger und fünfziger Jahren des vergangenen Jahrhunderts vor solcherart Einrichtungen, aber erst in jüngerer Zeit bestätigen epidemiologische Studien ihre toxische Wirkungen auf Lebewesen. Das Problem dabei ist, daß ein einfacher Verweis auf eine Beziehung zwischen zwei Geschehen nicht ausreicht, um Kausalität nachzuweisen. Man muß den ursächlichen Zusammenhang bei zwei voneinander abhängigen Ereignissen Schritt für Schritt aufzeigen, bevor Ursache und Wirkung als bewiesen gelten können.

Generell ist das eine vernünftige Vorgehensweise, doch in der Wissenschaft wird sie leider nach Belieben angewandt. Lehrmeinungen, welche dem vorherrschenden wissenschaftlichen Konsens entsprechen — wie z.B. »Schadhafte Gene sind die Ursachen degenerativer Erkrankungen« oder »Aids wird durch den HIV-Virus verursacht« — werden äußerst selten der kritischen Überprüfung unterzogen, ob sie denn den strengen Kriterien des Ursache-Wirkung-Prinzips auch wirklich genügen. Unorthodoxen Ansätzen versagt man dagegen die finanzielle Unterstützung, unterdrückt oder verwirft sie wegen ihrer eventuell vorhandenen Schwächen. Auch industrielle Umweltverschmutzer ziehen sich gerne auf diese Position zurück, um sich ihrer Verantwortung für die von ihnen angerichteten Umweltschäden zu entziehen.

Das Orgonakkumulator-Handbuch

Entstehung und Auswirkungen von Oranur und DOR

Reichs Erkenntnissen zufolge befindet sich die Lebensenergie normalerweise in einem relativ entspannten, ausgeglichenen Bewegungszustand, an welchen das Leben auf unserem Planeten angepaßt ist. Man kann dieses sanfte Pulsieren als eine angenehme Wärme oder gar — wie in einem Orgonakkumulator oder draußen in der Natur — als einen leichten Energieschub wahrnehmen.

Reich entdeckte allerdings auch, daß das Orgon von elektromagnetischen Feldern, radioaktiver Strahlung und anderen energetischen Störeinflüssen in einen gereizten, chaotischen Zustand der Übererregung versetzt wird, den er *Oranur* nannte.

Der *Oranur-Effekt* — Oranur steht als Abkürzung für *Orgone Anti-Nuclear Radiation* — wurde in Reichs Labor zum ersten Mal versehentlich hervorgerufen, nachdem Reich eine geringfügige Menge einer radioaktiven Substanz in einen starken Orgonakkumulator gestellt hatte. Er unternahm dieses Experiment in der Anfangszeit des Kalten Krieges mit seiner aufkommenden atomaren Bedrohung in der Hoffnung, der Akkumulator würde sich auch als Gegenmittel zu radioaktiver Verstrahlung erweisen.

Reich hatte in seinem Laboratorium im ländlichen Maine einen ganzen Raum zu einem Orgonakkumulator ausgebaut. Darin befanden sich wiederum mehrere große, bis zu zwanzigschichtige Akkumulatoren. Als das radioaktive Material in diese hoch aufgeladene Umgebung gebracht wurde, verwandelte sich das Orgonenergiefeld des gesamten Laborgebäudes schlagartig in einen Zustand hochgradiger Übererregung, der nicht nur sofort spürbar war, sondern sogar in und um das Laborgebäude als intensiver blaugrauer Nebel sichtbar in Erscheinung trat.

Alle Laboranten erkrankten an diversen heftigen Überladungssymptomen. Sie klagten über Fieberschübe, Hautreaktionen wie bei starkem Sonnenbrand, starkes Druckempfinden im Kopf, Übelkeit mit Erbrechen, und ein Gefühl überreizter Rastlosigkeit. Versuchsmäuse, die in einem anderen Gebäude gehalten wurden, starben gar in großer Zahl. Der Oranureffekt breitete sich auch in besorgniserregender Weise weit über Reichs hochgelegenes Laboratorium hinaus in die Umgebung aus.

Oranur trifft Menschen in erster Linie an ihren schwachen Punkten und bringt latente gesundheitliche Probleme an die Oberfläche. Der eine erlebt beispielsweise in einem oranurbelasteten

Oranur und DOR

Umfeld anhaltende Unruhe und Herzrasen, die nächste bricht in nervöses Schwitzen aus, anderen wird schwindelig oder gar schwarz vor den Augen, während jähzornig Veranlagte von unbeherrschbaren Wutausbrüchen heimgesucht werden. Weitere Betroffene kontrahieren in einem Maße, daß sie Durchblutungsstörungen an den Extremitäten erleiden können. Konzentriertes Denken und Arbeiten fällt schwer, und es ist fast unmöglich, Schlaf zu finden. Deutlich ausgedrückt gleichen die Oranur-Symptome einigen derjenigen biophysikalischen Reaktionen, die man sonst bei Menschen beobachten kann, welche moderater bis starker radioaktiver oder elektromagnetischer Strahlung ausgesetzt sind.

Im Falle von Reichs Oranur-Experiment jedoch war außerhalb des Orgonakkumulators, in welchem sich die radioaktive Substanz befunden hatte, gar keine Strahlenbelastung meßbar. Die dramatischen Effekte wurden allein durch die im Akkumulatorraum hochkonzentrierte Orgonenergie verursacht, verstärkt und weit in die Umgebung hinaus verteilt.

Wie Reich feststellen mußte, bestand der Oranur-Effekt fort, obwohl das radioaktive Material umgehend aus den starken Akkumulatoren im Laborgebäude entfernt worden war. Das bedeutete, daß das Phänomen mit der überreizten Lebensenergie selbst zusammenhing, und nicht mit der radioaktiven Substanz. Sein Forschungszentrum wurde dadurch für mehrere Jahre nahezu unbenutzbar. Wie Reich beobachtete, gelangte die Orgonenergie unter anhaltenden Oranurbedingungen schließlich in einen Zustand der Stagnation. Subjektiv wird er als erstarrt oder »wie abgestorben« empfunden. Reich bezeichnete diese Erscheinungsform des Orgons daher als *DOR*, die Abkürzung für *Deadly Orgone* (tödliches Orgon).

In der Atmosphäre tritt Oranur ebenfalls mit Überladungssymptomen in Erscheinung. Der Himmel ist von einem intensiven Stahlblau, und am Horizont zeigt sich deutlich ein milchig-weißer Dunstschleier. Wenn sich überhaupt Wolken bilden, haben sie scharfe Umgrenzungen und verschmelzen weder miteinander, noch werden sie größer, da die hochgeladene, überreizte Atmosphäre nicht mehr pulsiert. Dadurch kann sie auch nicht kontrahieren, und folglich baut sich die Energieladung in den Wolken nicht genügend auf. Regenwolken, die sich einer unter Oranureinfluß stehenden Region nähern, zerfallen, entarten zu undefinierten Schlierenformen, oder lösen sich ganz auf. Chaotische Windverhältnisse mögen bestehen, als wüßte der Wind nicht, woher und wohin. Die überladene

Das Orgonakkumulator-Handbuch

Oben: Die Atmosphäre in der Wüste nahe der Stadt Phoenix in Arizona erstickt nahezu im grauen DOR-Dunst, welcher den Horizont verschwinden läßt und die Wolkenbildung verhindert.

Unten: Dieselbe Landschaft unter lebendigen atmosphärischen Bedingungen mit klaren Sichtverhältnissen und wohlgeformten Wolken am tiefblauen Himmel. Die schwarzen Balken markieren den gleichen Punkt am Horizont. Experimentelle Untersuchungen sowohl der klassischen Klimatologie als auch der Orgonbiophysik haben gezeigt, daß ein Dunstschleier mit derartiger Opazität — der sich auch häufig über dem offenen Meer bildet und trotz seiner sehr geringen Luftfeuchtigkeit widersinnigerweise als »trockener Nebel« bezeichnet wird — durch das Vorhandensein von Staub und anderen Schwebstoffen nicht hinlänglich erklärt werden kann. (siehe auch: DeMeo, J., Journal of the American Institute for Biomedical Climatology, Vol. 20 1996, S.1-4)

Oranur und DOR

Atmosphäre wird als »angespannt« oder »überstrapaziert« empfunden. Niederschläge bleiben zunehmend aus, insbesondere wenn das Oranurstadium schließlich in sein Gegenteil übergeht, den leb- und reglosen *DOR-Zustand*.

Eine Umgebung unter DOR-Einfluß nimmt dieselben Eigenschaften von erdrückender Unbeweglichkeit und Lethargie an. Die Luft ist so stickig, daß man nur mit Mühe durchatmen kann. Man fühlt sich ständig ausgetrocknet, weil DOR »wasserhungrig« ist. Manche Menschen reagieren daher auf hohe DOR-Konzentrationen in ihrem Körper mit der Bildung von Ödemen. Reich und seine Mitarbeiter erlebten ferner schwere Grippesymptome als eine besonders extreme Form der DOR-Krankheit. Reich fiel zudem eine gräuliche Verfärbung des Hauttons bei allen auf, die DOR über längere Zeit hinweg ausgesetzt waren. Weitere Reaktionen des Organismus auf eine DOR-Situation sind permanente Müdigkeit, Unbeweglichkeit, eingeschränkte Atmung und Verlust der emotionalen Kontaktfähigkeit.

Diese Auswirkungen sind durchaus greifbar, fühlbar und meßbar, z.B. als eine Verringerung des Lichts, denn DOR beeinflußt ebenfalls die Atmosphäre. Mit ausreichender Ausdehnung führt es zu Trockenheit und bei anhaltender Dürre sogar zu Wüstenbildung. Die Landschaft liegt unter einem stahlgrauen Dunst, der die Sicht vermindert und dem Sonnenlicht einen sengenden Charakter verleiht. Auf dem Höhepunkt der Oranur- und DOR-Krise beobachtete Reich das Auftauchen von schwärzlichen, rußähnlichen Ablagerungen sowohl auf Bäumen als auch auf Steinen in der Umgebung des Laboratoriums. Der Regen wurde erst sauer und blieb dann gänzlich aus. Reich folgerte, daß die graue, schleierartige Trübung der Atmosphäre der Wolkenbildung und damit Niederschlägen entgegenwirkte.

Unter DOR-Bedingungen haben Wolken eine »ausgefranste« oder »zerfledderte« Erscheinung, sie sehen aus wie schmutzige Wattefetzen und bleiben relativ klein. Einzelne Wolken unterschiedlicher Größe mit ungewöhnlich dunkelgrauer oder gar schwärzlicher Farbe tauchen am Himmel auf und behalten diese Färbung auch bei, wenn sie direkt von der Sonne angestrahlt werden. Reich bezeichnete sie als *DOR-Wolken*. Über manchen Gegenden bilden sie sich ständig aufs neue, so als wären sie dort mit der Landschaft energetisch verbunden.

Das Orgonakkumulator-Handbuch

Wenn sich die schmutzig-graue Atmosphäre über ganze Regionen erstreckt, nennen Meteorologen sie Luftverschmutzung, selbst wenn es sich um ländliche Gegenden fernab von Industriestandorten handelt. In Küstengebieten sprechen sie widersinnigerweise von »trockenem Nebel«; das DOR-Phänomen scheint dort mit küstennahen Dürreverhältnissen in Zusammenhang zu stehen.

In seinem 1951 erschienenen Buch *Das Oranur-Experiment* berichtete Reich von den dramatischen Ereignissen, aus denen er viele seiner Erkenntnisse über die atmosphärische Lebensenergie gewann. Um die Oranur und DOR-Stadien der Lebensenergie anschaulich zu beschreiben, zog Reich Parallelen zu Situationen, unter denen sich die meisten Menschen etwas vorstellen können, so wie das Beispiel eines Löwen oder Bären, der eingefangen und in einen Käfig gesperrt wird. Zunächst reagiert das Tier mit Wut, wirft sich gegen das Gitter, beißt hinein oder versucht anderweitig, aus seinem Gefängnis auszubrechen (Oranur-Reaktion). Später, wenn es erschöpft ist, wird es reglos und apathisch. Es hat resigniert, liegt von nun an in der Ecke und bewegt sich kaum noch (DOR-Zustand). Kleine Zoos ohne artgerechte Haltung beherbergen vielfach solcherart abgestumpfte Tiere.

Im Gegensatz dazu verglich er das gesunde, ausgeglichene Pulsieren der Orgonenergie mit einer Schlange, die mit gemächlichen Schwingungen vorangleitet. Wenn man sie nun an einer Stelle packt und festhält, wehrt sie sich dagegen sozusagen mit einem erregten »Oranur-Verhalten«, indem sie sich heftig krümmt und windet. Bestimmte Anforderungen des »zivilisierten« Lebens, sich der Zwangsjacke der Konformität im sozialen Käfig anzupassen (wie beispielsweise der Pflichtbesuch des autoritären Schulsystems), können übrigens eine ähnliche Reaktion beim Menschen auslösen. Biophysikalisch gesprochen ist hier die gleiche Art von natürlicher Gegenwehr des Lebendigen am Werk.

Außer Radioaktivität identifizierte Reich später noch weitere Auslöser für die Entstehung von Oranur unterschiedlicher Intensität, so z.B. Leuchtstoffröhren und Elektromotoren. Heutzutage sind wir von noch viel mehr orgonirritierendem technischen Schnickschnack umgeben, wie wir auf den folgenden Seiten sehen werden.

Obgleich Oranur und DOR in einer betroffenen Umgebung typischerweise beide zugleich vorhanden sind, dominiert in der Regel ein Zustand. Da es sich bei Oranur und DOR um energetische Phänomene handelt, die in einer bestimmten Umgebung hervor-

Oranur und DOR

gerufen werden, können sie nicht so einfach vom Wind »weggeblasen« werden, auch wenn ein ordentliches Unwetter reinigende Wirkung haben kann. Wenn die Oranur- oder DOR-Belastung allerdings besonders hoch ist, wird die Bildung von Niederschlagssystemen verhindert bzw. weicht dem betroffenen Gebiet aus, mit der Folge von anhaltenden Trockenperioden. Wüsten sind im allgemeinen von hohen DOR-Konzentrationen in der Atmosphäre gekennzeichnet, die sich bevorzugt in den Niederungenen sammeln. Mit DOR aufgeladene Luftmassen aus Wüstenregionen können sich in angrenzendes Terrain ausbreiten und dort Dürren auslösen.

Gegenden mit Atomkraftwerken, mit nuklearen Aufbereitungsanlagen und Endlagern, sowie Standorte von Uranabbau und -verarbeitung sind in der Regel ebenfalls stark mit Oranur und DOR belastet und erfahren häufig anhaltende Dürrezeiten, da die Lebensenergie dort ihren natürlichen Zustand weitestgehend eingebüßt hat und vorwiegend zwischen Übererregung und Erstarrung pendelt.

Man vergleiche diese Beschreibungen von Oranur- und DOR-Verhältnissen mit der Orgonenergie in ihrem normalen, funkelnden und schwingenden Bewegungszustand. Wenn das atmosphärische Orgonkontinuum eine gesunde, kraftvolle Pulsation beizubehalten vermag, kommt es auch zu einem regelmäßigen Wechsel von Regen- und Schönwetter. Die Luft ist sauber und frisch, leuchtend und transparent, kein Dunst ist zu sehen. Der Himmel ist von einem tiefen Blau, und etwaige Wolken bilden mit klar abgegrenzten Umrandungen einen deutlichen Kontrast bis hinunter zum Horizont. Sie sind wohlgeformt, in etwa wie Blumenkohl, und wachsen eher in die Vertikale als seitwärts, ohne in sich zusammenzufallen.

Berge in der Ferne haben eine bläuliche oder violette Färbung. Die Vegetation ist saftig grün, kräftig und voller Leben. Vögel schwingen sich in den Himmel, die gesamte Tierwelt ist lebhaft aktiv. Die Sonne wärmt, aber sengt nicht und verbrennt die Haut nicht so schnell. Die meisten Menschen sind voller Energie und Leben, man fühlt sich außergewöhnlich wach, munter und gelöst, und mit der gesamten Natur verbunden. Das Atmen fällt so leicht, als ob die Luft wie von selbst in die Lungen dringt. Alles Lebendige scheint der Schwerkraft trotzend in die Höhe zu streben, ein Merkmal der sanft vorantreibenden, beständig sich entfaltenden Wesensart der Lebensenergie. Bei regnerischem Wetter mag man weniger aktiv oder sogar schläfrig sein, befindet sich aber dennoch wohl und

Das Orgonakkumulator-Handbuch

entspannt. Regen- und Schönwetter wechseln sich mit kontinuierlicher Regelmäßigkeit ab.

Viele ältere Menschen sind sich bewußt, daß die soeben beschriebenen atmosphärischen Qualitäten in der Vergangenheit weit öfter vorherrschten als heutzutage. In unserer Zeit werden stattdessen stagnante DOR-Verhältnisse mit blaßblauer oder milchig-trüber Himmelsfarbe immer mehr zur »Norm«, so daß viele junge Leute insbesondere in den großen umweltverschmutzten Städten einen wirklich klaren, strahlenden Tag noch nie erlebt haben. Ältere Piloten können sich daran erinnern, daß es früher nur über ein paar Industriegebieten eingeschränkte Sichtverhältnisse gab, während man heute den DOR-Dunst fast nahtlos von der Ost- bis zur Westküste beobachten kann. Er reicht sogar eine beträchtliche Entfernung aufs Meer hinaus!

Überall dort, wo ungehemmte Waldrodung betrieben wird, ist nicht nur eine Versteppung der Landschaft die Folge, sondern ein trockenes DOR-Wüstenklima beginnt in diesen Gegenden Einzug zu halten, selbst wenn sie zuvor saftig grün und regenreich waren. Die Atmosphäre zeigt nun die charakteristische DOR-Trübe, und anstelle regelmäßiger kräftiger Niederschläge kommt es höchstens zu saurem Nieselregen. Naturkundler berichten, daß das blaue Leuchten über Gebirgszügen etwa zwei Jahre vor Einsetzen des Waldsterbens in dem betroffenen Gebiet verschwindet; ein Phänomen, welches ebenfalls mit dunstiger, stagnierender Luftverschmutzung in Verbindung steht. Die orgonblaue Farbe der Atmosphäre, der Ozeane und Landgewässer, und der bläuliche Schimmer über Wäldern und Bergen sind in der Tat ein recht verläßlicher Indikator für die Vitalität des gesamten Ökosystems. Jetzt, wo es endlich gelungen ist, die Lebensenergie nachzuweisen und zu veranschaulichen, sollten wir dafür Sorge tragen, daß sie nicht durch Umweltzerstörung verseucht und zerstört wird.

Heutige Naturwissenschaft und Orgon-Biophysik

Nach Ansicht der modernen Physik dürften weder elektromagnetische noch atomare Niedrigstrahlung eine Gefahr für Lebewesen darstellen, da die mit *herkömmlichen Meßinstrumenten* festgestellte Energiemenge nach rein biochemischem Verständnis einfach nicht ausreicht, um ernsthafte Gesundheitsschäden zu

Oranur und DOR

verursachen. Und dennoch treten sie auf, wie viele Biologen bestätigen. Ich lege hier die Betonung auf *herkömmliche* Strahlenmeßgeräte, denn ein folgenschwerer Trugschluß der Physiker besteht in der Annahme, es sei zu keiner Beeinträchtigung der Biosphäre gekommen, nur weil ihre Instrumente keine erfaßt haben. Man setzt einfach voraus, daß die modernen Energiemeßgeräte jedwede Störwirkung hundertprozentig aufspüren. Diese unbewiesene Auffassung wird jedoch schon allein durch gegenteilige biologische und epidemiologische Untersuchungsergebnisse in Frage gestellt, welche belegen, daß schädigende Effekte in der Tat vorhanden sind, obgleich die Schulwissenschaft eine Erklärung dafür schuldig bleibt.

Die modernen Naturwissenschaften mißtrauen dem Lebendigen zutiefst. Menschen, die durch die Strahlenbelastungen unserer modernen Welt krank werden, glaubt man nicht, oder sie werden als Spinner angesehen. Die Einwohner der Gegend rund um das Kernkraftwerk Three Mile Island in Pennsylvania, USA berichteten z.B. während des schweren atomaren Zwischenfalls dort in 1979 von seltsamen blauleuchtenden Nebeln, klagten über heftige Kopfschmerzen, Empfindungen von Sonnenbrand und Atemschwierigkeiten — alles Erscheinungen, die Reich schon 25 Jahre zuvor als Folgen des Oranur-Experiments dokumentiert hatte. 1979 allerdings wurden diese Erfahrungsberichte nicht ernstgenommen und als »psychologische Reaktionen« abgetan, obgleich sich zur selben Zeit aus unerklärlichen Gründen ein großes Vogelsterben in der Region ereignete und sich dort noch Monate später kein Vogel blicken ließ. Vergleichbare Phänomene wurden 1986 zum Zeitpunkt der Nuklearkatastrophe von Tschernobyl in der Umgebung des Atomkraftwerks beobachtet und seitens der Behörden in ähnlicher Weise verworfen.

Genau an diesen Punkten bringen Reichs Entdeckungen zur Orgonenergie Klarheit: Die Lebensenergie und die Störungen derselben manifestieren sich in erster Linie in biologischen Reaktionen der belebten Natur. Es gibt Methoden zur experimentellen Erfassung von strahlungsbedingten Oranur-Effekten, aber sie erfordern spezialisierte Meßinstrumente, die bisher nicht öffentlich zu erwerben sind. Es läßt sich allerdings auch manchmal ein ungewöhnliches Verhalten bei herkömmlichen Strahlungsmeßgeräten feststellen. Reich beobachtete beispielsweise, daß seine Geiger-Müller-Zähler[1] wahlweise auf einmal ganz hohe Zählraten

---

1. Geiger-[Müller-]Zähler dienen der Messung radioaktiver Strahlung.

Das Orgonakkumulator-Handbuch

abgaben, blockierten oder gar ganz zu funktionieren aufhörten, wenn sie in eine mit Oranur belastete Umgebung gebracht wurden. Ich habe diese Effekte bestätigen können, als ich als Student einmal eine Zeitlang in der Nähe des Atomkraftwerks Turkey Point in Südflorida gewohnt habe. Die Reaktoren dort hatten keine Störfälle, sondern gaben lediglich »routinemäßig« angeblich unbedenkliche Dosen Niedrigstrahlung an die Umgebung ab, die nichtsdestotrotz eine ungeheure Oranur-Reaktion in dem gesamten Gebiet auslösten.

Orgon wirkt auch als Medium, das eine Verbindung herstellt zwischen der energetischen Störquelle — Atomreaktor, Mobilfunkmast, Leuchtstoffröhre, Fernseher — und dem betroffenen Lebewesen. In demselben Maße, wie die Orgonenergiehülle der Erde im allgemeinen oder das Orgonkontinuum innerhalb eines Hauses im besonderen durch radioaktive oder elektromagnetische Strahlung schwer beeinträchtigt und verseucht werden können, so wird auch das Orgonenergiefeld eines Menschen in einer solchen Umgebung angegriffen.

Neutrinomeer oder Orgonenergiekontinuum?

Die moderne Physik räumt das Vorhandensein ungewöhnlicher energetischer Vorgänge indirekt zumindest bei Radioaktivität ein. Ihren Vorstellungen zufolge sollen alle atomaren Anlagen nahezu nicht abzuschirmende, nicht nachweisbare und sehr theoretische *Neutrinos* in rauen Mengen abgeben. Diese vermeintlichen Teilchen verlassen die Strahlenquelle mit rasender Geschwindigkeit und durchdringen jedweden Strahlenschutz sowie alles und jeden im Umkreis mehrerer Kilometer. Lebewesen dürften allerdings durch sie nicht zu Schaden kommen, da Neutrinos der Theorie gemäß eine so außerordentlich geringe Masse haben sollen, daß sie alles ungehindert durchfluten und nur mit den modernsten und aufwändigsten Meßmethoden überhaupt aufgespürt werden können — doch das ist reine Spekulation. Worauf es hier aber ankommt, ist der nachgewiesene Sachverhalt, daß in der Tat ständig eine beträchtliche Energiemenge aus dem Zentrum des Atomreaktors durch die schwere Reaktorabschirmung in die Umwelt entweicht, die mit herkömmlichen Strahlenmeßinstrumenten nicht erfaßbar ist. Die klassische Physik erklärt sich das Phänomen der »fehlenden Energie«, indem sie postuliert, daß bei jedem nuklearen Zerfall,

Oranur und DOR

welcher Beta-Teilchen produziert (d.h. bei den meisten radioaktiven Zerfallsprozessen), im selben Moment die gleiche Menge Neutrinos entsteht und abgegeben wird. Beta-Strahlen lassen sich abschirmen, Neutrinos jedoch nicht.

Zum Aufspüren von Neutrinos wurden *Neutrinodetektoren* konzipiert. Dabei handelt es sich um Einrichtungen enormen Ausmaßes, in denen Dutzende von Wissenschaftlern vermittels aufwendiger optischer Lichtsensoren-Anlagen in riesigen unterirdischen dunklen Wassertanks, in den Tiefen der Ozeane oder kilometertief im arktischen Eis mit der Suche nach winzigen blauen Lichtblitzen beschäftigt sind.

Nach konventionellen Berechnungen sollen wir beständig von einer unglaublichen Anzahl Neutrinos umgeben sein. Die Sonne erzeugt angeblich 18×10^{37} Neutrinos pro Sekunde (das ist eine 18 mit 37 Nullen!), von denen die Erde 8×10^{28} Neutrinos pro Sekunde abbekommt. Die Erde wiederum steuert zusätzlich ein Schwesterteilchen bei, das sogenannte *Antineutrino*, und zwar mit einer Rate von rund $1{,}75 \times 10^{26}$ pro Sekunde. Von diesen gigantischen Mengen ist der Mensch theoretisch ca. 3 Billionen natürlicher kosmischer Neutrinos pro Sekunde allein von Erde und Sonne ausgesetzt, die durch seinen Körper flitzen. Ein großer Atomreaktor produziert ebenfalls Antineutrinos mit einer Rate von ungefähr 10^{18} pro Sekunde. Und nun stellt sich die Frage: Wie reaktiv sind all diese Neutrinos?

Dem Standardmodell der Elementarteilchenphysik zufolge sind Neutrinos so »übernatürlich«, sozusagen geisterhaft, daß sie unsere Körper praktisch ohne Wechselwirkung passieren. Sie besitzen eine derart verschwindend geringe Masse mit kaum spürbaren materiellen Eigenschaften, daß sie rechnerisch durch über 100 Milliarden Meilen dicke Schichten massiven Bleis hindurchgehen können, bevor sie ein Blei-Atom treffen. Und nun stellen wir uns die schwindelerregende Frage: was ist mit all den Neutrinos und Antineutrinos passiert, die bei sämtlichen radioaktiven Zerfallsprozessen seit Anbeginn der Zeit im Universum erschaffen worden sind — vorausgesetzt, die Zeit hat überhaupt einen Anfang? Nun, die Zahl müßte ins Unendliche gehen, egal wie man sie berechnet. Das Ganze macht wirklich keinen Sinn und gleicht eher einem hektischen Stochern im Nebel nach Antworten, die immer mehr wie pure Phantasterei anmuten.

Einige Physiker haben daraufhin die Existenz eines »Neutrinomeeres« postuliert, was sich nun wieder nach dem guten alten kosmischen Äther anhört, dem man einen neuen Namen verpaßt

Das Orgonakkumulator-Handbuch

hat. Aber auch das führte zu einem verzwickten theoretischen Problem, denn ein unendliches, selbst ein seit dem Urknall expandierendes Universum läßt sozusagen keinen Raum für eine grenzenlose Anzahl von Neutrinos, die sich in jedem Kubikzentimeter Weltall drängeln sollen. In der Tat ist die gesamte Neutrino-Theorie — für das herkömmliche Verständnis von nuklearem Zerfall von essentieller Bedeutung — mittlerweile derart komplex, unsachlich und mit so vielen Widersprüchen behaftet, daß wir dieses »Neutrinomeer« stattdessen viel einfacher als ein zusammenhängendes Energiekontinuum interpretieren können, und nicht bloß als eine verkomplizierte Zusammenballung separater Teilchen. Es zwingt uns dazu, das Augenmerk ausdrücklich auf die Wellentheoriekomponente des Welle-Teilchen-Dualismus zu richten und wieder einmal die Frage zu stellen: worin bewegen sich die Wellen denn nun fort? Was ist das Medium für ihre Ausbreitung? Von diesem Standpunkt aus neu betrachtet können wir das Neutrinomeer und das Orgonenergiekontinuum als ein und dasselbe auffassen, ähnlich dem alten Konzept des kosmischen Äthers.

Im Verständnis der Orgonphysik entstehen alle Teilchen, die als Strahlung radioaktiver Substanzen beobachtet werden, direkt aus dem Orgonenergiekontinuum und lösen sich anschließend wieder darin auf. Nukleare Zerfallsprozesse mit Neutrinoemission kann man daher auch als eine teilweise Rückverwandlung von Materie in den Ozean kosmischer Energie verstehen, aus welchem die entsprechende Substanz ursprünglich erschaffen wurde. Galaxien, Sterne, Planeten — alle Materie im Kosmos hat sich langsam vermittels eines Vorgangs aufgebaut, den Reich *Kosmische Überlagerung* [2] nannte. Er beschreibt die Erschaffung von Materie durch die inhärent spiraligen Bewegungsformen der Lebensenergie. Die These der *Kosmischen Überlagerung* besteht zwar zum größten Teil aus einer Reihe theoretischer Postulate, stützt sich aber fest auf die empirische Grundlage der Beobachtungen und Erkenntnisse aus der Orgon-Biophysik.

Ausgehend von Reichs Konzept stelle ich die Hypothese auf, daß alle Materie von eben dieser kosmischen Energie-Überlagerung, die zudem gravitationsbedingte und elektrostatische Funktionen hat, dazu veranlaßt wird, sich zu verdichten und Atome von niedrigen zu höheren Atomgewichten aufzubauen, was schließlich auch zur

---

2. *Kosmische Überlagerung* ist auch der Titel seines Buches über eine neue Kosmologie.

Oranur und DOR

Entstehung von instabilen bzw. radioaktiven Elementen führt. Sehr wahrscheinlich ist das von Louis Kervran entdeckte und beschriebene Phänomen der *Transmutation* an diesem Prozeß beteiligt (siehe auch Kapitel 6).

Beim radioaktiven Zerfall dieser schweren Elemente in sogenannte »Tochterprodukte« mit geringerem Atomgewicht wird die kosmische Lebensenergie dann zum Teil wieder freigesetzt und produziert dabei den typischen Zoo atomarer Teilchen wie Neutrinos und Neutronen. Letztere haben übrigens ein paar rätselhafte Eigenschaften, die auf negativ-entropische Orgonenergiefunktionen hindeuten.

In meinem Laboratorium im ländlichen Oregon ist es mir z.B. gelungen, von einem Neutronendetektor, der in einen sehr starken Orgonenergie-Akkumulator gestellt wurde, Zählraten von bis zu 4000 cpm zu erhalten,[3] ohne daß sonst irgendeine Strahlungsquelle vorhanden war. Derartig hohe Zählraten werden normalerweise nur beim Vorhandensein enorm starker Radioaktivität gemessen, wie sie etwa im Kern eines Atomreaktors vorkommt. Dies spricht für Reichs Theorie, daß nuklearen Zerfallsprozessen Vorgänge im Orgonenergiekontinuum zugrundeliegen, die in den meisten Fällen überhaupt nichts mit »eigenständigen Teilchen« zu tun haben.

Die »fehlende« bzw. nahezu unauffindbare Neutrino- (oder Neutronen-) Energie aus nuklearem Zerfall mag einfach die Schnittstelle zwischen Materie und Orgonenergiekontinuum markieren. Bei dieser Sichtweise würden dabei gar keine separat existenten Teilchen erzeugt, sondern lediglich überschüssige Energie wieder an den Orgonozean abgegeben. Reich mutmaßte ferner, daß die »Erschütterung« der atmosphärischen Lebensenergie bei einer Atombombenexplosion nicht allein durch den Kernspaltungsprozeß selbst bedingt sei, sondern vielmehr eine Folge der heftigen Oranurreaktionen innerhalb des Orgonenergiefeldes darstelle, welches das nukleare Material umgibt und durchdringt. Versuchsdetonationen auf dem Atomtestgelände in Nevada in den fünfziger Jahren des letzten Jahrhunderts beispielsweise störten maßgeblich Reichs spezialisierte Orgonenergie-Experimente weit entfernt in seinem Laboratorium im nordöstlichen Bundesstaat Maine, worauf er zu einem frühen Kritiker der Kernenergie wurde. Im folgenden gebe ich weitere Beispiele für ähnliche Fernwirkungen.

---

3. cpm = *counts per minute*, Impulse pro Minute

Das Orgonakkumulator-Handbuch

Aufgrund von Reichs Theorie bezüglich Oranur verfügen wir über eine Fülle sowohl objektiver als auch subjektiver biologischer Reaktionen für das Verständnis des Phänomens. Die Neutrinotheorie der modernen Physik dagegen ist sehr lückenhaft. Doch durch eine einfache Reinterpretation unter dem Gesichtspunkt von Orgonenergiefunktionen läßt sich ein überzeugender Zusammenhang zwischen der Atomenergie und ihren Auswirkungen auf Lebewesen und das Wettergeschehen selbst über große Distanzen hinweg herstellen.

Wir können folglich argumentieren, daß Kernreaktoren keine einzelnen »Neutrinopartikel« in die Umgebung abstrahlen, sondern ständig durch den radioaktiven Zerfall freigesetzte, hocherregte kosmische Energie an das lokale Orgonenergiekontinuum abgeben, welches dadurch überreizt und überladen wird. Dies wäre auch die Ursache des intensiven blauen Leuchtens bei so vielen nuklearen Prozessen, wie z. B. die Tscherenkow-Strahlung[4] im Inneren von Atomreaktoren oder die bereits erwähnten »blauen Nebel«, die nach den schweren Unfällen in den Kernkraftwerken Three Mile Island und Tschernobyl in deren Umgebung beobachtet wurden. Ähnliche Orgonerscheinungen könnten in Neutrino- und anderen Teilchendetektoren am Werke sein, die zum Aufspüren blauer Lichtblitze dienen.

Zum Vergleich sei an die Aufwallung der Luft durch die Hitze und den Dampf aus einem Topf mit kochendem Wasser gedacht. Oder wie eine starke Wellenmaschine das Wasser in einem vorher ruhigen See derart aufwühlen kann, daß die Wogen die Ufer überspülen. Die von der künstlichen Störquelle verursachten Reizwirkungen breiten sich durch das betroffene Medium in alle Richtungen aus und nehmen lediglich mit wachsender Entfernung ab. In gleicher Weise gelangt die hocherregte kosmische Energie ungeachtet jeglicher Reaktorabschirmung in die Umgebung, um dort alles Lebendige zu schädigen und selbst das Wettergeschehen negativ zu beeinflussen.

---

4. Die Tscherenkow-Strahlung, benannt nach dem russischen Physiker Pawel Tscherenkow, der sie als erster offiziell beschrieb, wurde übrigens erstmalig von Madame Curie als »blaues Leuchten« in Flaschen beobachtet, in denen radioaktive Stoffe in hoher Konzentration gelöst waren.

Oranur und DOR

Oranur und DOR in unserem Lebensumfeld

Was die Frage des schädlichen Einflusses elektromagnetischer Niedrigstrahlung betrifft, so befinden wir uns in einem ähnlichen Dilemma. Solch geringe Dosen dürften niemanden krank machen, und dennoch tun sie es. Die Erklärung dafür ist deswegen so problematisch, weil man in der heutigen Physik der Überzeugung ist, elektromagnetische Wellen würden ohne Übertragungsmedium befördert. Wenn man diesen Standpunkt im Falle akustischer Wellen oder Wasserwellen verträte, so müßte man die Existenz von Luft bzw. Wasser leugnen. Doch auch die atomaren und elektromagnetischen »Partikelwellen« brauchen ein Medium, durch welches sie sich fortbewegen können. Die moderne Physik hält an dem Märchen fest, dieses Medium sei niemals entdeckt worden; diesen Schwindel habe ich bereits in Kapitel 6 im Zusammenhang mit den Forschungsarbeiten Dayton Millers offengelegt.[5] Ferner wird behauptet, schwache elektromagnetische Felder hätten schlichtweg nicht genügend Energie, um wichtige chemische Molekülbindungen in organischem Gewebe aufzubrechen. Man besteht darauf, ein Lebewesen rein vom Blickwinkel der Biochemie aus zu betrachten und die Existenz der Lebensenergie genauso wie die des kosmischen Äthers abzustreiten.

Kernreaktoren sowie elektromagnetische Geräte und Anlagen haben aber nun einmal eine gesundheitsschädliche Wirkung auf die Menschen, die mit ihnen arbeiten oder in ihrer unmittelbaren Nähe leben müssen, unabhängig davon, ob man den hier dargelegten bioenergetischen Ansatz akzeptiert oder nicht. Die Gesundheitsgefährdung trifft allerdings im allgemeinen nicht jeden in der Bevölkerung in gleichem Maße. Menschen mit sehr hohem oder sehr niedrigem Energieniveau sowie generell die jüngsten und ältesten Mitglieder der Gesellschaft reagieren auf diese toxischen Energien sensibler, das heißt schneller und heftiger. In den folgenden Kapiteln werde ich anhand mehrerer Fallbeispiele darlegen, wie wir uns und unsere Orgonakkumulatoren vor diesen schädlichen energetischen Einflüssen aus unserer Umgebung schützen können. Zunächst möchte ich aber die Problematik noch näher veranschaulichen.

---

5. siehe auch Anhang: *Ein dynamischer und substantieller kosmologischer Äther*

Das Orgonakkumulator-Handbuch

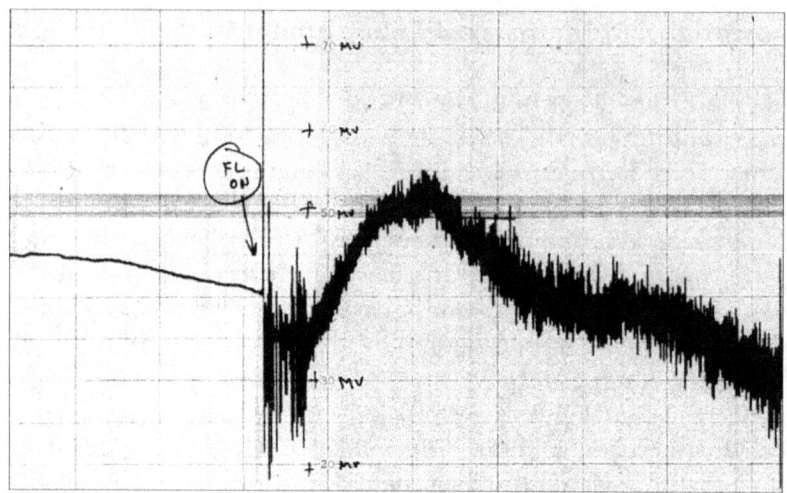

Oben: Durch Oranur von Leuchtstoffröhren ausgelöste bioenergetische Störungen, nachgewiesen durch Messung des bioelektrischen Feldes eines Philodendrons mit einem empfindlichen Millivoltmeter (HP-412-A VTVM) vor und nach Einschalten der Leuchtstofflampen.

Unten: Eine ähnliche Störung, verursacht durch einen Fernsehapparat mit Kathodenstrahl-Bildröhre. In beiden Fällen wurde die Pflanze nicht direkt bestrahlt, sondern war durch einen dicken Karton abgeschirmt.

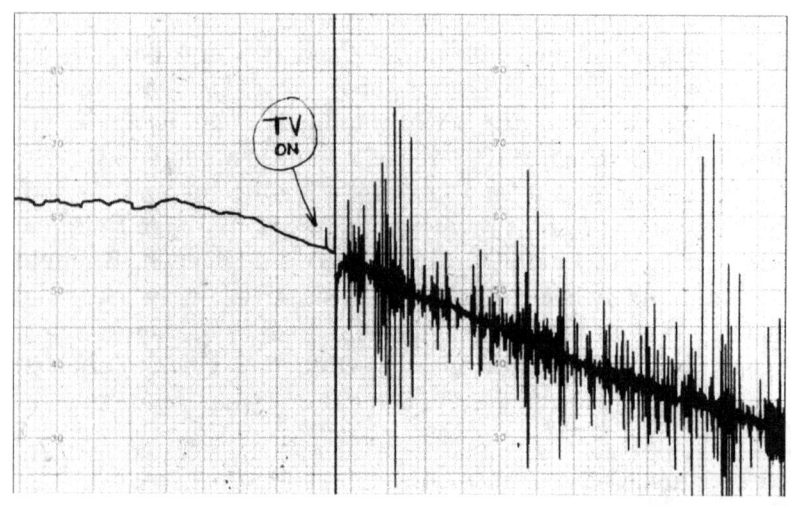

Oranur und DOR

In einem durchschnittlichen Haushalt befinden sich heutzutage u.a. die folgenden orgonirritierenden Gerätschaften: Fernsehapparate, Mikrowellenherde, schnurlose Telefone und Handys, Computer und Periphärgeräte mit Funkverbindungen sowie Leuchtstoffröhren und sogenannte »Energiesparlampen« (auch als behauptete »Vollspektrumlampen«). Pflanzen werden unter Leuchtstoffröhren zu Hyperaktivität und Riesenwachstum angeregt, was zu der falschen Annahme verleitet, diese Lichtquellen seien »gut« für die Pflanzen. Studien haben gezeigt, daß Leuchtstofflicht bei jahreszeitlich bedingten Depressionen, »unmotivierten« Büroangestellten und sogar phlegmatischen Babys vorübergehend größere Aktivität und gesteigerten Stoffwechsel stimulieren kann. Was hier kurzfristig zu erhöhter Lebhaftigkeit führt, ist jedoch der Oranureffekt der Leuchtstofflampen. Die Forscher schrieben dies der Farbe oder Frequenz des Lichts zu, was bis zu einem gewissen Grad durchaus richtig ist, doch die Oranurproblematik wird in diesen Untersuchungen natürlich nicht berücksichtigt.

Oranur wird von allen Leuchtstoffröhren, Fernsehern, Computern, WiFi-Geräten und Mikrowellenherden produziert. Es kann objektiv mit einem Millivoltmeter anhand der gestörten bioelektrischen Ladung von Zimmerpflanzen nachgewiesen werden, die sich in unmittelbarer Nähe von Oranurquellen befinden, und mit einem orgongeladenen Geiger-Müller-Zähler. Ferner lassen sich durch ausgedehnte Messungen von Orgonakkumulatorfunktionen die Schwankungen verfolgen, die sich unter Oranur- und DOR-Bedingungen einstellen.

Zu den Oranurverursachern in einem typischen urbanen Umfeld zählen zudem Radiosender, Mikrowellenfunknetze für WiFi-Kommunikationssysteme sowie Luftfahrtradar, falls ein Flughafen vorhanden ist. Sie alle bedeuten ein Gesundheitsrisiko, weil sie ein gewisses Quantum an Strahlungsdosen an die Umwelt abgeben dürfen, das offiziell für unbedenklich gehalten wird.

Ältere Versionen automatischer Türöffner und Lichtschalter emittieren Signale auf Wellenlängen, die nahe am UKW-Bereich des Infrarotspektrums liegen und stark genug sind, einen Radarmelder in Ihrem Auto aus mehreren hundert Metern Entfernung auszulösen. Viele Anlagen dieser Art sind mittlerweile von passiven Varianten abgelöst worden, die lediglich auf Körperwärme bzw. Bewegungen reagieren. Passive Detektoren sind unproblematisch, da sie keine aktiven Funksignale aussenden. Aus diesem Grund können allerdings

Das Orgonakkumulator-Handbuch

beispielsweise Diebstahlsicherungen oder Warenbestands- und Kassenscanner in Bibliotheken und Geschäften, die Barcodes bzw. ID-Chips auf den Produkten lesen, durchaus eine Gesundheitsgefährdung insbesondere für die Menschen darstellen, die sie Tag für Tag bedienen. Das tatsächliche Risiko ist einfach nicht bekannt. Wie Mikrowellenherde und Unterhaltungselektronik dürfen diese Geräte den »Durchschnittsmenschen« mit einer »Durchschnittsdosis« bestrahlen, von der man — völlig unbegründet — annimmt, sie sei harmlos. Solange wir nicht mehr darüber wissen, sollten Sie Vorsicht walten lassen und in einer solchen Umgebung keinen Orgonakkumulator aufstellen.

Auch Kernkraftwerke dürfen bedeutende Mengen meßbarer Strahlung an das Kühlwasser und die Luft des Ventilationssystems abgeben. Abgesehen davon, daß die in der Nachbarschaft lebenden Menschen diese radioaktiv belastete Luft einatmen und in vielen Fällen das Wasser trinken müssen und sich beides in der Nahrungskette ansammelt, wird die Umweltbelastung zusätzlich durch Oranur und DOR verschärft, die von Atomanlagen hervorgerufen werden und die atmosphärische Orgonenergie in der Umgebung beeinträchtigen, wobei einer der beiden Zustände für gewöhnlich dominiert. Sensible Menschen können einige Zeit nach Inbetriebnahme eines Reaktors den Unterschied in der Atmosphäre buchstäblich fühlen, und sorgfältiges Beobachten offenbart oftmals auch Veränderungen der Wetterzyklen.

Unterirdische Atombombentests sind in dieser Hinsicht das wohl schlimmste Vergehen, da sie das Orgonenergiefeld des ganzen Planeten erschüttern und in Aufruhr versetzen. Es gibt Hinweise darauf, daß sie sowohl extreme Wetterbedingungen als auch Erdbeben ausgelöst haben, und zwar nicht nur in der unmittelbaren Umgebung der Detonation. Das dramatischste Beispiel hierfür stellen die Folgen einer Reihe von zehn unterirdischen Kernwaffentests dar, die im Mai 1998 nacheinander von Indien und Pakistan durchgeführt wurden. Nach jeder Testserie wurde die gesamte Region innerhalb weniger Tage von unglaublichen Hitzewellen heimgesucht, und im benachbarten Afghanistan ereignete sich Ende Mai ein Erdbeben der Stärke 6,9 auf der Richterskala. Mehrere tausend Menschen starben, und weitere chaotische Wetteranomalien entwickelten sich in den folgenden Wochen weltweit.[6] Nach dem Verständnis der

---

6. siehe hier: http://www.orgonelab.org/oranur.htm

Oranur und DOR

konventionellen Physik ist hier ein Zusammenhang mit den Atomtests »unmöglich«, aber vollkommen nachvollziehbar, wenn man die Erschütterung des gesamten Lebensenergiefeldes der Erde in Betracht zieht.

Den Forschungen der japanischen Physiker Kato und Matsume zufolge werden von nuklearen Untergrundexplosionen sowohl die Erdrotation gestört als auch die oberen Schichten der Atmosphäre aufgeheizt. Der kanadische Geograph Gary Whiteford hat zudem Veränderungen in den globalen Erdbebenmustern als Folgeerscheinung dokumentiert.[7] Vom Standpunkt der klassischen Naturwissenschaften aus betrachtet, die heutzutage die Existenz eines lebensenergetischen Prinzips leugnen und dem »empty space«-Konzept anhängen, ergibt das alles keinen Sinn. Aus der Perspektive der Orgon-Biophysik hingegen sind solche Auswirkungen durchaus folgerichtig und lassen uns wieder an das Bild eines wilden Tieres denken, welches durch Gefangenschaft oder andere Torturen in

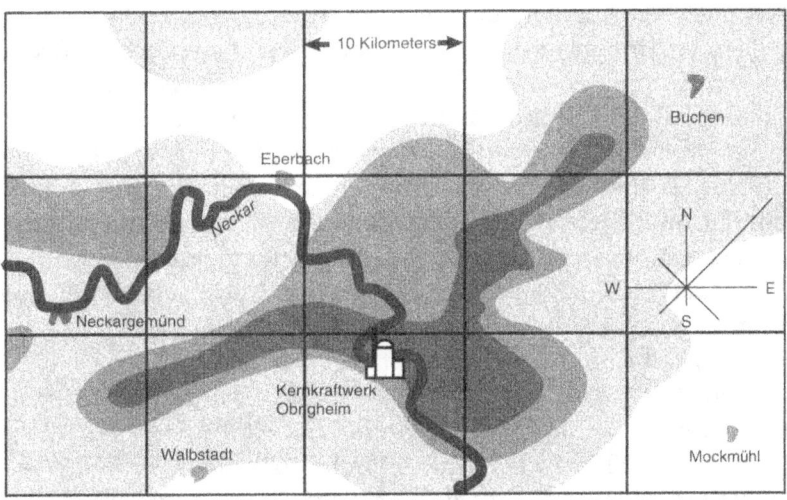

Verteilung von Baumschäden und Waldsterben in der Umgebung des mittlerweile stillgelegten Kernkraftwerkes Obrigheim in Baden-Württemberg. Weitere atomare Standorte, einschließlich Uranerzlager, ergaben ähnliche Schadensbefunde.
(*Waldschäden durch Radioaktivität?* Studie von Prof. Günter Reichelt, 1985; siehe auch: Ralph Graeub, *Der Petkau Effekt*)

---

7. siehe auch Literaturverzeichnis

Das Orgonakkumulator-Handbuch

Raserei versetzt wird, wie z.B. unsere gequälten Mitgeschöpfe in den spanischen Stierkampfarenen. Die Lebensenergiehülle der Erde reagiert offensichtlich wie lebendiges Protoplasma und kann entsprechend aufgestört und gereizt werden.

Gesundheitliche Auswirkungen

Die Reaktionen von Lebewesen auf Oranur, von Reich zuerst in seinem *Oranur-Experiment* geschildert, hat John Ott im Verlaufe seiner Forschungsarbeiten bestätigt und in seinem Buch *Health and Light* [8] veröffentlicht. Ott demonstrierte, daß Labormäuse, wenn sie der elektromagnetischen Strahlung eines Fernsehers ausgesetzt wurden, zunächst ein hektisches und hyperaktives Verhalten zeigten, wenig später jedoch träge und apathisch wurden, bis sie schließlich degenerative Krankheiten entwickelten. Ott gelang es immer wieder, aggressives Verhalten bei in Gefangenschaft geborenen Tieren, wie beispielsweise bei Nerzen oder Aquariumfischen, einfach dadurch zu beenden, indem er die oranurproduzierenden Leuchtstoffröhren aus den Käfigen und Aquarien entfernte und die Tiere stattdessen dem natürlichen Spektrum des Tageslichts aussetzte.

Leuchtstofflampen in Klassenzimmern haben die gleiche Reizwirkung. Lehrkräfte haben die Erfahrung gemacht, daß zappelige Schüler und Störenfriede oft allein durch das Ausschalten der Leuchtstoffröhren zur Ruhe gebracht werden können. Ott hat dies in seinem Film *Exploring the Spectrum* [9] eindrucksvoll mit Zeitrafferaufnahmen einer versteckten Kamera dokumentiert.

Ich konnte ähnliche Beobachtungen bei Kindern machen, die sehr viel Zeit vor dem Fernsehapparat oder Computer verbrachten. Die Oranurwirkung war besonders auffällig bei den älteren Kathodenstrahlfernsehern und -monitoren vor dem Aufkommen der LCD-Flachbildschirme. In der Anfangsphase konzentrierten sich insbesondere kleine Kinder gar nicht unbedingt auf das Fernsehprogramm. Sie wollten nur, daß der Apparat läuft, obwohl sie sich davorsitzend mit anderen Dingen beschäftigten. Dieses seltsame Bedürfnis sieht man auch häufig bei ganzen Familien, wo sich alle Abend- oder Wochenendaktivitäten um den großen Farbfernseher

---

8. deutsche Ausgabe: *Risikofaktor Kunstlicht*, Verlag Droemer Knaur, 1989
9. http://www.naturalenergyworks.net

Oranur und DOR

herum abspielen. Niemand scheint großen Wert auf ein bestimmtes Programm zu legen, Hauptsache, das Gerät ist eingeschaltet.

Computerabhängigkeit scheint ein vergleichbares Problem zu sein. Anstatt draußen an der frischen Luft mit anderen zu spielen, hocken die Kinder Stunden und ewig bewegungslos vor dem Rechner und bringen ihre Freizeit mit Internetsurfen oder Computerspielen zu. Wie kokainsüchtige Laborratten können Kinder und Erwachsene von der aufputschenden Oranurwirkung des Fernsehapparates oder Computers abhängig werden. Allsbald verfallen sie dann wie Otts Versuchsmäuse nur zu oft in einen Zustand der Bequemlichkeit und Lethargie, den man gemeinhin als Dauerglotzer- oder »Couch-Potato-Syndrom« bezeichnet. Er steht ferner mit Fettleibigkeit in Verbindung und kann der Vorläufer zu einer degenerativen Erkrankung sein.

Natürlich mag hier durchaus auch eine emotionale Komponente eine Rolle spielen, indem sich gefühlsmäßig kontrahierte Erwachsene und Kinder des Fernsehers oder Computers als Mittel zur Realitätsflucht bedienen, um sich nicht mit sozialen oder familiären Problemen auseinandersetzen zu müssen. Doch bedenken wir Reichs Erkenntnis: Orgon ist die Energie der Gefühle. Das Oranurfeld des Fernsehers und Computers, des Gameboys oder des zum ununterbrochenen Texten benutzten Handys bewirkt mehr als nur eine »kognitive« Flucht. Es ist hier eindeutig ein bioenergetischer Effekt am Werke, der letztlich sogar der eigentliche Suchtauslöser sein mag.

Diese bioenergetische Oranurabhängigkeit zeigt sich insbesondere dann, wenn jemand anderes versucht, das entsprechende Gerät abzustellen. Teilnahmslose Kinder, die gerade noch wie erstarrt in die Strahlung des Fernsehapparates versunken waren, auch ohne dem Programm viel Beachtung zu schenken, protestieren plötzlich lautstark. Auch betroffene Erwachsene fühlen sich unbehaglich bei dem Gedanken, die elektronischen Spielzeuge einmal auszuschalten. Das würde ihrem leicht katatonisch-abwesenden Zustand ein abruptes Ende setzen und sie zwingen, wieder in direkten, emotionalen (bioenergetischen) Kontakt mit ihrer Umgebung und anderen Menschen zu treten.

Bei den Erwachsenen wird dieser »Oranur-Rausch« mitunter noch durch Alkoholkonsum gesteigert, wie man in sogenannten Sport-Bars beobachten kann, wo rundherum Fernsehbildschirme hängen, die ununterbrochen laufen. Die Atmosphäre fühlt sich bioenergetisch so geladen an, wie man es sonst nur in den

Das Orgonakkumulator-Handbuch

Kaufhausabteilungen für Unterhaltungselektronik erlebt. Die bunten Bilder tragen natürlich zur ausgelassenen, feuchtfröhlichen Stimmung bei, und oftmals ist das Beisammensein mit Gleichgesinnten weit angenehmer als allein zu Hause zu sitzen oder die spannungsgeladene Atmosphäre einer dysfunktionalen Familie ertragen zu müssen. In solchen Fällen kann der Aufenthalt in (Sport-)Kneipen durchaus eine rationales und verständliches, wenn auch temporäres Entkommen darstellen und nicht nur »Eskapismus«.

Ansonsten spielt der Programminhalt für das Suchtproblem insofern eine verstärkende Rolle, als daß unerfüllte Sehnsucht, unterdrücktes sexuelles Verlangen oder aufgestauter Ärger in den Menschen unserer Gesellschaft umso mehr berührt werden, je aufregender, spannender, brutaler, grausamer bzw. sexuell aufreizender das Unterhaltungsprogramm ist. Ich will hier allerdings nicht das Fernsehen per se an den Pranger stellen, da es inmitten des überwiegend geistigen Schrotts immer noch ein paar Sender mit hervorragenden Bildungsprogrammen gibt.

Ein weitere Verhaltensweise, welche in die Kategorie der Oranurabhängigkeit gehört, ist das zunehmend verbreitete unablässige Sichfesthalten an tragbaren Videospielgeräten und immer raffinierteren Smartphones, vor allen Dingen bei zu Hemmungen und Befangenheit neigenden Teenagern. Wir können sie als tragbare Oranurspender bezeichnen, die ihrem Benutzer eine bioenergetische »Dröhnung« verpassen, ähnlich dem Nikotinfix einer Zigarette für den Raucher. Der Verlust des Spielzeugs, sprich der Droge, kann große Verzweiflung oder gar Wutausbrüche auslösen. Wie John Ott gezeigt hat, sind Geräte mit elektromagnetischem Strahlungsfeld häufig die Ursache kindlicher Hyperaktivität. Wissenschaftler beobachten heutzutage weitere Verhaltensstörungen, die zu sozialer Isolation und emotionaler Verkümmerung bei Kindern beitragen, welche von ihren elektronischen Gizmos abhängig sind. Hinzu kommen die von Leuchtstoffröhren mit Oranur belasteten Klassenzimmer, die wie ebenso illuminierte Büros oder Kaufhäuser unseren Körper mit fühlbaren Überreizungserscheinungen malträtieren.

Ich konnte einmal einen klaren Fall von Fernsehabhängigkeit bei drei hyperaktiven Kindern beobachten, die jeden Tag viele Stunden vor dem Fernsehgerät zubrachten, dem Programm jedoch kaum Aufmerksamkeit schenkten. Sobald sie von der Schule nach Hause kamen, *mußte* der Apparat laufen. Als der Fernseher endlich

Oranur und DOR

permanent abgestellt blieb — die frustrierte Mutter hatte schließlich als letzten Schritt das Kabel durchgeschnitten — ertönte lautes Protestgeheul, und die Kinder agierten eine Zeitlang noch aufgedrehter als zuvor. Nach etwa einer Woche beruhigten sie sich jedoch und begannen, andere Interessen zu entwickeln und neue Kontakte zu knüpfen. Die Hyperaktivität war verschwunden. Die Mutter schaffte schließlich den großen Fernseher mit der Kathodenstrahlröhre ab und kaufte einen kleineren mit einem LCD-Flachbildschirm, welcher elektromagnetisch weit weniger belastend ist. Obwohl die Kinder später nach Belieben fernsehen durften, entwickelten sie kein Suchtverhalten mehr, und das Hyperaktivitätssyndrom trat bei ihnen nicht mehr auf. Nachdem ihr Energiesystem von der elektromagnetischen Oranurerregung abhängig geworden war, erforderte es einer bewußten Anstrengung, um diesen Zustand zu überwinden.

Bevor man einen Orgonakkumulator in ein Oranur/DOR-Umfeld einbringt, muß man sich dessen bewußt sein, daß er diejenige Energiequalität akkumuliert und verstärkt, die in seiner Umgebung vorherrscht. Wenn es sich dabei überwiegend um Oranur bzw. DOR handelt, wird seine Ladung einen entsprechend toxischen, lebensfeindlichen Charakter annehmen. In manchen Gegenden sind die Auswirkungen von Oranur und DOR so nachhaltig und weit verbreitet, daß Sie auch dann keine Besserung erreichen werden, wenn Sie Veränderungen in Ihrer Wohnung vornehmen. Dies gilt vor allem für große, umweltbelastete Städte und auf jeden Fall für Standorte in der Nähe von Atomkraftwerken. Was letztere anbelangt, so ist eine Entfernung von 50 bis 80 Kilometern das Minimum an Sicherheitsabstand, sowohl um die biologischen Folgen der zulässigen Niedrigstrahlung zu vermeiden als auch für den Gebrauch eines Orgonakkumulators.

Wenn Sie nur wenige Kilometer von Hochspannungsleitungen oder großen Sendetürmen entfernt wohnen, sollten Sie ebenfalls auf die Anschaffung eines Orgonakkumulators verzichten. Und benutzen Sie auf gar keinen Fall irgendein orgonakkumulierendes Produkt, nachdem es in Ihrer Gegend zu einem atomaren Unfall gekommen ist und Sie radioaktivem Fallout ausgesetzt sind.

All diese Vorsichtsmaßnahmen betreffen jedoch genauso Ihren eigenen Organismus. Wie beim Orgonakkumulator wird auch Ihr Lebensenergiefeld von all diesen Faktoren beeinträchtigt und geschädigt. Für manche ist dies der Anlaß, mit ihren Familien in

Das Orgonakkumulator-Handbuch

eine gesündere Umgebung zu ziehen, die naturnäher und weniger hektisch ist. Sich die Kenntnisse über die Orgonenergie anzueignen ist wohltuend und kann tief bewegend sein, läßt uns allerdings auch der potentiell gesundheitsgefährlichen Aspekte unseres Lebensumfeldes gewahr werden, die wir vorher nicht bemerkt hatten.

Noch ein paar abschließende Hinweise: Orgonakkumulatoren sollten niemals in Wohnwagen aus Aluminium oder in Unterkünften mit aluminiumverkleideten Wänden benutzt werden. Aluminium hat einen lebensfeindlichen Einfluß auf die Lebensenergie, weshalb eine derartige Behausung ganz allgemein ein ungeeignetes Heim ist, egal ob dort ein Orgonakkumulator in Gebrauch ist oder nicht.

Wohnwagen mit Holzverkleidung sind dagegen unbedenklich. Bitte beachten Sie jedoch, daß manche Wohnwagen oder auch Fertigbauhäuser mit Glasfasermatten isoliert sind, die eine Seitenbeschichtung aus Aluminiumfolie besitzen. Wenn diese Art Isolierung rundherum verwendet wurde, wirkt sie wie eine Aluminiumverkleidung und verwandelt Ihre Behausung in einen großen Aluminiumakkumulator. Im Inneren fühlt es sich dann allsbald unerträglich stickig und überladen an. Ein ähnlicher Akkumulatoreffekt tritt bei Häusern mit Metalldächern oder bei Bauten mit Stützgerüsten aus Stahl auf, wodurch jedwede Oranurbelastungen verschärft werden.

Ich habe einmal für kurze Zeit in einem Aluminium-Campingwagen gewohnt, und selbst ohne einen Orgonakkumulator entwickelte sich darin eine starke, übelkeiterregende Ladung. Dieser Oranureffekt kann den Schlafrhythmus sabotieren und verstärkt sich noch mehr, wenn Leuchtstoffröhren oder Energiesparlampen, Mikrowellenherd, Fernseher, Computer, Handy und andere WiFi-Geräte vorhanden und eingeschaltet sind. Moderne Häuser, die für einen geringen Energieverbrauch konzipiert sind, sind ebenso problematisch, wenn beim Bau das erwähnte aluminiumbeschichtete Isoliermaterial verwendet wurde. Hinzu kommt oft eine unzureichende Belüftung, was die energetische Situation noch verschlimmert. Man wollte schließlich nicht in einem Orgonakkumulator leben, selbst wenn er sich in einer energetisch sauberen Umgebung befände; das wäre wegen der resultierenden Überladung auch nicht ratsam. Die energetisch negativ überlastete Atmosphäre, die sich spontan in Gebäuden mit toxischen Konstruktionsmaterialien entwickelt, kann sensitive Menschen zur Verzweiflung treiben.

Oranur und DOR

Biologisch gesehen unterscheiden wir uns nicht sehr vom Höhlenmenschen, auch wenn wir uns mit unseren elektronischen Errungenschaften und Spielzeugen gerne als Kinder des »Raumfahrtzeitalters« wähnen. Man kann in der Tat sehr gut mit einem Festnetztelefon und der guten alten Glühbirne leben. Speisen lassen sich immer noch prima auf einem normalen Strom- oder Gasherd zubereiten anstatt in der Mikrowelle, und Fernseher und Computer mit Flachbildmonitoren müssen nicht durch drahtlose WiFi-Strahlungsschleudern ersetzt werden.

Niemand verlangt, daß wir wieder zu Petroleumlampen und Pferdekutschen zurückkehren. Aber es ist notwendig, unseren technischen Fortschritt mit klugem Ermessen zu betrachten und neue Technologien unseren biologischen Erfordernissen anzupassen und nicht umgekehrt. Und wer weiß — wenn wir irgendwann die schwerkraftüberwindenden Eigenschaften der Orgonenergie verstanden haben, wird das Weltraumzeitalter vielleicht wirklich anbrechen und die menschliche Spezies zu den Sternen reisen. Hoffentlich sind wir bis dahin nicht zu elektronischen Cyborgs oder atomaren Mutanten verkommen.

Lernen Sie im Umgang mit dem Orgonakkumulator, Oranur und DOR wahrzunehmen, so daß Sie die notwendigen Maßnahmen treffen können, um Störeinflüssen vorzubeugen und eventuell auftretende schädigende Effekte im Akkumulator zu eliminieren. Das subjektive Empfinden in einem Orgonakkumulator sollte eines von Wärme, Behaglichkeit und Entspannung sein. Deshalb ist es so wichtig, daß Sie alles über Ihr energetisches Umfeld in Erfahrung bringen und in Kontakt mit Ihrem Körper und den Sinneseindrücken Ihrer Wahrnehmungsorgane kommen.

Wie wir im folgenden Kapitel sehen werden, gibt es ein paar erschwingliche Meßinstrumente, die bei diesem Prozeß hilfreich sein können.

Das Orgonakkumulator-Handbuch

9. Sanierung des bioenergetischen Umfeldes

Im vorigen Kapitel ging es um die Probleme, die entstehen können, wenn man in einer energetisch belasteten Umgebung lebt bzw. dort einen Orgonakkumulator benutzen möchte. Die folgenden Ausführungen sollen Ihnen helfen, die optimalen Standortvoraussetzungen für den Gebrauch eines Orgonakkumulators zu schaffen, damit er seine beste Ladung mit den energetisch sanftesten und expansivsten Eigenschaften erzielt. Wenn Sie so viele wie möglich von meinen Empfehlungen umsetzen, werden Sie nicht nur Ihren Orgonakkumulator schützen, sondern auch sich und Ihre Familie — selbst wenn Sie keinen Akkumulator besitzen.

Im zweiten Teil dieses Kapitels werden Meßinstrumente und -methoden vorgestellt, mit denen man die verschiedenen Strahlungsquellen aufspüren und beurteilen kann.

a) »Der alte Heustadel im Wald«

Der bestmögliche Stellplatz für einen Orgonakkumulator wäre auf dem trockenen Fußboden einer geräumigen, luftigen Scheune oder Holz-/Schutzhütte auf dem Lande. Die wenigsten Menschen werden so etwas besitzen, haben aber vielleicht einen Schuppen oder eine überdachte Veranda, die vergleichbare Voraussetzungen bietet. Man sollte jedenfalls einen Standort wählen, welche der naturnahen Feld-, Wald- und Wiesenumgebung am nächsten kommt, Schutz vor Wind und Regen bietet, aber über gute Luftzirkulation verfügt.

Fernsehapparat, Computer, Leuchtstoffröhren, Rauchmelder, die mit einer radioaktiven Substanz arbeiten, Mikrowellenherd, Handys und sämtliche anderen WLAN/WiFi-fähigen Geräte haben im Umkreis eines Orgonakkumulators nichts zu suchen. Eine Steckdose in Nähe sowie eine Lampe mit der guten alten Glühbirne sind unproblematisch.

Der Orgonakkumulator sollte sich außerdem mindestens 50, besser 80 Kilometer von jedem Atomreaktor und rund 8 km von großen Hochspannungsleitungen entfernt befinden. (Bitte lesen Sie dazu auch meine diesbezüglichen Ausführungen im Vorwort.) Achten Sie ferner darauf, daß er nicht in Mikrowellenstrahlung z.B. von einem nahen Handymast gebadet wird, auch der Abstand zu einem größeren Funk- oder Fernsehsendeturm sollte mindestens 8 Kilometer betragen.

b) Pflanzen, Springbrunnen und Wasserspiele

Sie können die energetischen Eigenschaften eines Raumes dadurch verbessern, indem Sie möglichst viele lebende Pflanzen hineinstellen und immer für angemessene Belüftung sorgen. Grünpflanzen mildern die Wirkung von Oranur und DOR und reichen die Luft mit Sauerstoff an. Das gleiche gilt für fließendes Wasser wie bei einem Zimmerbrunnen. Die meisten Menschen empfinden es als wohltuend, und Zimmerpflanzen in Kombination mit Zierbrunnen oder einem künstlichen Mini-Wasserfall z.B. über eine sogenannte Wasserwand sorgen zunehmend in privaten wie öffentlichen Gebäuden für ein angenehmes Raumklima.

c) Reinigen des Orgonakkumulators

Wenn Ihr Lebensumfeld belastet ist oder Sie in einem sehr trockenen, wüstenähnlichen Klima leben, können Sie den Orgonakkumulator energetisch sauberhalten, indem Sie ihn regelmäßig innen und außen mit einem feuchten Tuch abwischen. Wenn er nicht benutzt wird, kann man außerdem eine Schale mit Wasser hineinstellen, was ebenfalls stagnierende Energie bindet.

d) Hausbaustoffe

Publikationen, die über unschädliche, giftfreie Konstruktionsmaterialien für den Hausbau und ihre Bezugsquellen informieren, gibt es inzwischen in allen Buchhandlungen, Büchereien und im Internet. Wie bereits im letzten Kapitel erwähnt, ist es bioenergetisch gesehen sehr bedenklich, in Häusern bzw. Wohnwagen mit Aluminium- oder Stahlverkleidung zu wohnen oder gar darin einen Orgonakkumulator aufzustellen. Aluminiumwände verwandeln eine solche Behausung in einen Aluminiumakkumulator, der bekanntermaßen toxische Wirkungen hat. Jedes Gebäude mit Metallwänden oder einem Stahlgerüst, selbst moderne Häuser, in denen lediglich Metallstreben für die Innenwände verwendet werden, sind einem

Sanierung des bioenergetischen Umfeldes

energieakkumulierenden Effekt ausgesetzt. Sie möchten vielleicht von Zeit zu Zeit in einem Orgonakkumulator »Energie tanken«, aber sicher nicht permanent darin leben!

e) Beleuchtung

Alle Arten von Leuchtstoffröhren, einschließlich der kleinen gewendelten Kompaktleuchtstoffbirne, die umgangssprachlich auch als »Energiesparlampe« bezeichnet wird und zumeist in eine normale Glühbirnenfassung paßt, sind im Umfeld eines Orgonakkumulators absolut zu vermeiden. Insbesondere die Energiesparlampen erzeugen außer den für Elektrogeräte üblichen elektromagnetischen Störfeldern noch zusätzlich erhebliche Streustrahlung im Mikrowellenbereich. Dasselbe gilt leider auch für die modernen Spielarten der LED-Birnen, die ein gewichtiges elektronisches Vorschaltelement im Sockel haben. Viele Menschen haben eine spontane Abneigung gegen diese Lampen, sie mögen ihr Licht nicht und fühlen sich in ihrer Nähe unwohl, ohne zu wissen, warum.

Die Verbotsregel gilt auch für alle »Vollspektrum«-Varianten, die übrigens nicht dem natürlichen Tageslicht entsprechen. In meinem Institut habe ich viele verschiedene Sorten von Leuchten und Lampenbirnen spektrographisch untersucht und mit dem Spektrum des Sonnenlichts verglichen (siehe auch folgende Doppelseite). Alle Typen von Leuchtstoffbirnen und LEDs, einschließlich derjenigen, die angeblich »Vollspektrumlicht« liefern, besitzen in Wahrheit sehr unzulängliche Spektren mit einigen wenigen schmalbandigen Spitzen. Entprechend wirkt ihr Licht oft unangenehm kalt-weißlich und irritiert die Augen. Leuchtstoffröhren arbeiten zudem mit Hochspannungskathoden, die das Orgonenergiekontinuum erregen und reizen und dadurch die Entstehung von Oranur bedingen.

Die beste Art künstlicher Beleuchtung, sowohl vom bioenergetischen als auch vom spektralen Standpunkt aus gesehen, liefert die einfache, preiswerte Glühbirne, und zwar die klare, ungefrostete Variante, bei der man den Glühdraht sehen kann. Halogenlampen sind ebenfalls unbedenklich. Beide kommen dem natürlichen Sonnenlicht am nächsten und produzieren kein Oranur. Die begleitende Temperaturentwicklung trägt zur Erwärmung Ihres Heims bei, was gerade auch in kühleren Klimazonen willkommen ist.

Die Behauptungen der Energieeffizienz von Energiesparlampen und LED-Leuchten sind übrigens überzogen, denn ihre Herstellung erfordert im Vergleich zur simplen Glühbirne einen weitaus größeren

Das Orgonakkumulator-Handbuch

Spektralanalyse verschiedener Lampenbirnen im Vergleich mit dem natürlichen Sonnenlicht

Das oberste Schaubild auf der gegenüberliegenden Seite zeigt das Spektrum des **natürlichen Sonnenlichts**, dessen Wellenlängenbereich sich von etwa 300 bis 900 Nanometer (nm) erstreckt, mit einem Maximum bei ca. 520 nm. Das Leben auf der Erde ist an diese Spektralverteilung optimal angepaßt und benötigt sie zum Gedeihen auch.

In der Mitte ist die Spektraltafel einer normalen **Glühbirne** mit klarem Glas zu sehen. Von allen kommerziell erhältlichen künstlichen Leuchtmitteln kommt sie dem Spektrum des Sonnenlichts am nächsten. Ihr Funktionsprinzip ist relativ einfach: In einem Teilvakuum wird ein Glühfaden durch Stromfluß so stark erhitzt, daß er zum Leuchten gebracht wird. Die Glühbirne ist natürlich viel kühler als die Sonne und hat daher ihr Maximum bei rund 625 nm. Sie produziert auch eine Spur ultravioletter Strahlung im Bereich um 350 nm, die für Haut und Augen ungefährlich und für unsere Gesundheit sogar notwendig ist. Ferner erzeugt sie wie das Sonnenlicht eine kontinuierliche Farbkurve ohne Lücken im Spektrum.

Das dritte Diagramm gibt die Spektralverteilung einer sogenannten »Vollspektrum«-**Energiesparlampe** wieder. Sie besteht hauptsächlich aus scharfen Energiespitzen, welche durch die von hohen Stromspannungen erzeugten Erregung und Entladung bestimmter fluoreszierender Gase in der Glasröhre hervorgerufen werden. Zusammengenommen gaukeln sie unseren Augen oberflächlich den Anschein natürlichen Tageslichts vor, haben aber tatsächlich durch die fehlenden Farbkomponenten eine unangenehme Wirkung, die viele Menschen sofort spüren und ablehnen. Abgesehen von ihrem minderwertigen Licht emittieren diese Kompaktleuchtstoffbirnen bei Betrieb noch zusätzlich Funkfrequenzen, welche in ihrem unmittelbaren Umfeld die Strahlungsintensität eines Smartphones im Sendebetrieb erreichen. Sie sind weder gesund noch umweltfreundlich.

An meinem Institut haben wir eine Vielzahl verschiedener Leuchten spektrographisch untersucht und sind eindeutig zu dem Ergebnis kommen, daß die gute alte Glühbirne hinsichtlich ihrer Lichtqualität alle anderen »überstrahlt«, insbesondere sämtliche Arten marktüblicher Leuchtstofflampen. Dasselbe gilt für die LEDs, die ebenfalls ein unregelmäßiges, lückenhaftes Farbspektrum mit problematischen Energiespitzen aufweisen und dazu erhebliche Streustrahlung im Mikrowellenbereich aussenden. Es bleibt abzuwarten, ob es der Industrie gelingt, doch noch eine authentische Vollspektrumlampe mit niedrigem Energieverbrauch und ohne toxische Abstrahlung zu entwickeln. Bis dahin vertrauen Sie Ihren Augen!

Sanierung des bioenergetischen Umfeldes

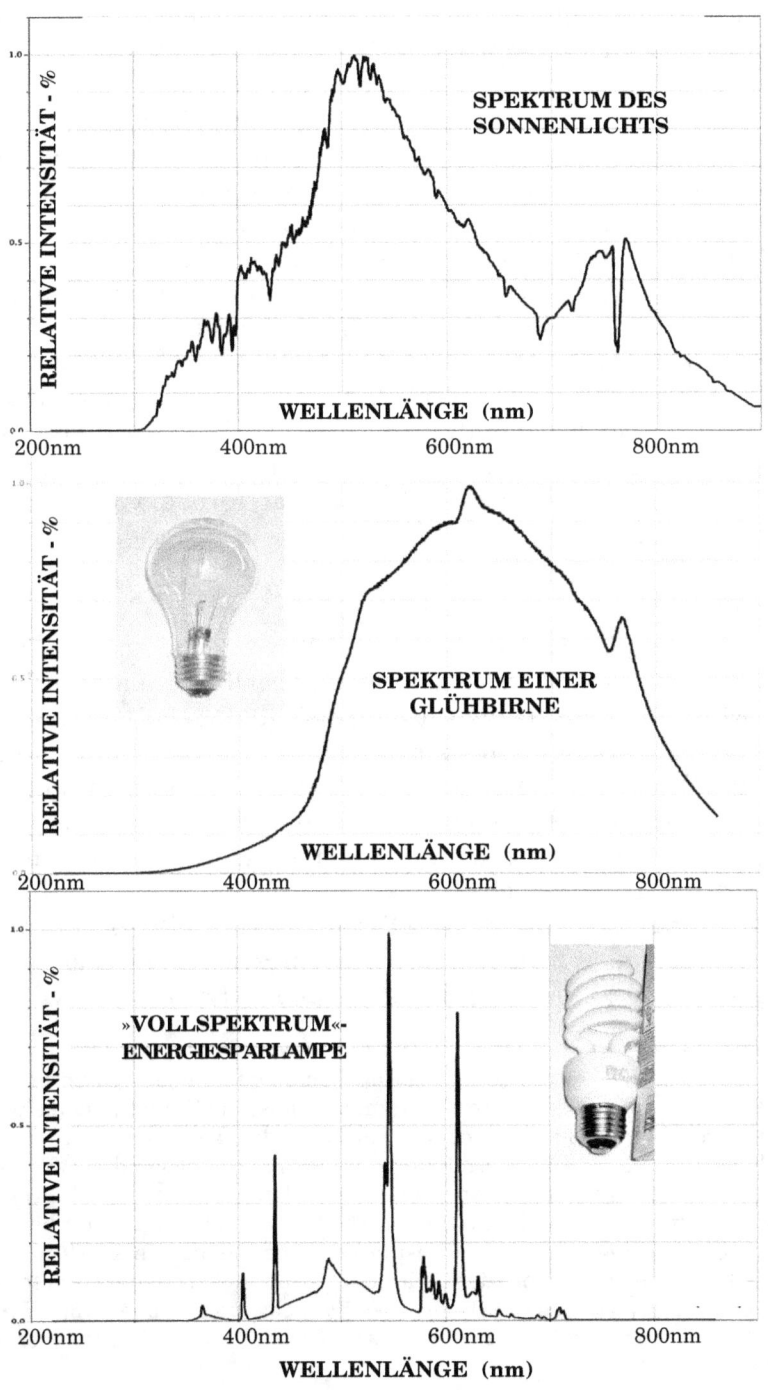

Das Orgonakkumulator-Handbuch

Material- und Energieaufwand, und die meisten geben entgegen der Werbeversprechen ziemlich schnell ihren Geist auf, sobald sie im normalen Hausgebrauch ständig an- und ausgeschaltet werden. Zudem braucht es mehrere Energiesparlampen (oder LEDs), um der Helligkeit einer Glühbirne gleichzukommen. Eine gewisse Skepsis gegenüber der Lehrmeinung von Umweltaktivisten und entsprechenden Regierungskreisen zu diesem Thema ist also angebracht.

Außerdem enthalten die Energiesparlampen Quecksilber, gehören damit in die Giftmüllkategorie und stellen eine Umweltgefahr dar. Einige der neuen Kompaktleuchtstoff- und LED-Birnen tragen nun Warnhinweise auf der Verpackung hinsichtlich ihrer Störemissionen im Funkfrequenzbereich, was als Aufforderung verstanden werden sollte, von diesen Leuchtmitteln die Finger zu lassen. Die gute alte Glühbirne bleibt einfach die beste Wahl. Im übrigen hat »Big Brother« uns nicht vorzuschreiben, welche Birnen wir in unsere Lampen schrauben dürfen.

f) Kochen

Es ist davon abzuraten, mit Mikrowellen- und Induktionsherden zu kochen.[1] Diese Herde sind zwar offiziell als »ungefährlich« eingestuft, aber die geltenden Sicherheitskriterien sind hoffnungslos veraltet; zudem gibt es Sonderabsprachen zwischen den Behörden und den Herstellern. Herkömmliche Elektroherde und Toaster mit Glühwendel oder Infrarotheizung sind unbedenklicher, aber auch sie geben eine gewisse Menge elektromagnetischer Wellen im Niederfrequenzbereich ab.

Wie verlautet, büßt in der Mikrowelle zubereitetes Essen an Geschmack ein, außerdem entstehen während des Bestrahlungsvorgangs in der Nahrung auf molekularer Ebene radiolytische

---

1. Anm. d. Ü.: Bei Herden mit Induktionskochfeld befinden sich unterhalb der Oberfläche aus Glaskeramik stromdurchflossene Spulen, die elektromagnetische Wechselfelder erzeugen, welche auf den Boden des metallischen Kochgeschirrs übertragen und dort in Wärme umgewandelt werden. Einschließlich der mitausgesendeten Oberwellen produzieren Induktionsherde hochfrequente Felder bis zu 600 Kilohertz und stellen damit bereits kleine Sendeanlagen dar. Das gesundheitliche Risiko dieser Herde ist weitgehend unerforscht; offiziell sollten sich Kinder, Schwangere, Personen mit Erkrankungen des blutbildenden Systems und Träger von Herzschrittmachern *nicht* in der Nähe eines eingeschalteten Induktionsherdes aufhalten.

Sanierung des bioenergetischen Umfeldes

Zerfallsprodukte, denaturierte chemische Verbindungen, die sicherlich nicht gesund sind.

Ein weiterer Nachteil von strombetriebenen Kochgeräten ist ihr schlechter Wirkungsgrad, wenn man bedenkt, daß der Strom ja erst mit großem Aufwand hergestellt werden muß — zumeist über das Verbrennen fossiler Brennstoffe und wasserdampfbetriebene Turbinen — und dann über lange Distanzen zu transportieren ist, bis er schließlich in der heimischen Küche wieder in Wärmeenergie umgewandelt wird. Aus dem Blickwinkel von Umweltverträglichkeit und Energieeffizienz betrachtet sind Gasherde und -öfen mit elektrischer Zündung (und ohne beständig brennende kleine Zündflamme) am besten.

g) Fernsehen

Die herkömmlichen großen Farbfernseher mit den leicht nach vorne gewölbten Kathodenstrahlbildschirmen sind die schlimmsten Strahlenschleudern. Der Bildinhalt entsteht u.a. mit Hilfe von geheizten Glühkathoden in der Kathodenstrahlröhre, welche drei Elektronenstrahlen erzeugen, die direkt auf den Betrachter gerichtet sind. Der Kathodenstrahlfernseher arbeitet mit relativ hohen Wechselspannungen und strahlt ein breites Spektrum schädlicher Energien ab, unter anderem elektromagnetische Niederfrequenzen, weiche Röntgenstrahlen, Funkfrequenzen und pulsierende magnetische Felder. Diese können sehr schnell eine hohe Oranur- und DOR-Konzentration im Raum und im Haus aufbauen.

Eine bessere Alternative stellen die neuen Flachbildmonitore auf Basis der Flüssigkristalltechnologie (LCD) dar, welche auf dem besten Wege sind, die alten Röhrenbildschirme komplett abzulösen. Die modernen »High-Definition«-Fernsehapparate sind alle mit LCD-Bildschirmen ausgestattet und werden zu erschwinglichen Preisen angeboten. Vom bioenergetischen Standpunkt aus betrachtet ebenfalls akzeptabel sind Projektionsverfahren, bei denen das Bild z.B. an eine Wand geworfen wird, wie bei einem Beamer (ohne Kathodenstrahlröhre). Die Elektronik in all dieser modernen Technik übt allerdings immer noch einen gewissen Störeinfluß auf die Orgonenergie aus, die Geräte sollten also nicht in der Nähe eines Akkumulators betrieben werden.

Fernseher mit Plasmabildschirmen wiederum erzeugen ein weit stärkeres elektromagnetisches Störfeld als die LCD-Varianten und

Das Orgonakkumulator-Handbuch

haben zudem einen höheren Energieverbrauch. Es ist daher ratsam, sie zu meiden.

h) Computer

Bei Computern gelten die gleichen Vorsichtsmaßregeln wie für Fernsehapparate. Computermonitore der älteren Generation arbeiteten mit demselben Kathodenstrahlverfahren und waren insofern sogar schlimmer als Fernseher, weil man viel länger und zudem sehr viel dichter vor dem PC sitzt. Einen solchen alten Monitor sollte man schleunigst entsorgen, denn sie produzieren bei Betrieb elektromagnetische Niederfrequenzen, weiche Röntgenstrahlen, Funkfrequenzen und pulsierende magnetische Felder, welche mit Augenerkrankungen, Mißbildungen des Ungeborenen und Fehlgeburten in Verbindung gebracht werden. Wenn Sie viel am Computer arbeiten müssen, benutzen Sie am besten einen LCD-Flachbildschirm oder gleich einen Laptop.

Die Elektronik des Computers selbst erzeugt ebenfalls elektromagnetische Störungen und Oranur. Aus diesem Grund ist es angeraten, tragbare Laptops zu verwenden, die mit Akkus und Gleichstrom betrieben werden und daher nicht ständig am Stromnetz hängen müssen. Ausgestattet mit LCD-Bildschirmen und ihrem geringeren Energieverbrauch sind sie die derzeit relativ unbedenklichsten Rechner auf dem Markt.

Sie sollten einen Laptop allerdings nie direkt auf Ihrem Schoß aufsitzend benutzen, denn auch sie produzieren ein erhebliches elektromagnetisches Feld in ihrer unmittelbaren Nähe. Arbeiten Sie mit dem Laptop am Schreibtisch und mit einem externen Keyboard, um sich nicht der Elektrosmogkonzentration direkt über der eingebauten Tastatur auszusetzen, die u.a. schon mit Karpaltunnelsyndrom in Zusammenhang gebracht worden ist. Für gewöhnlich wird »mechanische Überlastung« als Ursache dieser Erkrankung genannt, doch sie könnte tatsächlich auch durch eine elektromagnetische Überladung der Hände ausgelöst werden.

Meiden Sie allerdings die schnurlosen Varianten von Keyboard und Mouse und verwenden Sie außerdem Kabelverbindungen zu Pheriphärgeräten, zum Router und zu sonstigem Internetanschluß. Besser man hat ein paar Kabel herumzuliegen als ständig in niederfrequenter Mikrowellenstrahlung mit all ihren gesundheitlichen Konsequenzen zu baden!

Sanierung des bioenergetischen Umfeldes

Ferner versteht sich von selbst: kein Computer in der Nähe eines Orgonakkumulators!

i) Heizdecken und andere elektrische Heizgeräte

Auch Heizdecken wurden schon mit Früh- und Fehlgeburten sowie erhöhtem Krebsrisiko in Verbindung gebracht. Sie bombadieren den Körper in geringer Distanz flächendeckend mit starker elektromagnetischer Strahlung. Selbst wenn die Heizdecke abgeschaltet, aber noch ans Netz angeschlossen ist, bleibt ein starkes, gesundheitsgefährliches elektrisches Wechselfeld aktiv. Schmeißen Sie das Ding fort und kehren Sie zu Wolldecke, Daunen- oder Steppdecke zurück.

Elektrische Heizdecken dürfen unter gar keinen Umständen zusammen mit einer Orgondecke oder in einem Orgonakkumulator verwendet werden.

Gleiches gilt für tragbare elektrische Heizöfen. Bringen Sie den Akkumulator winters lieber herein, wenn es Ihnen sonst zu kalt ist.

j) Funk- und Fernsehtürme und Abstrahlungen von elektrischen Überlandleitungen

Erst in jüngerer Zeit ist damit begonnen worden, die Umweltbelastungen zu dokumentieren, die von Funk- und Fernsehsendeanlagen sowie von den großen Hochspannungsleitungen ausgehen. Es ist daher nicht verwunderlich, wenn Ihr regionales Elektrizitätswerk und selbst Umweltverbände kaum Auskunft zu diesen Problemen geben können. Informieren Sie sich so gut wie möglich über dieses Thema und bringen Sie in Erfahrung, wie nahe Sie an einer potentiellen Gefahrenquelle leben. Meinen eigenen Untersuchungen zufolge ist eine Entfernung von ca. 8 Kilometern ein ausreichender Sicherheitsabstand sowohl zu großen Überlandleitungen als auch zu Rundfunk- bzw. Telekommunikationssendern.

Elektrosmog-Emissionen von Stromleitungen stellen allerdings auch im lokalen Verteilernetz eine potentielle Gefahr dar. Die elektrische Energie fließt in Europa mit einer Wechselstromfrequenz von 50 Hz durch die Stromleitungen und erzeugt dadurch ein elektromagnetisches Feld, das jede Leitung umgibt. Auf dem Strommast vor Ihrer Haustür sitzt ein Transformator, von dem das Hauptversorgungskabel zu Ihrem Haus führt. Der Trafo regelt die Spannung von mehreren tausend Volt aus der örtlichen Verteiler-

Das Orgonakkumulator-Handbuch

leitung auf etwa 230 Volt für den Hausgebrauch herunter und produziert dabei ebenfalls ein starkes elektromagnetisches Feld. Der Strom gelangt dann durch die Hauptstromleitung zu Ihrem Sicherungskasten und wird dort an die verschiedenen Schalter und Steckdosen in Ihrem Haus verteilt, wo Sie wiederum Ihre Elektrogeräte anschließen.

Wenn die elektrische Installation Ihres Hauses über keine ausreichende Erdung verfügt, kann das ein sehr großes elektromagnetisches Feld in Ihrem Heim zur Folge haben. Dies kann zum Beispiel passieren, wenn die Hauserdung über das eingehende Wasserleitungsrohr vorgenommen wurde, wie es oft noch bei Altbauten der Fall ist, oder wenn die Kupferstäbe für die Tiefenerdung im Erdreich selbst nur eine unzureichende elektrische Erdung erfahren.

Abgesehen davon kann man fast immer starke Felder an der Stelle finden, wo das Hauptstromkabel ins Haus eintritt, und auch am Sicherungskasten. Sie sollten daher weder einen Orgonakkumulator, noch Ihr Bett oder Ihren Schreibtisch in der Nähe dieser »Hot Spots« aufstellen. Machen Sie sich mit all diesen Gegebenheiten vertraut, damit Sie bei Bedarf entsprechende Schutzmaßnahmen treffen können.

Das gleiche gilt für die Einrichtungen des Mobilfunknetzes in Ihrer Nachbarschaft, wie wir im nächsten Abschnitt sehen werden.

k) Mikrowellenstrahlung von Radar und Mobilfunknetz

Die Kontroverse um die biologischen Auswirkungen von Mikrowellenstrahlung gewinnt immer mehr an Gewicht. Zusätzlich zu ihrer Nutzung in den Mikrowellenherden der privaten Haushalte werden Mikrowellenfrequenzen auch für industrielle Verarbeitungs- und Trocknungsprozesse sowie für Wetter-, Flughafen- und Polizeiradar eingesetzt. Sie finden Anwendung in unseren modernen drahtlosen Telekommunikationssystemen, für Telefon und Internet. Außer den Handys sind wir mittlerweile von einer Vielzahl von funkfähigen Geräten umgeben, von Computern über Tablets bis zum schnurlosen Keyboard. Keines von diesen Geräten darf in der Nähe eines Orgonakkumulators betrieben werden, und ich rate außerdem, sie ganz allgemein soweit als möglich aus Ihrem Lebensumfeld zu verbannen und stattdessen zu Kabelverbindungen für Telefon und Computer zurückzukehren. Wenn Sie auf Handy

Sanierung des bioenergetischen Umfeldes

und WiFi-Internetzugang angewiesen sind, dann schaffen Sie soviel Abstand wie möglich zwischen sich und der Antenne, wo die gesundheitschädigende Mikrowellenstrahlung am stärksten ist. Und selbstverständlich hat ein Orgonakkumulator in der Nähe von Mobilfunksende- und Empfangsstationen absolut nichts zu suchen.

l) Rauchmeldeanlagen

Die meisten billigeren Brandmelder sind Ionisationsmelder, die mit giftigem radioaktivem Material arbeiten. Sie funktionieren zwar gut zur Registrierung von Brandrauch, man sollte sie aber weder in Räumen mit Orgonakkumulatoren noch in Schlaf- oder Wohnzimmern installieren. Das radioaktive Element ist eine konstante Reizquelle und kann die Orgonenergie in einem Raum oder einer kleinen Wohnung innerhalb kurzer Zeit in den Oranurzustand versetzen. Eine sichere Alternative stellen optische bzw. fotoelektrische Rauchmelder dar, die nach dem Prinzip der Lichtbrechung funktionieren. Sie erfüllen ebenfalls die Anforderungen gesetzlicher Brandschutzvorschriften.

m) Atomare Anlagen

Wenn Sie in der Nähe eines Atomkraftwerks oder Endlagers wohnen, sollten Sie sich ernsthaft über das Gefahrenpotential für sich und Ihre Familie Gedanken machen. Besorgen Sie sich Informationsmaterial bei den Umweltschutzinitiativen in Ihrer Gegend. Oft sind diese bereits aktiv um Erhöhung von Sicherheitsstandards oder gar die Abschaltung des AKWs bemüht und sind in der Regel am besten über die jeweiligen Gesundheitsrisiken informiert. Aber davon abgesehen ist es immer ratsam, in einem Radius von mindestens 50 km, besser 80 Kilometern Entfernung von nuklearen Anlagen weder zu arbeiten noch zu wohnen.

Ernest Sternglass war einer der ersten, der schon vor Jahrzehnten auf die Gefahren der Atomenergie aufmerksam machte. In seinem Buch *Low Level Radiation*[2] dokumentierte er Fehl- und Frühgeburten, Hirnschäden bei Neugeborenen und vermehrte Krebserkrankungen in der Bevölkerung nahe Atomanlagen, wobei die Häufigkeit dieser Vorfälle mit zunehmender Entfernung vom AKW deutlich abnahm. Weiteres entsprechendes Datenmaterial findet

---

2. deutsche Ausgabe: *Radioaktive »Niedrig«-Strahlung*, Berlin 1977

Das Orgonakkumulator-Handbuch

sich in Jay Goulds Büchern *Deadly Deceit*[3] und *The Enemy Within*. Alle eignen sich als beweiskräftige Einstiegsliteratur in die Problematik der radioaktiven Niedrigstrahlung.

Orgonakkumulatoren dürfen auf gar keinen Fall im näheren Umkreis jedweder Nuklearanlagen genutzt werden.

Meßgeräte

Professionelle Instrumente zum Aufspüren elektromagnetischer Felder oder ionisierender radioaktiver Strahlung, die auch für den Laien einfach zu handhaben sind, gibt es inzwischen zu erschwinglichen Preisen. Mehrere ausgezeichnete Meßgeräte lassen sich erwerben, um eine detaillierte Beurteilung Ihres Zuhauses und Arbeitsplatzes, der Schule bzw. des Kindergartens und der Nachbarschaft vorzunehmen. Dazu gehören ein Gaußmeter für elektromagnetische Felder, ein Radiofrequenz (RF)-Meter für die Mirkowellenemissionen von Mobilfunkeinrichtungen (Handys, Masten, Basisstationen) sowie ein handlicher Geigerzähler zum Nachweis radioaktiver Strahlung. Im folgenden gehe ich im einzelnen auf die verschiedenen Strahlungsarten ein, die mit diesen Geräten erfaßt werden können.

Falls die Preise zu hoch erscheinen, sollten die Kosten bedacht werden, welche im Falle einer ernsten Erkrankung oder auch nur einer schleichenden gesundheitlichen Beeinträchtigung anfallen, die Ihre Arbeitsproduktivität verringert. Mir sind Fälle bekannt, bei denen mehrere Nachbarn zusammenlegten, um gemeinsam mehrere Meßinstrumente zu kaufen. Andere nahmen dies zum Anlaß, ein Kleinunternehmen für einen Test- und Beratungs-Service zu gründen.

Sobald Sie toxische Strahlungsquellen in Ihrem Lebensumfeld festgestellt und lokalisiert haben, können Sie Schritte einleiten, um sich dagegen zu schützen.

---

3. deutsche Ausgabe: *Tödliche Täuschung Radioaktivität. Niedrige Strahlung, hohes Risiko*, München 1996

Sanierung des bioenergetischen Umfeldes

n) Strahlenquelle Mikrowellen:

Die in Mikrowellenherden verwendeten Frequenzen liegen in der Regel im 2 Gigahertz(GHz)-Bereich und sind andere als für das Mobilfunknetz oder den Rundfunk (bis zu 3 GHz). Die Intensität der Bestrahlung ist im Mikrowellenofen jedoch sehr viel höher und damit gesundheitsgefährlicher, wenn Sie sich bei Betrieb ständig in der Nähe aufhalten. Ein typisches Breitband-Radiofrequenzmeter wie z.b. unser *EM2*[4] kann sowohl die Emissionen des Mikrowellenherdes als auch die Frequenzbereiche des Mobilfunknetzes (Handys, WLAN) und des Rundfunks erfassen. Ich verwende und empfehle solche Meßinstrumente schon seit vielen Jahren, und heutzutage sind sie fast überall erhältlich.

Während Sie sich privat dazu entscheiden können, keinen Mikrowellenherd oder Handy zu benutzen, haben Sie kaum Wahlmöglichkeiten, was Ihre Belastung durch Mobilfunkmasten betrifft, die für den flächendeckenden Handyempfang sorgen. In den USA ist die Lage besonders schwierig: Das jetzige Telekommunikationsgesetz, welches während der Regierungszeit Präsident Clintons erlassen wurde, verbietet Ländern und Kommunen ausdrücklich, eigene strengere Sicherheitsstandards zu erlassen, was zur Folge hat, daß die Mobilfunkunternehmen ihre Einrichtungen ohne Rücksicht auf Umwelt und Bevölkerung beliebig ausbauen dürfen und die Bürger praktisch keine Chancen haben, gegen einen Mobilfunkanbieter und seine Installationen rechtlich vorzugehen.

Die großen Umweltschutzverbände, obgleich mittlerweile durchaus politisch einflußreich, sind indessen in die Washington-Falle gegangen und zu Speichelleckern und Steigbügelhaltern für Big Government und Big Science geworden. Die Problematik elektromagnetischer Niedrigstrahlung fand bei ihnen sowieso nie besondere Beachtung, und so fiel ihnen der Ausverkauf ihre Grundsätze leicht. Folglich sprießen nun Mobilfunkmasten überall wie Pilze aus dem Boden, und Sendeantennen tauchen auf Dächern, Kirchtürmen und sogar auf Kinderspielplätzen auf, oftmals getarnt als Schornstein oder künstlicher Baum. Die Gesundheit der Bürger wird dabei völlig außer acht gelassen, denn Vertreter der Mobilfunkunternehmen sitzen mit in den Gremien der Gesundheitsbehörden, die darüber entscheiden, wieviel Strahlenbelastung den Bürgern zugemutet werden kann. Kostengünstige flächendeckende Ver-

---

4. http://www.naturalenergyworks.net

Das Orgonakkumulator-Handbuch

sorgung ist das Ziel, damit Hinz und Kunz auch noch im Keller prima Handy-Empfang haben, was eben erhöhte Strahlendosen mit sich bringt.

Ich wurde schon vor vielen Jahren auf das Gefahrenpotential von Mikrowellenemissionen aufmerksam, nachdem ich einen empfindlichen Detektor für Polizeiradar in meinem Auto installiert hatte. In meiner damaligen Wohnanlage meldete sich mein Detektor jedesmal, wenn ich dort das Auto in einem bestimmten Bereich der Straße parkte. Sonst schlug er nur an, sobald ich etwa 100 Meter von einer Radarkontrolle entfernt war. In der zweiten Etage, wo sich meine Wohnung befand, reagierte er sogar noch stärker. Ich fand schließlich heraus, daß das Mietshaus genau im Sendestrahl zwischen zwei Telekommunikationssendern stand. Die Bewohner der oberen Stockwerke waren beträchtlichen Dosen an Mikrowellenstrahlung ausgesetzt, und die Oranurerregung war dort auch deutlich spürbar.

Heutztage kann ich durch ganze Städte oder Landstriche fahren, und mein RF-Meter spricht laufend auf starke Mikrowellensignale aus verschiedenen Quellen an: Mobilfunkinstallationen, Flughafenradar sowie eine Vielzahl von WiFi-Systemen. Die Bewohner in diesen Gegenden leben also dauerhaft in einem Meer von Mikrowellenstrahlung.

Wie stark sind diese Signale im Vergleich zur Natur?

Auf der Erde gibt es praktisch keine Strahlung in diesen Frequenzbereichen, weshalb sie für die Kommunikation ausgewählt wurden: sie sind sozusagen von Natur aus »still«. In dünn besiedelten ländlichen Gebieten mißt man in der Regel nicht mehr als 0,002 Mikrowatt pro Quadratzentimeter ($\mu W/cm^2$), was extrem wenig ist. Fährt man in die nächste Ortschaft oder Stadt, schießen die Meßwerte rasch in die Höhe, von 1 über 10 $\mu W/cm^2$ bis zu mehreren Hundert $\mu W/cm^2$. Eine konstante Mikrowellenbelastung von mehr als 0,1 $\mu W/cm^2$ ist meiner Ansicht nach bedenklich.

Hinzu kommt, daß die Strahlungsintensität nicht überall gleich hoch ist; ein Haus oder eine Wohnung kann einem intensiven Feld ausgesetzt sein, während es nebenan relativ »ruhig« ist. Oder nur ein Teil des Hauses ist strahlenarm, und der Rest ist extrem belastet. Daher ist es so wichtig, sich ein gutes RF-Meter zuzulegen, um sein Lebensumfeld entsprechend austesten zu können. Es ist nicht nur eine ausgesprochen schlechte Idee, einen Orgonakkumulator in einen solchen »Hot Spot« zu stellen, sondern Sie wollen dort wirklich weder schlafen noch arbeiten!

Sanierung des bioenergetischen Umfeldes

o) Strahlenquelle elektrische und magnetische Felder:

Elektromagnetische Felder von Stromleitungen und wechselstrombetriebenen Geräten setzen sich aus zwei Komponenten zusammen, die getrennt gemessen werden müssen, dem elektrischen Feld und dem magnetischen Feld. Das beste Gaußmeter, das diese separate Messung durchführen kann, ist unserer Erfahrung nach das *Trifield Meter*. Es wird in zwei verschiedenen Ausführungen hergestellt, entweder mit 60 Hertz-Kalibrierung für Nordamerika oder 50 Hertz-Kalibrierung für Stromnetze mit einer Wechselstromfrequenz von 50 Hz, wie z.B. in Europa.

Ein Orgonakkumulator darf überall dort *nicht* aufgestellt werden, wo eine konstante elektrische Feldstärke von mindestens 10 Volt/Meter oder eine Magnetfeldstärke von mindestens 1 Milligauß vorherrscht. Es ist übrigens auch nicht ratsam, in einer solchen Umgebung zu arbeiten oder zu schlafen.

Für den Fall, daß Sie sich ein Trifield Meter nicht besorgen oder leisten können, lassen sich elektromagnetische Felder auch mit einem billigen kleinen Transistorradio aufspüren, indem man den Senderwahlregler weit jenseits der Wellenbereiche einstellt, auf denen Radiostationen liegen, und wo nur noch Rauschen zu hören ist. Am besten eignen sich dafür das UKW- und das Mittelwellenband.

Drehen Sie die Lautstärke auf und halten sie das Radio an eine Steckdose, ein stromführendes Elektrokabel, einen Dimmerschalter, an Ihren Computer, Fernseher oder eine Leuchtstofflampe, und Sie werden hören, wie sich das statische Rauschen auf einmal drastisch verstärkt. Auf diese Weise verwandelt sich Ihr Rundfunkempfänger in einen Detektor für starke elektromagnetische Störfelder und gibt ein klares akustisches Signal, wenn er entsprechender Strahlung ausgesetzt ist. Ein ganz billiges Radio in einem Plastikgehäuse, mit oder ohne Antenne, reicht für diesen Zweck völlig aus. Indem Sie damit systematisch alle Räumlichkeiten ablaufen — Sie können es sogar an Wände halten, hinter denen Sie z.B. Stromleitungen vermuten — lassen sich die elektromagnetisch belasteten Bereiche in Ihrem Heim lokalisieren. Halten Sie nicht nur einen Orgonakkumulator, sondern auch Ihre Betten von diesen gesundheitsgefährdenden Stellen fern.

Das Orgonakkumulator-Handbuch

p) Strahlenquelle Radioaktivität:

Es gibt leider keine billigen oder einfachen Methoden zur Erfassung radioaktiver (ionisierender) Niedrigstrahlung. Die meisten handlichen Geigerzähler und Dosimeter, die zu erschwinglichen Preisen für den Hausgebrauch angeboten werden, sind in der Regel nur für hohe Strahlungsraten ausgelegt und sprechen auf geringe Dosen gar nicht an. Wenn in der Nähe eine Atombombe explodiert, können Sie das messen, aber es ist praktisch nutzlos, ein solches Gerät im Umkreis eines Kernkraftwerkes in die Höhe zu halten und dessen konstanten Output atomarer Niedrigstrahlung erfassen zu wollen. Auch die schwachen Röntgenstrahlen von Leuchtstoffbirnen sowie von alten Computermonitoren und Fernsehapparaten mit Kathodenstrahlröhre werden von den billigen Geigerzählervarianten nicht registriert.

Es bedarf technisch ausgereifterer, empfindlicherer Meßgeräte zur langfristigen Beobachtung, die nicht nur Luft- sondern auch Wasserproben analysieren können, um bei Verdacht auf radioaktive Niedrigstrahlung zu vernünftigen Ergebnissen zu kommen. Zur Evaluierung des eigenen Lebensumfeldes empfehle ich daher den *RadAlert*, einen handlichen Geigerzähler, der das gesamte Spektrum ionisierender Strahlung, von Alpha-, Beta- bis hin zur harten Gammastrahlung, sowie schwache Röntgenstrahlen erfassen kann. Ein Alternativinstrument sollte mindestens dieselbe Bandbreite und Empfindlichkeit besitzen. Zunächst muß man sich mit der normalen Hintergrundstrahlung vertraut machen, von welcher sich dann die Zählraten radioaktiv belasteter atmosphärischer Bedingungen eindeutig absetzen.

Welche Strahlenwerte sind gesundheitlich unbedenklich?

Obgleich ich oben ein einfaches und kostengünstiges Verfahren zur groben Bestimmung von elektromagnetischen Störfeldern beschrieben habe, heißt dies nicht, die Problematik sei unbedeutend oder trivial. Wenn Sie die billige »Radio-Methode« anwenden und dabei entdecken, daß Sie ein erheblicher Teil Ihres Hauses oder der Nachbarschaft »stark rauscht«, dann sollten Sie den nächsten Schritt tun und Ihre Ergebnisse mit einem richtigen Gaußmeter überprüfen.

Meßwerte von mehr als 1 Milligauß (Magnetfelder) oder 20 Volt/ Meter (elektrische Felder), und eine Anzeige von mindestens 0,1

Sanierung des bioenergetischen Umfeldes

Mikrowatt/cm² auf einem Radiofrequenzmeter für Mikrowellenintensität durch drahtlose Kommunikationssysteme (Mobilfunk, Bluetooth, WLAN, etc.) sind für eine dauerhafte Belastung meiner Überzeugung nach zu hoch, insbesondere für Kinder und schwangere Frauen. Meine persönlichen Sicherheitslimits stellen dabei lediglich Bruchteile der »offiziell« zugelassenen Grenzwerte dar, und die »Experten« in Regierung und Wissenschaft würden meinen Empfehlungen sicherlich vehement widersprechen.[5] Aber noch habe ich das Recht, eine eigene Meinung zu vertreten. (Schnell, verstecken Sie dieses Handbuch!)

Die Entscheidung darüber, welche Maßnahmen Sie zu Ihrem Schutz treffen wollen, liegt bei Ihnen, sonst niemandem. Verlassen Sie sich nicht nur auf meine Ausführungen hier in diesem Buch, sondern ziehen Sie so viele Quellen wie möglich zu Rate, um sich kundig zu machen.

Mittlerweile es gibt eine Reihe sogenannter »Entstör- und Harmonisierungsprodukte« zu kaufen, die angeblich elektromagnetische Strahlungen »neutralisieren« können. Sie reichen von kleinen Plättchen, die man auf das Handy kleben soll, über Pyramiden oder Kristallkrimskrams bis zu teuren Apparaten »fürs ganze Haus«, welche wiederum an eine Steckdose angeschlossen werden müssen (noch mehr Elektrosmog!). Ich muß gegenüber deren Wirkbehauptungen große Skepsis bekunden, denn ich habe bisher noch keinen einzigen wissenschaftlichen Beweis dafür gesehen, daß sie in der Lage sind, gemessene Feldstärken zu verringern. Manche Menschen schwören auf solches Zeugs, aber als Naturwissenschaftler erinnere ich an die Macht der Einbildung. Deshalb ist ein gutes Meßgerät so wichtig: solange Sie die Strahlung messen können, ist sie auch noch vorhanden, egal was der Hersteller des »Wundermittels« behauptet. Und die meisten elektrosensiblen Menschen werden dies bestätigen.

Da ich selbst entsprechende Meßinstrumente vertreibe, treten viele Menschen mit Fragen und Erfahrungsberichten an mich heran. Von daher kenne ich mehrere Fälle, in denen guter Rat und gemessene

---

5. Anm.d.Ü.: Der offizielle Grenzwert für Mikrowellenexposition der internationalen Strahlenschutzkommisison (ICNIRP) liegt bei 1000 µW/cm², was Deutschland unbesehen übernommen hat. In der Schweiz gelten 10 µW/cm² als oberst zulässiger Wert, im österreichischen Bundesland Salzburg darf die Feldstärke sogar nur 0,1 µW/cm² betragen (landesweit gilt allerdings ebenfalls der ICNIRP-Richtwert.)

Das Orgonakkumulator-Handbuch

Strahlenwerte zugunsten von »Harmonisierungsprodukten« ignoriert wurden, die versprachen, »giftigen Elektrosmog zu neutralisieren«.

In einem Beispiel entwickelt eine Sekretärin eine akute neurologische Erkrankung, die sich immer dann dramatisch verschlimmerte, wenn sie bei der Arbeit einen Computer benutzte. Beim telefonischen Beratungsgespräch riet ich ihr, es stattdessen mit einem Laptop zu versuchen oder gleich ganz den Beruf zu wechseln. Aus Angst vor Arbeitslosigkeit behielt sie jedoch den Job bei und begann stattdessen, im Büro eine Metallschürze zu tragen. Zusätzlich gruppierte sie mehrere »Entstörprodukte« um den Computer herum, der damals noch einen der großen Kathodenstrahl-Monitoren hatte und ihr damit den ganzen Tag Gesicht und Oberkörper verstrahlte. Ihr Chef weigerte sich, einen neuen emissionsarmen Flachbildschirm zu erwerben, und sie wollte keinen Laptop, war aber bereit, sich vom Arzt Medikamente verschreiben zu lassen, um die Symptome ihrer Strahlenkrankheit zu unterdrücken! Sie verstarb innerhalb eines Jahres.

Mediziner, die mit solch rätselhaften Symptomen konfrontiert werden, berücksichtigen bei der Diagnose in der Regel nicht das energetische Wohn- und Arbeitsumfeld der Patienten und kommen vielfach auch gar nicht erst auf die Idee, daß es ein Problem darstellen könnte.

In einem anderen Fall rief mich eine Frau an, deren Tochter ein akutes malignes Lymphom entwickelt hatte, nachdem auf dem Dach des Mietshauses direkt über ihrer Wohnung ein Handy-Antennenmast installiert worden war. Die Hausverwaltung hatte die Bewohner im vorhinein nicht darüber informiert, was übrigens nicht Ungewöhnliches ist, denn die Mobilfunkanbieter zahlen gut für die monatliche »Stellplatzmiete« auf dem Dach. Die Anruferin bat mich um Rat, und ich antwortete ohne zu zögern: »Ziehen Sie sofort aus!« Genau das wollte sie allerdings nicht hören und meinte stattdessen, sie wollte es erst einmal mit einem teuren »Harmonisierungsgerät« versuchen. Mehrere Monate später kam ein Brief von ihr mit der Todesanzeige ihrer Tochter, in welchem sie sich schwere Vorwürfe machte, nicht aus der Wohnung ausgezogen zu sein.

Als ein positives Beispiel kann ich von einem Mann berichten, dessen älteste Tochter plötzlich an Leukämie erkrankt war. Eine der jüngeren Töchter entwickelte ebenfalls erste Anzeichen dafür. Der

Sanierung des bioenergetischen Umfeldes

Hausarzt behauptete, die Ursache sei »genetisch«, doch der Mann hatte den großen Mobilfunkmast in Verdacht, der sich seit einiger Zeit ca. 1 Kilometer von seinem Haus entfernt befand. Er kaufte mehrere gute Meßgeräte, und nachdem diese alle eine Mikrowellenbelastung von weit über meinem empfohlenen Richtwert von 0,1 µW/cm^2 angezeigt hatten, zog er mit seiner Familie umgehend an einen anderen Ort auf dem Lande, mit frischer Luft, sauberem Wasser und ohne Funkfrequenzgewitter. Innerhalb eines Jahres waren beide Töchter vollkommen genesen.

Später begann er außerdem Wilhelm Reich zu lesen, und obwohl normalerweise davon abgeraten wird, den Orgonakkumulator bei (oder Neigung zu) Leukämie einzusetzen — es handelt sich nach Reich'schem Verständnis um eine sogenannte Überladungsbiopathie, bei der zusätzliche Energiezugabe kontraindiziert ist — ist er ganz begeistert und drängt seine alten Nachbarn und Freunde ständig, selbst einen Orgonakkumulator zu benutzen. Die glauben alle, daß er ein bißchen verrückt ist, können sich aber die Genesung seiner Töchter ansonsten nicht erklären.

Weitere Maßnahmen

Während man einiges unternehmen kann, um toxische energetische Einflüsse in den eigenen vier Wänden zu beseitigen bzw. zu minimieren, stellen Störquellen von außen ein weit größeres Problem dar. Oftmals bleibt als einzige Lösung nur der Umzug.

Manche Menschen nehmen eine derartige Situation andererseits auch zum Anlaß, eine Protestbewegung gegen den Handymast oder die Atomanlage zu organisieren. Man sollte sich allerdings vor Augen führen, daß man bei dem Versuch, gegen offizielle Regierungspolitik anzukämpfen, meistens gegen Betonwände läuft und dabei zudem ziemlich alleine bleibt. Die Mehrzahl der großen Umweltorganisationen hat längst ihre Seele verkauft, insbesondere im Hinblick auf Elektrosmog oder die Gesundheitsgefahren von Mobilfunknetzen. Aktuell haben sie sich von der CO_2-Theorie der Erderwärmung vereinnahmen lassen, von der hauptsächlich Wall Street und die Atomlobby profitieren. Man fragt sich, ob es ihnen nur noch darum geht, Steigbügelhalter für eine immer ausufernde Regierungsbürokratie zu sein und dafür im Gegenzug kräftig Subventionen einzustreichen.

Das Orgonakkumulator-Handbuch

Auch wenn sich »der Kampf um gesellschaftliche Veränderung« ganz nobel anhört, Ihre Gesundheit und die Ihrer Familie sollte immer oberste Priorität haben. Danach mögen Sie, wenn Sie dafür Zeit finden, den Zusammenschluß mit Gleichgesinnten in Erwägung ziehen. Der örtliche Bioladen könnte z.b. ein guter Ort sein, um mit anderen umweltbewußten Menschen in Ihrer Nachbarschaft Kontakt aufzunehmen. Es wird vermutlich eine Menge an Fortbildung und Aufklärungsarbeit erforderlich sein, um überhaupt ein kleines Stück voranzukommen, aber manche Leute gehen in einer solchen Aufgabe auf und nehmen die Herausforderung gerne an, sich mit dem Establishment anzulegen. Wenn Sie dafür die Zeit und Energie haben, wünsche ich Ihnen viel Erfolg. Aber bringen Sie erst Ihre Familie in Sicherheit.

Eines steht fest: Die Problematik der radioaktiven und elektromagnetischen Verseuchung und das dadurch verursachte Auftreten von Oranur und DOR werden künftig noch schlimmer werden. Gut informiert zu sein ist daher unerläßlich, und die Stadtbibliothek oder das Internet können dabei helfen.

Ich habe zu diesem Zweck auf dieser Webseite einiges Wissenswerte zusammengestellt:

www.orgonelab.org/cart/emfieldsafety.htm

10. Lebendes Wasser, heilendes Wasser

Wenn wir ein warmes Vollbad nehmen oder uns mit einem Fußbad entspannen, verdanken wir unser Wohlbefinden unter anderem auch der Fähigkeit des Wassers, Energie zu absorbieren. Reich beobachtete, daß Orgonenergie und Wasser sich gegenseitig stark anziehen. Wasser ist daher in der Lage, bioenergetische Anspannung und Stagnation von uns abzuziehen, einschließlich der immobilisierten, abgestorbenen Form der Lebensenergie, die Reich DOR nannte. Wasser kann außerdem seine eigene Orgonladung und -pulsation besitzen, so daß ein Aufenthalt in besonders frischem, lebendem Wasser eine erquickende Wirkung hat.

Beim Baden verringert sich unsere orgonotische Ladung und bioenergetische Anspannung, und die Folge ist ein Gefühl der Erholung. Zum Teil läßt sich dies durch die Erwärmung unseres Körpers und die damit verbundene Stimulierung des parasympathischen Nervensystems erklären, welches einen entspannenden und expansiven Einfluß ausübt, aber es ist eindeutig noch etwas anderes im Spiel. Während wir im Wasser liegen, verringert sich unser Energiepotential, derweilen das des Wassers ansteigt. Wir geben buchstäblich Energie an das Wasser ab und werden dadurch Spannung los, vergleichbar einem aufgeblasenen Ballon, der etwas Luft verliert.

Die energieentziehende und zugleich belebende Eigenschaft des Wassers kann sogar noch verstärkt werden, indem man bestimmte Badesalze hinzufügt, wie z.B. Meeressalz oder Epsom-Salz.[1] Salze erhöhen die energieabsorbierende Wirkung des Wassers und mobilisieren dadurch unseren körpereigenen Energiefluß. Außerdem besitzen die Salzkristalle selbst ein eigenes Energiepotential, welches sie an das Wasser abgeben und das wiederum revitalisierend wirkt. Eine weitere gute Kombination ist Meersalz plus Backnatron. Je ein Pfund zusammen ins Badewasser geben und mindestens 20 Minuten

---

1. Epsom-Salz, Magnesiumsulfat-Bittersalz, wird seit ehedem in der Bäderkunde bei Muskel- und Gelenkschmerzen, Entzündungen sowie bei Hautkrankheiten eingesetzt.

darin liegen reduziert Spannungen und Energieüberladungen und zieht insbesondere auch stagnierte DOR-Energie ab.

Die Wirkung der verschiedenen natürlichen Thermal- und Mineralquellen, deren Wasser nachgewiesenermaßen heilende Eigenschaften hat, scheint auf ähnlichen Prinzipien zu beruhen. Viele Kurorte entstanden an Orten, an denen heiße Quellen, spezielle mineralhaltige Wässer oder Heilerden (Schlamm, Ton oder Asche) in ungewöhnlicher Zusammensetzung vorkommen. In Nordamerika nutzten die indianischen Ureinwohner derartige Quellen für Heilbäder und Schwitzhütten. Das mineralhaltige Wasser wurde dabei über glühend erhitzte Steine gegossen, und der resultierende Wasserdampf besaß besondere energetische und kurative Eigenschaften. Die europäischen Varianten von Sauna und Dampfbad, auch in Kombination mit ätherischen Ölen oder Kräuteraufgüssen, erfüllen den gleichen Zweck.

Die europäischen Einwanderer folgten dem Vorbild der Indianer, und bis in die dreißiger Jahre des 20. Jahrhunderts hinein gab es in den Vereinigten Staaten zahlreiche beliebte Kurbäder, die an natürlichen Thermalquellen entstanden waren. Kurgäste kamen von weit her, um in den mineralhaltigen Wassern zu baden, auch in Kombination mit Moor- oder Heilerden, und berichteten von ihrer entspannenden und erfrischenden Wirkung. Viele erfuhren zumindestens zeitweilige Erleichterung von Krankheitssymptomen, und manche Besucher wurden sogar von chronischen Leiden geheilt.

Nach der Entdeckung des Radiums durch die Curies Anfang des 20. Jahrhunderts wurde Radioaktivität zum Gesundheitstrend (und oft als »Universalheilmittel« mißbraucht), in dessen Zuge auch »Radiumbäder« eröffneten. Die Mengen an Radium oder auch radioaktivem Radongas im Wasser waren zwar meistens nur sehr gering, doch in Ermangelung einer anderen Erklärung für die Heilkraft der Quellen wurde »Radiumwasser« zum Begriff in der damaligen Bäderkunde. In anderen Fällen, wie z. B. beim Wallfahrtsort Lourdes in Frankreich, werden bis heute übersinnliche Deutungen für die Wirkungen des Quellwassers herangezogen.

Wir hingegen können postulieren, daß solche Quellwässer auf ihrem Weg aufwärts durch bestimmte Gesteinsschichten besonders mit Orgonenergie aufgeladen werden. Es gibt zwei Indizien dafür: Zum einen weist derartiges Wasser oft eine charakteristische bläuliche Färbung oder Lumineszenz auf, und zweitens lassen sich bei Heißquellen unter dem Mikroskop häufig lebendig erscheinende

Lebendes Wasser, heilendes Wasser

kleine Bläschen beobachten, welche es aufgrund des großen Drucks und der hohen Temperaturen, unter denen das Wasser aus der Tiefe an die Oberfläche quillt, eigentlich gar nicht geben dürfte. Und sie sind in der Tat sehr merkwürdige »Mikroben«.

Von Mikrobiologen als *Thermophile* oder *Extremophile* bezeichnet, sollen sie für das blaue Leuchten verantwortlich sein, produzieren aber weder erkennbare Biolumineszenzeffekte wie einige andere Mikroorganismen noch trüben sie das Wasser in irgendeiner Weise, was normalerweise bei Besiedelung mit Bakterien der Fall ist. Stattdessen ist das Wasser in diesen Heißquellen leicht bis intensiv blau und außergewöhnlich klar, egal wie tief es ist. Daher greift hier auch das Argument der Lichtstreuung nicht, welches sonst zur Erklärung der lebhaften Blaufärbung von Seen oder Ozeanen ins Feld geführt wird.

Reichs Forschungen geben einmal mehr Aufschluß über dieses Phänomen und die mögliche Ursache der Heilwirkung von Mineralquellen und Moorbädern. Reich entdeckte die Orgonenergie, oder Lebensenergie, ursprünglich im Verlauf von Experimenten, bei denen er beobachtete, daß während der Zersetzung verschiedener organischer und anorganischer Stoffe mikroskopisch kleine Bläschen entstehen, die eine bläuliche Energie abstrahlen. Ton, Erde, Gesteinsmehle, Meeressand und selbst Eisenfeilspäne ließ er in Wasser oder einer sterilen Nährlösung stehen, und bei allen entwickelten sich jene kleinen Vesikel, die Reich später *Bione* nannte. Ihre Bildung konnte sogar noch beschleunigt werden, indem er die jeweilige Substanz erst über einer Flamme glühendheiß erhitzte, bevor er sie in die Nährlösung gab (siehe dazu auch Kapitel 4).

Er machte zudem die Erfahrung, daß bestimmte Sandsorten von den skandinavischen Küsten Bione mit besonders starken bläulichen Energiefeldern produzierten, deren Strahlung sowohl Menschen als auch Gegenstände beeinflussen konnte. Eine Zeitlang experimentierte Reich mit diesen energiereichen Bionlösungen zur Behandlung verschiedener Krankheitssymptome. Er injizierte sie z.B. kranken Versuchstieren, wobei sich zeigte, daß die Bionlösungen eine immobilisierende Wirkung auf pathogene Bakterien und Krebszellen ausübten. Später entwickelte er spezielle *Bionpackungen* für Umschläge, um die Energie aus den desintegrierenden Substanzen zur direkten Bestrahlung bestimmter Körperstellen zu nutzen.

Zur selben Zeit identifizierte der österreichische Naturforscher *Viktor Schauberger* eine Reihe von qualitativen Zuständen, durch

Das Orgonakkumulator-Handbuch

welche sich natürliches Quellwasser von aufbereitetem Leitungswasser unterscheidet. Er nannte das Wasser von der Gütequalität, wie er es in Quellen und Wasserläufen in der unberührten Natur der österreichischen Alpen vorfand, *lebendes Wasser*. Ein jeder wird die erfrischende und belebende Wirkung natürlichen Quellwassers im Vergleich zu Flaschenwasser oder chloriertem Leitungswasser bestätigen können, auch wenn Lebensmittelchemiker und Bürokraten dies in der Regel weit von sich weisen.

Sowohl Reich als auch Schauberger scheinen unabhängig voneinander grundlegende Eigenschaften des Wassers entdeckt zu haben, dieses universellen Lösungsmittels, welches auch heute noch nicht vollständig verstanden ist. Wie bereits in Kapitel 6 im Zusammenhang mit den Arbeiten Piccardis erwähnt, wissen wir heute, daß Wasser auf Magnetfeldveränderungen, Sonnenflecken und andere kosmische Phänomene reagiert. Die Vermutung, es könne darüberhinaus unter günstigen Umständen auch noch Lebensenergie enthalten, liegt daher nahe und würde im Hinblick auf Heilwirkungen einiges erklären.

Die Bionpackung

Nachdem er den Orgonakkumulator entwickelt hatte, der seine Ladung direkt aus der Atmosphäre bezieht, stellte Reich seine Experimente mit den Bionpackungen ein. Durch die zunehmende energetische und chemische Verunreinigung der Atmosphäre und das damit verbundene Problem der Kontaminierung des Orgonakkumulators ist das Interesse an Bionpackungen jedoch wieder erwacht. Die folgende einfache Anleitung zur Herstellung einer Bionpackung habe ich aus mehreren Quellen zusammengetragen.

Man füllt eine gute Handvoll sauberen Meeressand, Heil- oder Tonerde in eine Wollsocke oder ein ähnliches Behältnis aus dichtem Stoff. Die Form ist nicht so wichtig bzw. hängt davon ab, ob Sie eher einen länglichen Wickel benötigen oder eine breitflächige Packung zum Auflegen. Das Behältnis muß fest zugebunden oder zugenäht werden, damit der Inhalt nicht herausquellen kann. Dann taucht man das Ganze in einen Topf mit Wasser ein und kocht es darin für etwa 15 Minuten. Sie können auch einen Dampfkochtopf verwenden, allerdings *keine Mikrowelle*, da diese die bioenergetischen Eigenschaften verderben würde.

Lebendes Wasser, heilendes Wasser

Nach dem Kochen wickelt man die Packung in Wachspapier oder Plastikfolie und läßt sie nach dem Abkühlen im Eisfach des Kühlschranks tieffrieren. Das Kochen und Einfrieren sollten Sie mehrmals wiederholen, bevor Sie die Packung zum ersten Mal anwenden. Sobald sie nach dem letzten Aufkochen etwas abgekühlt und abgetropft ist, ist sie gebrauchsfertig. Sie können sie auch in ein Tuch einwickeln, wenn sie zum direkten Auflegen auf die Haut noch zu heiß sein sollte.

Während der Inhalt — Sand, Erde, etc. — sich durch das wiederholte Kochen und Tieffrieren zersetzt, bilden sich mikroskopisch kleine, orgongeladene Bione. Die Abstrahlung der Bionpackung setzt sich auch nach dem Abkühlen noch fort und kann nach dem Austrocknen durch erneutes Aufkochen jederzeit reaktiviert werden. Auf diese Weise ist es möglich, auch in einer sehr verschmutzten, DOR-belasteten Atmosphäre, wenn Orgondecke oder Orgonakkumulator nicht zu empfehlen sind, eine gute Orgonladung zu erhalten. Nachdem Reich diesen Strahlungseffekt in den frühen Jahren seines Schaffens entdeckt hatte, sind sowohl die Existenz der Bione als auch ihre Eigenschaften mehrfach von anderen Wissenschaftlern bestätigt worden.

Vor der Ära der modernen Pharmazeutika war es auch bei amerikanischen Ärzten durchaus üblich, zur Wundheilung, Schmerzlinderung oder Infektionsbekämpfung Wärmflaschen, Kräuterumschläge, Tonheilerden oder Fangopackungen[2] zu verschreiben. Viele dieser Anwendungen basierten auf den Kenntnissen indianischer Heiler, die wußten, mit welchen Erden oder Pflanzen man die besten Wirkungen erzielte. Manche Heilerden sind im Kräuter- und Naturkosthandel noch immer erhältlich, für die richtige Anwendung muß man allerdings entsprechende Fachliteratur konsultieren. Ansonsten gibt es noch »Wärmepflaster« und diverse »Wärmepackungen« — letztere sollen ausgerechnet in der Mikrowelle erhitzt werden — in Apotheken und Drogerien; sie wirken aber lediglich auf der Grundlage von thermischen Effekten aus chemischen Reaktionen.

Die verschiedenen Heilkuren jedoch, bei denen Kranke spezielle Bäder aus Schlamm, Moor, Tonerde oder Asche nehmen, nutzen dagegen das Prinzip der Bestrahlung mit Lebensenergie, welche

---

2. Fango ist ein spezieller vulkanischer Heilschlamm, den bereits die alten Römer zu schätzen wußten.

Das Orgonakkumulator-Handbuch

durch den bionösen Zerfall dieser natürlichen Substanzen freigesetzt wird. Ein ähnlicher Prozeß mag auch der Wirkung von Gesteinsmehlen zugrundeliegen, welche zur Wiederbelebung veralgter Seen oder vom Baumsterben bedrohter Wälder eingesetzt werden. Desgleichen bei den kosmetischen Gesichtsmasken auf der Basis von Heilerde, mit denen man die Gesichtshaut erfrischt und festigt.

Die Zerstörung des Kurwesens in Amerika

Die Tradition der Heilwässer und -kuren geriet schließlich ins Visier der amerikanischen Gesundheitsbehörde FDA bei ihrem Feldzug gegen natürliche Heilmethoden, der in den dreißiger Jahren des vergangenen Jahrhunderts begann,[3] obwohl der gesundheitliche Nutzen des Badens in den warmen Quellen immer wieder beobachtet worden und gut dokumentiert war (z.B. das Verschwinden von chronischen Beschwerden wie Arthritis oder Rheuma). Das Wasser war in der Regel stark mineralisiert, manchmal auch schwefelhaltig, und es war damals durchaus üblich, daß die Kurorte ihr Quellwasser auch in Flaschen abfüllten und offen seine Heilwirkung als Getränk anpriesen.

Präsident Franklin D. Roosevelt, der an Kinderlähmung litt, hielt sich übrigens jährlich mehrere Wochen lang im Heilbad *Warm Springs* im US-Bundesstaat Georgia auf, und es besteht nur deshalb bis heute fort, weil er es damals aufkaufte und zu einem Zentrum für Polio-Hydrotherapie ausbauen ließ. Nur wenige der ursprünglich zahlreichen amerikanischen Kurbäder haben jedoch bis in unsere Zeit überlebt.

Aufgrund der FDA-Vorschriften und des Einflusses der mächtigen Ärztelobby mit ihren Einschüchterungsmaßnahmen und Androhungen von Strafverfahren sind die wenigen heute noch existierenden Kurorte dramatisch darin eingeschränkt, was sie hinsichtlich des gesundheitlichen Wertes ihres Wassers offen sagen können. Mit einigem Suchen findet man diese »Hot Spring Spas« noch. Während sie nicht mehr von den Heilwirkungen des Quellwassers sprechen dürfen, bieten sie die Bademöglichkeiten oft zusammen mit anderen natürlichen Heilmethoden an, wie z.B. Massage-Therapien, welche die Pfründe der Ärztelobby nicht ernsthaft bedrohen.

---

3. Siehe zum Thema auch S. 21ff aus der Einleitung dieses Buches.

Lebendes Wasser, heilendes Wasser

Kurkliniken gibt es aber praktisch überhaupt nicht mehr. Viele ehemalige Heilbäder sind in Museen oder Nationalparks umgewandelt worden, historische Sehenswürdigkeiten, in denen man herumspazieren und alte Fotos aus der goldenen Bäder-Ära bewundern kann, doch der Zugang zum Heilwasser selbst bleibt einem verwehrt. Die Unterdrückung und Schließung der Kurbäder fand schon mehr als zehn Jahre früher statt, bevor FDA und Ärzteschaft ihre Angriffswut degen Wilhelm Reich richteten.

Europa dagegen hat seine Kurtraditionen bewahrt. Wie die amerikanischen Ureinwohner haben auch die Europäer eine lange Geschichte der Nutzung solch mineralhaltiger Thermalquellen. Es gibt z.B. Hunderte von Kurorten allein in Deutschland, wo unter offizieller Aufsicht des dortigen Gesundheitswesens vielfältige,

*Eine Postkarte der **Radium Hot Springs** in Albany, US-Bundesstaat Georgia, einem Kurbad mit Radiumheilquellen, die für ihr **tiefblaues Wasser** bekannt waren. Wo sich in den zwanziger Jahren des letzten Jahrhunderts die Kurgäste tummelten, ist heute ein Golfplatz und »Schwimmen verboten!«*

Heilbäder und Kurkliniken waren in den USA zu Hunderten an derartigen Thermalquellen entstanden. Im Zuge ihrer Kampagne für »reine Nahrungsmittel und Medikamente« zur Durchsetzung eines neuen Arzneimittelgesetzes jedoch erzwang die FDA in den 1930ern in Zusammenarbeit mit der konventionellen Ärzteschaft die Schließung nahezu sämtlicher amerikanischer Kurbäder.

Das Orgonakkumulator-Handbuch

vorwiegend natürliche Heilmittel nach ärztlichem Plan angewendet werden, um Menschen zur Heilung und Genesung zu verhelfen. Deutsche Ärzte können den Besuch eines Kurbades in der Tat als Behandlungsmaßnahme verschreiben, die von den Krankenversicherungen bezahlt wird. Die Kurwissenschaft ist dermaßen weit entwickelt, daß alle offiziell anerkannten Heilbäder auf bestimmte medizinische Indikationen spezialisiert und mit entsprechenden Fachkliniken ausgerüstet sind. Je nach Erkrankung bestimmter Organe oder anderer Körperbereiche kann der Arzt eine passende Kur verordnen.

Zu den Hauptkategorien gehören u.a. das *Mineralheilbad* (Nutzung von Mineralwasservorkommen), das *Moorheilbad* (Zubereitung von Moorbädern unter Verwendung von Torf), das *Seeheilbad* (Nutzung des Seeklimas), das *Soleheilbad* (Anwendung von Sole, konzentrierter Salzwasserlösungen aus natürlichen Salzvorkommen, z.B. zum Inhalieren), das *Thermalheilbad* (Nutzung von Heißwasserquellen) sowie das Heilbad der *Radon-Balneologie*, d.h. zur Behandlung mit der natürlichen Radioaktivität des Edelgases Radon.

Die therapeutische Anwendung von niedrigdosiertem Radongas beruht übrigens auf einer Art »homöopathischem Effekt« der Strahlung zur Stimulierung des gesamten Organismus, der in Fachkreisen unter dem Begriff *Hormesis*[4] bekannt ist. In der Strahlentherapie ist Hormesis vergleichbar mit einem milden Oranureffekt, dessen therapeutische Bedeutung bei der Stimulierung körpereigener Abwehrkräfte Reich ebenfalls entdeckt hatte, sofern es sich um *geringe Dosen* handelte. Die nutzbringenden Wirkungen von niedrigdosierter Radioaktivität sind demzufolge auf kurze Behandlungsdauern mit natürlichen Strahlenquellen wie Radongas beschränkt und haben nichts mit der gefährlichen, harten Strahlungsbelastung zu tun, wie sie z.B. von Uranerz oder seinen Nebenprodukten ausgeht. In vorsichtigen, kleinen Dosen kann Hormesis — oder *Oranur-Medizin*, wie Reich sie nannte — durchaus Heilungen auslösen.

Bestätigt werden diese Beobachtungen durch die Erfahrungen der alten Völker, die Eingang in die Überlieferungen des alther-

---

4. Hormesis (griech.: Anregung, Anstoß) geht auf die schon von Paracelsus formulierte Hypothese zurück, daß geringe Dosen schädlicher oder giftiger Substanzen eine positive Wirkung auf den Organismus haben können, indem sie seine Selbstheilungskräfte aktivieren.

Lebendes Wasser, heilendes Wasser

gebrachten Heilwissens gefunden haben, welches wiederum u.a. Hahnemann inspirierte, den Entdecker der Homöopathie. Die »Medizinbeutel« beispielsweise, die bei vielen nordamerikanischen Indianerstämmen traditionsgemäß entweder um den Hals oder am Gürtel getragen wurden, enthielten häufig kleine Stückchen von Mineralien und Pflanzenmaterial, deren milde Ausstrahlung sich positiv auf Stärke und Lebenskraft des Trägers auswirkte. In Gesprächen mit ein paar Erzsuchern alter Schule, die ich diesbezüglich befragte, gaben diese an, daß bestimmte radioaktive Mineralien »sich gut anfühlten« — den Beschreibungen nach würde ich die Sinneseindrücke als mehr oder minder starke bioenergetische Expansion bezeichnen — während andere negative Empfindungen auslösten. Und es trifft auch zu, daß Leute früher besondere Höhlen oder verlassene Bergwerksstollen aufsuchten, weil sie die Erfahrung gemacht hatten, daß das Einatmen der dortigen Luft ihre Atemwegserkrankungen kurierte.[5] Ich muß hinzufügen, daß es sich dabei um stillgelegte Stollen handelte, wo kein Bergbau mehr stattfand. Die Luft war daher nicht mehr mit Staub oder anderen Schwebeteilchen belastet.

Der Wissensschatz um die Anwendung der Naturgaben Wasser und Erde als Heilmittel ist Amerika durch die Willkür der FDA leider weitgehend verlorengegangen. Europa dagegen kann sich glücklich schätzen, sich dieses Erbe bewahrt zu haben.

Energetische Reinigung des Umfeldes mit Hilfe von Wasser

Eine weitere Methode, Ihr Haus oder Ihre Wohnung energetisch zu reinigen, besteht darin, sogenannte *Energieabzugsrohre* in Verbindung mit einem Wassereimer einzusetzen. Wie der Orgonakkumulator wirken sie rein passiv auf der Grundlage energetischer Gesetzmäßigkeiten.

Man besorgt sich im Baumarkt dünne, hohle, ca. 60 Zentimeter lange Rohre aus verzinktem Stahl (Aluminium oder Kupferlegierungen sollten vermieden werden). Die Länge kann je nach Raumgröße auch variabel sein, und ein guter Durchmesser sind etwa 20 bis 30 cm. Die Rohre können entweder aus verzinktem Stahl

---

[5]. Dieser Effekt wird heutzutage noch immer in der europäischen Radon-Balneologie ausgenutzt.

Das Orgonakkumulator-Handbuch

oder rostfreiem Edelstahl bestehen (verzinkter Stahl ist allerdings billiger und einfacher zuzuschneiden). Die Rohre müssen innen staub- und schmutzfrei gehalten werden. Wenn nicht anders erhältlich, dürfen sie außen auch mit Plastik ummantelt sein, das Innenrohr muß jedoch aus unbeschichtetem Metall bestehen.

Nun stellt man einen Eimer aus Plastik oder Stahlblech in den Spülstein oder in die Badewanne und läßt Wasser in den Eimer ein- und überlaufen. Ein dünner Wasserstrahl für den Überlauf reicht aus, damit das Wasser im Eimer zirkulieren kann und immer etwas erneuert wird.

Das Wasser im Eimer sollte möglichst sauber sein (kein Brauchwasser, keine chemischen Zusätze), und es muß kreisen oder sich anderweitig in Bewegung befinden. Es ist beständig Frischwasser zuzuführen, und sei es nur durch einen dünnen Wasserfaden. Anstelle eines Eimers kann man auch direkt das Waschbecken oder die Badewanne benutzen, was allerdings den Wasserverbrauch erhöht, denn ein gewisser Umfang an Wasservolumen, in welches die Rohre einzutauchen sind, muß gegeben sein; außerdem läßt sich der Wannenabfluß zumeist nicht wirklich feinregulieren.

Dann stellt man die Rohre mit einem Ende in den Wassereimer und richtet sie in die Bereiche des Zimmers oder der Wohnung, die man energetisch reinigen will. Während das Wasser langsam im Eimer zirkuliert, werden schädliche Formen der Orgonenergie aus dem Zimmer und ggf. auch aus angrenzenden Räumen abgezogen. Was hier auf ganz simple Weise ausgenutzt wird, ist die energetische Affinität der DOR-Energie zu Metall sowie ihre Eigenschaft, außergewöhnlich »wasserhungrig« zu sein. Die Metallrohre verstärken und bündeln den natürlichen energieanziehenden Effekt des Wassers, wodurch das DOR aus der Umgebung in das Wasser abgeleitet wird — vorausgesetzt, daß es sich durch eine Störquelle nicht fortwährend neu bildet.

Eine Oranur-Belastung läßt sich auf dieselbe Art reduzieren, da Rohre und Wassereimer allmählich ganz allgemein das Energieniveau im Raum senken und dadurch auch energetische Übererregung und Überladung abziehen. Wenn Ihr »Energieabsauger« für eine Weile in Betrieb ist, können Sie einmal eine Hand vor eine der Röhren halten und manchmal ein leichtes Prickeln oder so etwas wie eine »kühle Brise« spüren.

Es ist zu vermeiden, die Rohre in Richtung schlafender, sitzender oder sich anderweitig längere Zeit an einem Ort aufhaltender

Lebendes Wasser, heilendes Wasser

Menschen zu lenken. Sie sollten auch nur wenige Sekunden direkt auf den Körper zeigen. In einem Arbeitsumfeld wie z.B. einem Großraumbüro kann man sie auch permanent einsetzen, um Oranur-Überladung und DOR-Belastung zu reduzieren. Ich habe entsprechende Einrichtungen in Büros mit umfangreichen Computeranlagen schon erfolgreich in Aktion erlebt.

Falls sich in der Nähe kein Wasseranschluß befindet, kann man die Energieabzugsrohre durch flexiblen Stahlschlauch in notwendiger Länge ersetzen, um das nächste Waschbecken zu erreichen, wie beispielsweise sogenanntes *Wellrohr*, wie es in der Elektroinstallation zur Leitungsbündelung und zum Kabelschutz verwendet wird. Wichtig: nehmen Sie keines aus Aluminium oder Kupfer, und eine Kunststoff- oder Gummibeschichtung darf wie bei den starren Röhren lediglich auf der Außenseite vorhanden sein. Wellrohr gibt es in den meisten großen Baumärkten zu kaufen. Für das in den Raum gerichtete Schlauchende muß unter Umständen eine Stützkonstruktion konzipiert werden, die aus Holz oder Kunststoff bestehen darf.

Wenn man seine »Energieabsauganlage« mehrere Stunden oder Tage in einem Zimmer arbeiten läßt, fühlt sich die Luft milder an und riecht auch angenehmer, und ein vorher stickiges oder drückendes Raumklima verbessert sich nachhaltig. Nachdem stagniertes und lebensfeindliches DOR bzw. Oranur in das Wasser abgeleitet sind, kann die natürliche lebensfördernde Form der Orgonenergie wieder ihren Platz einnehmen. Länger als ein paar Tage maximal brauchen die Rohre normalerweise nicht in Betrieb zu sein, es sei denn, Ihr Wohnumfeld ist energetisch permanent schwer belastet. Trocknen sie die Rohre gut ab und lagern Sie sie nicht in einer feuchten Umgebung, damit Rostansatz vermieden wird.

Das Funktionsprinzip der Energieabzugsrohre in Verbindung mit einem Wassereimer basiert auf Reichs Entdeckung, daß erstens Wasser eine starke Affinität sowohl zur Orgonenergie als auch zu ihren pathologischen Formen hat und sie rasch absorbiert, und zweitens Metallrohre diese energetische Anziehungskraft des Wassers über eine größere Distanz hinaus ausweiten und bündeln können. Reich entwickelte daraufhin u.a. den sogenannten *medizinischen DOR-Buster*, welchen er bei Überladungsbiopathien seiner Patienten einsetzte, sowie um DOR aus dem Körper abzuziehen.

Das Orgonakkumulator-Handbuch

11. Physiologische und biomedizinische Wirkungen des Orgonakkumulators

Im folgenden möchte ich eine Übersicht über die biologischen Wirkungen des Orgonakkumulators geben und beziehe mich dabei u.a. auch auf zahlreiche Erfahrungsberichte von Anwendern, die seine Möglichkeiten und Grenzen ausgelotet haben. Dieses Kapitel sollte allerdings nicht als einen umfassenden Leitfaden zu Reichs Entdeckungen bezüglich der Krebserkrankung und der Biopathien verstanden werden, noch kann es eine vollständige Aufzählung sämtlicher biologischer Effekte des Orgonakkumulators leisten; beides würde den Rahmen dieses Buches sprengen. Es bietet lediglich eine Einführung in die Thematik und gibt Hinweise, auf was zu achten ist, falls der Akkumulator zur Gesundheitsvorsorge eingesetzt wird. Weiterführende Literatur finden Sie im Quellenverzeichnis.

Reich veröffentlichte seine Entdeckung der Orgonenergie und des Orgonakkumulators erstmals 1942 im Band 1 des *International Journal of Sex-Economy and Orgone Research* unter dem Titel »The Construction of a Radiating Enclosure« (»Der Bau eines strahlenden Kastens«). Diese Fachzeitschrift befaßte sich in der Hauptsache mit den emotionalen Aspekten der Krebsbiopathie, ihrem Zusammenhang mit emotionaler Resignation, ungestilltem sexuellen Verlangen und chronischen energetischen Erschöpfungszuständen. Desgleichen publizierte Reich hier seine Erkenntnisse über die spontane Organisation von Krebszellen aus dem sich bionös zersetzenden Eigengewebe des Patienten. Weitere Informationen erschienen später im *Orgone Energy Bulletin*, in der Schrift *Orgonomic Diagnosis of Cancer Biopathy* und schließlich in seinem Buch *Der Krebs*. Andere Wissenschaftler bestätigten Reichs Entdeckungen und veröffentlichten ihre Forschungsergebnisse ebenfalls in seinen Fachzeitschriften.

Reich hat immer wieder deutlich gesagt, daß er den Orgonakkumulator zu keiner Zeit als ein einfaches »Allheilmittel« gegen Krebs ansah. Er erhob jedoch Anspruch auf die folgenden Entdeckungen:

Das Orgonakkumulator-Handbuch

1. Krebs ist eine *Biopathie,* d. h. eine Erkrankung des Gesamtorganismus, und nicht nur eine lokal begrenzte Geschwulst.

2. Die Krebsbiopathie beginnt bereits viele Jahre *vor* der eigentlichen Tumorbildung. Traumatische Erlebnisse in Kindheit oder Jugendzeit können eine Ursache sein, oder Lebensbedingungen, deren Bewältigung eine chronische Blockierung der Atmung und damit einhergehende Unterdrückung von Gefühlen bedingt. Als Jugendliche und Erwachsene haben solche Menschen dann u.a. erhebliche Schwierigkeiten, glückliche Liebesbeziehungen einzugehen, und mögen schließlich völlig auf sexuelle Erfüllung verzichten. Sie verlieren die Lebensfreude und haben Schwierigkeiten, Sinn in ihrem Leben zu sehen.

3. Krebskranke weisen beträchtliche chronische bioenergetisch-neuromuskuläre Kontraktionen und Spannungen auf — was Reich als *Panzerung* bezeichnete — welche die Durchblutung und Sauerstoffversorgung lebensnotwendiger Bereiche des Körpers beeinträchtigen und auch die Geschlechtsorgane betreffen.

4. Krebskranke leiden an einem beständig fortschreitenden Verlust der bioenergetischen Ladung des Körpergewebes.

5. Der Tumorbildung geht häufig ein kurz zuvor erlittener, heftiger Schock voraus, wie beispielsweise der Verlust eines geliebten Menschen, wodurch sich die emotionale Resignation vertieft.

6. Die Krebszelle entsteht durch bionöse Prozesse, d.h. Reorganisation aus der Zersetzung des körpereigenen, energetisch geschwächten Gewebes.

7. Im Gewebe und im Blut von Krebskranken finden sich hohe Konzentrationen sogenannter *T-Bazillen.* Dabei handelt es sich um winzige Zerfallsprodukte energetisch geschwächten Gewebes.[1] T-Bazillen sind kultivierbar, und wenn Versuchsmäusen injiziert, lösen sie Tumorbildungen aus.

8. Der Einsatz des Orgonakkumulators allein reicht nicht aus, die tieferliegende biopathische Natur der Krebserkrankung zu beheben. In begrenztem Umfang kann er jedoch das bioenergetische System zur Expansion anregen, das Gewebe wieder aufladen und sogar Tumore zur Auflösung bringen.

---

1. Das »T« steht für »Tod«, also eigentlich »Todes-Bazillen«. Reich waren diese winzigen schwärzlichen Gebilde zum ersten Mal im Blutbild schwer krebskranker Patienten aufgefallen. *Je mehr T-Bazillen, desto schlechter war die Prognose,* wie sich rasch herausstellte.

Physiologische und biomedizinische Wirkungen

Obgleich sich letzterer Punkt wie ein Heilmittel für Krebs anhören mag, machte Reich diesbezüglich immer wieder seine Vorbehalte geltend, auch wenn er grundsätzlich optimistisch war. In seinen Erfahrungsberichten über Krebsbehandlungen hob er vor allem die Mißerfolge hervor. Er führte regelmäßig Blutuntersuchungen durch und entwickelte einen neuen bioenergetischen Bluttest, der es ihm ermöglichte, krankhafte Veränderungen festzustellen, bevor die Krebserkrankung manifest in Erscheinung trat. Er beobachtete, daß die sanft vagotone (d. h. das parasympathische Nervensystem betreffende) Stimulierung des Orgonakkumulators vielen Patienten zu vertiefter Atmung verhalf und dazu beitrug, lange verschüttete Gefühle wieder an die Oberfläche zu bringen.

Reich wendete außerdem bei seinen Patienten die von ihm entwickelten charakteranalytischen und körpertherapeutischen Techniken an, um die Atemblockade, die emotionale Resignation und die sexuelle Stagnation zu überwinden, welche die Krebserkrankung üblicherweise begleiten. Das durch den Orgonakkumulator aufgeladene Blut verteilte neue Lebensenergie im ganzen Körper, in jedes Organ und alle Gewebe, während gleichzeitig Verhaltensmuster von Gefühlssperren gelöst und die Atmung vertieft wurden.

Es zeigte sich deutlich, daß der Orgonakkumulator den Organismus wieder aufladen und innerhalb bestimmter Grenzen zahlreiche Begleiterscheinungen der Krebssymptomatik beheben konnte. In vielen Fällen war es möglich — zumindest für einige Jahre — eine Wiedererlangung bereits verlorener Organfunktionen zu erreichen, einhergehend mit vermehrter Vitalität und manchmal sogar mit einer vollständigen Remission. Allerdings kam es auch oft zu Rückfällen, wie zumindest aus den veröffentlichten Berichten hervorgeht. Ferner geschah es mitunter, daß der Organismus der Kranken bei der Rückbildung des Tumors durch dessen giftige Zerfallsprodukte überlastet wurde und die Patienten in der Folge an Komplikationen wie Nieren- oder Leberversagen starben. Diese Gefahr bestand insbesondere dann, wenn sich die Geschwulste tief im Inneren des Körpers befanden und ihre absterbenden toxischen Gewebereste nicht so ohne weiteres ausgeschieden werden konnten.

In einigen Fällen kam es bei Patienten, deren Lebensenergieniveau durch den Orgonakkumulator angehoben wurde, zu einem Aufwallen lang unterdrückter Gefühle, mit denen sie sich jedoch nicht auseinandersetzen wollten. Bei manchen traten z.B. während des

Das Orgonakkumulator-Handbuch

Heilungsprozesses aufgrund ihrer sexuellen Erstarrung Schmerzen im Genitalbereich oder in den Oberschenkeln auf. Reich stellte fest, daß die meisten seiner Krebskranken seit Jahren keinen Geschlechtsverkehr gehabt hatten und häufig in einer lieblosen, durch Zwang oder Gewohnheit aufrechterhaltenen Ehe lebten. In diesen Fällen lag der Schlüssel zur Genesung stets in der Überwindung der sexuellen und emotionalen Blockade und in der Wiedergewinnung des Lebenswillens. Es gab allerdings auch immer wieder Patienten, die die Akkumulatorbehandlung abbrachen, sobald derartige Probleme zu Tage traten, obwohl es bereits zu einer merklichen Verkleinerung des Tumors sowie allgemeiner Steigerung des Wohlbefindens gekommen war.

Aus diesem Grund richtete Reich das Augenmerk bei der Behandlung besonders auf die zentrale Problematik der emotionalen und sexuellen Resignation im Leben seiner Krebspatienten. Er beobachtete, daß die Heilungsprognose erheblich besser war, wenn es den Kranken gelang, diese Rückzugsmechanismen vom Leben umzukehren. Diejenigen, deren Gefühlserleben mobilisiert werden konnte und die damit die Fähigkeit (wieder)erlangten, ihre Trauer, Wut und Angst zu äußern, gewannen ihren Lebenswillen zurück und hatten weitaus bessere Chancen, den Krebs zu besiegen. Aufgrund dieser Erfahrungen entwickelte Reich auch ein vermehrtes Interesse an der *Vorbeugung* von Krebs.

Angesichts der Entdeckungen Reichs hinsichtlich der emotionalen Komponente von Krebs drängen sich folgende Fragen auf:

Welche Auswirkungen haben radikale operative Eingriffe auf Krebskranke, die bereits an emotionaler und sexueller Resignation leiden, wenn ihre Geschlechtsorgane oder andere Körperteile infolge der Operation verstümmelt und funktionsuntüchtig werden? Was bedeutet es für Lebenswillen und Lebensfreude, wenn der Körper in der konventionellen »Krebsbehandlung« von ätzenden Chemikalien und Strahlung so schwer angegriffen wird, daß sichtbare, erschreckende Entstellungen die Folge sind oder alltägliche Körperfunktionen wie Essen, Stuhlgang und sexuelle Erregung nicht länger möglich sind? Solch grauenvolle Behandlungsmethoden degenerativer Erkrankungen *können die Resignation und sexuelle Erstarrung doch nur verstärken*. In der Folge werden sie den Verfall der Patienten eher noch beschleunigen und gleichfalls die Rückfallquote und Metastasenbildung erhöhen. Es ist daher kein Wunder, daß die von den Krebsexperten verordneten verstümmelnden

Physiologische und biomedizinische Wirkungen

Operationen, die toxischen (Ver-)Strahlungs- und Chemotherapien den Kranken auch heute kaum mehr Heilung bringen als die Behandlungsmethoden von vor dreißig oder fünfzig Jahren!

Alternative Verfahren dagegen, die leider in den USA weitgehend verboten sind, haben in dieser Hinsicht größere Erfolgschancen. In der Regel bedienen sie sich Heilkräutern und anderer Anwendungen, die der Entgiftung und Revitalisierung dienen, und legen Wert auf Naturkost. Sie haben darin auch viel mit den bereits beschriebenen Heilkuren aus Bädern und Bionpackungen gemeinsam. Reich war leider viel zu sehr mit der Erforschung der Lebensenergie und anderen wichtigen Projekten in Anspruch genommen, als daß er noch Zeit für die Entwicklung von Entgiftungsmethoden hätte erübrigen können. In seinem Buch *Der Krebs* berichtet er immerhin von Testergebnissen mit einem speziellen Fluorophotometer,[2] die zeigten, daß die Orgonladung von Honig bis zu *achtmal höher* ist als diejenige raffinierten Zuckers, und daß nichtpasteurisierte Milch lebensenergetisch doppelt so stark geladen ist wie pasteurisierte. Naturkost ist folglich viel reicher an Lebensenergie als unsere industriell verarbeiteten, synthetischen oder sonstwie denaturierten Lebensmittel.

Andere Forscher wie beispielsweise Gerson und Hoxsey sind offensichtlich jeweils rein empirisch auf diese energetischen Unterschiede in Nahrungsmitteln gestoßen und haben dies bei den von ihnen entwickelten Krebstherapien entsprechend berücksichtigt. Ihre Heilkräuterkuren und spezielle Kost scheinen jedenfalls eine wichtige bioenergetische Komponente zu besitzen und sind Reich in Punkto Ernährung und Detoxifikation eindeutig voraus.

Ohne die Verdienste dieser alternativen Behandlungsansätze schmälern zu wollen, *liefern Reichs Entdeckungen jedoch eine fundierte wissenschaftliche Erklärung für die Ursprünge der Krebsbiopathie und der Krebszelle.* Seine Einsichten über die emotionalen Wurzeln der Krebserkrankung wurden inzwischen vielfach von anderer Seite bestätigt und sollten es ermöglichen, Krebskranke auch seelisch und geistig wirkungsvoll zu unterstützen und zu stärken.

Darüberhinaus sind Reichs Erkenntnisse über *die Bedeutung des energetischen Ladungsniveaus* durchaus mit Theorien vereinbar, deren zufolge Krebs das Ergebnis ungesunder Ernährungsweise

---

2. Die Fluorometrie ist ein Verfahren der quantitativen chemischen Analyse und mißt die Fluoreszenz flüssiger oder fester Stoffe.

Das Orgonakkumulator-Handbuch

oder von Umweltgiften ist. Der meßbare Lebensenergielevel eines Menschen scheint mit den konventionellen Konzepten der *Immunität bzw. Widerstandskraft gegen Krankheiten* funktionell identisch zu sein und liefert somit auch einen Schlüssel zum Verständnis, warum die eine Person unter den gleichen belastenden Umwelt- und Ernährungsbedingungen erkrankt und die andere nicht. Gesellschaftliche, emotionale und erbliche Faktoren spielen alle eine entscheidende Rolle bei der Höhe des Energieladung des Organismus und seiner Gewebe.

Die von Reich entdeckten Bione und T-Bazillen sind ebenfalls von anderen Forschern nachgewiesen worden, und seine Auffassung von der inhärent bionösen Natur der Krebszelle erfährt ferner durch die Entdeckung des viral-bakteriellen Pleomorphismus Bestätigung, d.h. der Fähigkeit von Viren, sich in Bakterien zu verwandeln und umgekehrt.

Es kann nicht nachdrücklich genug betont werden: **Die Ursachen und der Entwicklungsprozeß des Krebses zusammen mit verhältnismäßig wirksamen, nichttoxischen Therapien zu seiner Behandlung sind seit Jahrzehnten bekannt.** Das Haupthindernis ist also nicht ein Versagen der Wissenschaft, sondern besteht in der Arroganz der medizinischen Krebsspezialisten, im korrumpierenden Einfluß von Pharmaindustrie und Politik sowie — zumindest in den USA — dem Mißbrauch von Polizei und Justiz durch das schulmedizinische Establishment in seinen Feldzügen gegen alternative Heilmethoden. Hinzu kommt eine hilflosresignierte, autoritätshörige Haltung von Otto Normalmensch gegenüber den »Halbgöttern in Weiß«, die »es ja besser wissen müssen«. Falls Sie meine harschen Worte irritieren, lege ich Ihnen dringlich ans Herz, sich über das Schicksal weiterer ärztlicher Pioniere zu informieren, die sich wie Reich den medizinischen Lehrmeinungen ihrer Zeit widersetzten, wie z.b. Ignaz Semmelweis, Harry Hoxsey, Max Gerson oder Royal Rife.

Allen Schwierigkeiten zum Trotz sind über die Jahrzehnte hinweg zahlreiche Belege für die Wirksamkeit des Orgonakkumulators bei der Behandlung einer ganzen Reihe von Symptomen und Beschwerden zusammengetragen worden. So findet regelmäßig ausgesprochen effektive Schmerzlinderung und anschließende rapide Heilung bei hochgradigen Verbrennungen statt. Krebs- oder Arthritiskranke berichten ebenfalls, daß nach Benutzung des Orgonakkumulators die Schmerzen stark zurückgehen. Nicht nur Reich,

Physiologische und biomedizinische Wirkungen

auch andere Ärzte haben Fallstudien zur Krebsbehandlung mit dem Orgonakkumulator veröffentlicht (siehe Seite 157). Alle diese Dokumentationen zeigen, daß hier ein wichtiges und vielversprechendes Behandlungsinstrument zur Verfügung steht.

Bei Krebs waren zwar vollständige Heilungen selten, aber in allen Fällen konnten Schmerzen gelindert, weitere Begleitsymptome abgeschwächt und das Leben der Kranken oft um mehrere Monate oder sogar Jahre über die ursprüngliche Prognose hinaus verlängert werden. Experimentelle Behandlungen von Diabetes, Arthritis, Tuberkulose, rheumatischem Fieber, Anämie, Abszessen, Magengeschwüren und Ichthyose wiesen auf gute Erfolge des Akkumulators in Kombination mit Reichs charakteranalytischer Orgonkörpertherapie hin. Reich schrieb außerdem über die Entwicklung einer aussichtsreichen Behandlungsstrategie für Leukämie. Weitere Beiträge in seinen wissenschaftlichen Fachzeitschriften diskutierten die Nützlichkeit des Orgonakkumulators zur Verbesserung der Widerstandskräfte gegen Grippe und Erkältungskrankheiten, bei der Behandlung von Hauterkrankungen sowie ganz allgemein zur Steigerung von Energieniveau und Vitalität.

Meines Wissens haben in den USA, seit Reich hier im Gefängnis starb, keine Forschungen zum Einsatz des Orgonakkumulators bei der Behandlung von Menschen mehr stattgefunden. Lediglich Studien an Tieren sind durchgeführt worden, hauptsächlich mit sogenannten Krebsmäusen, und alle haben die positiven Effekte des Orgonakkumulators bei der Wundheilung und Krebsbekämpfung bestätigt.

Aus Deutschland hingegen, wo der Einsatz des Orgonakkumulators durchaus als eine medizinische Therapiemaßnahme verordnet werden kann, liegen entsprechende Erfahrungsberichte aus Arztpraxen und Krankenhäusern vor. Ich habe über die Jahre hinweg mehrere dieser deutschen Ärzte persönlich getroffen, und alle haben mir versichert, *daß die somatische Wirksamkeit des Orgonakkumulators bei der Behandlung von Krebs alle anderen konventionellen oder alternativen Therapien deutlich übertrifft.* Sie berichteten mir übereinstimmend von den folgenden Wirkungen der Akkumulatortherapie bei ihren Krebspatienten:

1. Schmerzlinderung: Schmerzmittel konnten reduziert oder gar gänzlich abgesetzt werden.

2. Appetitzunahme, vermehrte Vitalität und Aktivität: Stationär Behandelte konnten das Bett verlassen oder ganz nach

Das Orgonakkumulator-Handbuch

Hause zurückkehren und bevorzugte Tätigkeiten wiederaufnehmen.

3. Verbesserung des Blutbildes: Die roten Blutkörperchen wiesen eine höhere energetische Ladung auf, und es traten weniger T-Bazillen in Erscheinung.

4. Einhaltung des Tumorwachstums: In manchen Fällen kam es sogar zu beachtlichen Rückbildungen.

Obgleich einigen Patienten eine geradezu phänomenale Genesung gelang, boten viele Krebskranke jedoch lediglich den *äußeren Eindruck* eines dauerhaften Heilungserfolges, da die Orgonakkumulatorbehandlung allein die oft lebenslange *emotionale Komponente* der Biopathie nicht anzugehen vermochte. Das Energieniveau der Betroffenen blieb insgesamt weiterhin besorgniserregend niedrig und war auf längere Sicht auch mit dem Orgonakkumulator nicht völlig auszugleichen. In diesen Fällen verlängerte der Akkumulator zwar in der Regel das Leben der Krebskranken um Monate, bisweilen sogar um Jahre, auch einhergehend mit einem deutlichen Anstieg der Lebensqualität, doch schließlich kam es dann zu einem plötzlichen Rückfall und einem relativ schnellen, vergleichsweise schmerzarmen Tod. Leider haben wir keine statistischen Daten bezüglich des Anteils der Gesundeten im Vergleich mit der Anzahl der Rückfälle; auch in Deutschland wird Orgonakkumulator-Therapie als Behandlungsform im Krebsregister natürlich nicht erfaßt.

Die deutschen Mediziner wiesen in ihren Gesprächen mit mir auch wiederholt darauf hin, daß viele ihrer Patienten nicht die typischen Merkmale der Krebsbiopathie aufwiesen, wie Reich sie in den vierziger Jahren des letzten Jahrhunderts definiert hatte. Insbesondere viele jüngere Menschen und Kinder mit Tumoren zeigten zwar ein sehr schlechtes Blutbild und dramatische energetische Erschöpfungszustände, litten jedoch weder an der sexuellen Stagnation noch der emotionalen Resignation, die für das Krankheitsbild bei der älteren Generation so typisch sind. Stattdessen wurde die Erkrankung daher auf Umweltgifte, die generelle Umweltverschmutzung sowie den Konsum zunehmend denaturierter Nahrungsmittel zurückgeführt. Diese Beobachtungen legen die Vermutung nahe, daß Umweltbelastungen und falsche Ernährung bei energetisch schwachen Menschen zu Gewebezerfall und Tumorbildung führen, wohingegen Menschen mit einem höheren Energieniveau davon verschont bleiben. In diesen Fällen wurden mit der Akkumulatorbehandlung ausgezeichnete Ergebnisse erzielt, und die langfristigen Aussichten auf Heilung waren erheblich besser.

Physiologische und biomedizinische Wirkungen

Klinische Studien zur Heilbehandlung mit dem Orgonakkumulator

Bei der folgenden Auflistung handelt es sich um veröffentlichte Fallstudien von Erkrankungen, bei denen sich die Anwendung des Orgonakkumulators positiv auf den Genesungsverlauf auswirkte.[3] Akkumulatortherapie zeitigt für gewöhnlich die besten Resultate, wenn sie in Verbindung mit den von Reich entwickelten charakter-

Indikation	Arzt/Autor	Jahr
Krebsbiopathie	Wilhelm Reich	1943-48
Krebs, Verbrennungen	Walter Hoppe	1945
Bösartiger Mediastinaltumor	Simeon Tropp	1949
Verschiedene Erkrankungen	Walter Hoppe	1950
Verschiedene Erkrankungen	Victor Sobey	1950
Rheumatisches Fieber	William Anderson	1950
Brustkrebs	Simeon Tropp	1950
Ichthyose	Alan Cott	1951
Manische Depression	Philip Gold	1951
Bluthochdruck-Biopathie	Emanuel Levine	1951
Leukämie	Wilhelm Reich	1951
Krebs	Simeon Tropp	1951
Diabetes	N. Weverick	1951
Koronararterienverschluß	Emanuel Levine	1952
Verschiedene Erkrankungen	Kenneth Bremer	1953
Hautkrebs	Walter Hoppe	1955
Lungentuberkulose	Victor Sobey	1955
Gebärmutterkrebs	Eva Reich, W. Reich	1955
Gebärmutterkrebs	Chester Raphael	1956
Gelenkrheumatismus	Victor Sobey	1956
Malignes Melanom	Walter Hoppe	1968
Krebsbiopathie	Richard Blasband	1975
Krebsbiopathie	Robert Dew	1981
Verschiedene Erkrankungen	Dorothea Fuckert	1989
Hautkrankheiten	Myron Brenner	1991
Krebsbiopathie	Heiko Lassek	1991
Verschiedene Erkrankungen, einschl. Krebs	Jorgos Kavouras	2005

3. Detaillierte Quellenangaben unter *www.orgonelab.org/bibliog.htm*

Das Orgonakkumulator-Handbuch

analytischen und körpertherapeutischen Techniken zur Auflösung von physischen und emotionalen Blockaden angewendet wird. Vertiefung der Atmung und die Auseinandersetzung mit lange unterdrückten Gefühlen bzw. repressiven Lebensumständen, welche den Kern der emotionalen Resignation und energetischen Stagnation bilden mögen, spielen eine wichtige Rolle bei der Gesundung.

Ich möchte noch einmal betonen, daß meine Ausführungen über die Behandlungsmöglichkeiten des Orgonakkumulators lediglich als kurze Einführung in die Thematik zu verstehen sind. Gerade bei Erkrankungen muß der Akkumulator mit Sachverstand und Vorsicht eingesetzt werden. Er ist kein Ersatz für simples Tablettenschlucken, und es reicht auch nicht, sich einfach ein paarmal hineinzusetzen, ansonsten nichts zu tun und dann ein Wunder zu erwarten. In den meisten Fällen ist eine Kombination von mehreren, möglichst natürlichen Behandlungsmethoden erforderlich.

Ferner ist ein Einlesen in die Literatur unerläßlich, was zuvorderst natürlich Reichs Hauptwerke und als nächstes die weiterführenden Veröffentlichungen in diversen Fachzeitschriften umfaßt (siehe auch Literaturverzeichnis). Leider sind Ratsuchende — zumindest in den USA — in dieser Hinsicht weitestgehend auf sich allein gestellt und müssen sowohl Recherchearbeit als auch Behandlungsversuche selbständig unternehmen. Wenigstens ist nicht alle Hoffnung verloren, wie ich hier zeige, sondern es ist möglich, positive Resultate, wenn nicht gar außergewöhnliche Erfolge mit dem Orgonakkumulator zu erzielen.

Kontrollierte Studien zur physiologischen Wirkung des Orgonakkumulators bei menschlichen Probanden

Neben den zahlreichen, von Reich und anderen veröffentlichten medizinischen Fallstudien aus der klinischen Praxis gibt es auch ein paar hervorragende kontrollierte Doppelblind-Untersuchungen zu den rein physiologischen Reaktionen des menschlichen Körpers auf den Orgonenergie-Akkumulator. Dabei ging es nicht um seine Anwendung bei Krankheiten oder sonstigen gesundheitlichen Problemen, sondern einzig um die Überprüfung von Reichs Aussagen hinsichtlich der grundsätzlich vagotonen, d.h. den parasympathischen Teil des vegetativen Nervensystems stimulierenden Einflüsse.

Physiologische und biomedizinische Wirkungen

Eine der ersten derartigen Doppelblind-Studien ist als Diplomarbeit an der Universität Marburg unter dem Titel *Die (psycho-) physiologischen Wirkungen des Reich'schen Orgonakkumulators* publiziert worden. Eine weitere, ebenfalls zur Erlangung des Diplomgrades akzeptiert, wurde einige Jahre später an der Universität Wien durchgeführt. Beide Forschungsarbeiten bestätigen Reich in vollem Umfang.

Ebenfalls im Literaturverzeichnis aufgeführt sind Abhandlungen u.a. darüber, daß es sich bei Orgon um die langgesuchte Energie handeln könnte, die der Akupunktur und Chinesischen Medizin zugrundeliegt. Es mag sich auch einmal als das Trägermedium homöopathischer Effekte herausstellen. Trotz aller umfangreichen Vorarbeiten bleibt in dieser Hinsicht jedenfalls noch viel zu erforschen und zu entdecken.

Kontrollierte Experimente mit Labortieren

Ferner gibt es zahlreiche kontrollierte Untersuchungen an Labormäusen mit dem Ziel, die Auswirkungen des Orgonakkumulators (bzw. des medizinischen DOR-Busters) auf Gesundheit und Lebensdauer der Tiere zu testen. Es handelte sich dabei entweder um Mäuse mit einer genetischen Veranlagung zur spontanen Entwicklung von Krebsgeschwulsten oder Leukämie, oder den Tieren waren Tumoren eingepflanzt worden.

Alle Studien zeigten, verglichen mit unbehandelten Kontrollgruppen, bei täglicher Anwendung des Orgonakkumulators beachtliche Verbesserungen des Gesundheitszustandes dieser besonders immungeschwächten Versuchstiere. Abgesehen von einer Reihe von Bewertungskriterien, die in den veröffentlichten Berichten im Detail aufgeführt werden, äußerte sich dies vor allem in einem außerordentlichen Anstieg der Lebensdauer. Die Akkumulator-Mäuse überlebten bis zu dreimal so lange wie ihre unbehandelten Vettern!

1. Wilhelm Reich: »Lebensdauer von behandelten und unbehandelten Krebsmäusen«, in *Der Krebs*, KiWi 1994, S.310-311)

Im Rahmen seiner *Orgontherapieexperimente* unternahm Reich Versuche mit insgesamt 164 speziell für die Krebsforschung gezüchteten Mäusen, die zur Tumorbildung neigen. Die Tiere wurden

Das Orgonakkumulator-Handbuch

in 3 Gruppen eingeteilt. Eine Gruppe erhielt Injektionen mit SAPA-Bionen (aus Sand gewonnenen Bionen mit besonders starker Orgonabstrahlung), die zweite wurde in einen Orgonakkumulator gesetzt, und die dritte diente als gänzlich unbehandelte Kontrollgruppe. Schließlich wurde die Lebensdauer aller Mäuse festgehalten:

Versuchsgruppe	Durchschnittl. Lebensdauer	Maximale Lebensdauer
A: Injektion mit SAPA-Bionen	9,1 Wochen	28 Wochen
B: Bestrahlung im Orgonakku.	11,1 Wochen	38 Wochen
C: Unbehandelte Kontrollmäuse	3,9 Wochen	11 Wochen

Der Orgonakkumulator verdreifachte die Lebensdauer der so behandelten Mäuse.

Eigens konstruierte Orgonakkumulatoren von Mausgröße in Dr. Blasbands Labor in Pennsylvania, ca. 1976. Jeder Längskasten besaß 6 belüftete Einzelkammern für je eine Maus und wurde zwecks Bestrahlung täglich bis zu zwei Stunden lang in einen der mehrschichtigen Röhrenakkumulatoren geschoben.

Physiologische und biomedizinische Wirkungen

2. Dr. Richard A. Blasband: »The Orgone Energy Accumulator in the Treatment of Cancer Mice« (»Der Einsatz des Orgonakkumulators bei der Behandlung von Krebsmäusen«), *Journal of Orgonomy* Bd. 7 Nr. 1, 1973, S. 81-85.

Für diese Studie wurden 9 durch Inzucht besonders immungeschwächte Krebsmäuse vom Typ C3H mit transplantierten Tumoren wahllos in eine zu behandelnde (4 Tiere) und eine Kontrollgruppe (5 Tiere) aufgeteilt. Die Orgonmäuse wurden täglich für 80 bis 120 Minuten in speziell konstruierte Mini-Akkumulatoren gesetzt, ansonsten wurden beide Gruppen völlig gleich versorgt.

Die Kontrollmäuse lebten im Schnitt noch 54,4 Tage nach der Tumortransplantation, während die orgonbehandelten Mäuse für durchschnittlich 87,3 Tage überlebten.

Versuchsgruppe	Durchschnittliche Lebensdauer
• Unbehandelte Kontrollmäuse	54,4 Tage
• Behandelte Orgonmäuse	87,3 Tage

Die Lebensdauer der mit dem Orgonakkumulator behandelten Mäuse wurde um den Faktor 1,6 verlängert.

3. Dr. Richard A. Blasband: »Effects of the ORAC on Cancer in Mice: Three Experiments« (»Die Wirkungen des Orgonakkumulators auf Krebs bei Mäusen: Drei Experimente«), *Journal of Orgonomy* Bd. 18 Nr. 2, 1984, S. 202-211.

Ich beschränke mich hier lediglich auf die Wiedergabe des ersten Experiments, weil es sich am ehesten mit der Situation beim Menschen vergleichen läßt. Beim zweiten Experiment waren Mäuse mit transplantierten Tumoren verwendet worden, und wie auch später bei Versuch 3 hatte man den Beginn der Behandlung um eine — bei Berücksichtigung der durchschnittlichen Lebenserwartung von Mäusen — kritische Zeitspanne von 9-10 Tagen verzögert.

Für Experiment 1 wurden insgesamt 8 C3H-Krebsmäuse verwendet, die spontan Tumore entwickelt hatten. Bei vieren wurde direkt nach Entstehung der Geschulste mit der Akkumulatorbehandlung begonnen, die übrigen erhielten keine Orgonbestrahlung.

Das Orgonakkumulator-Handbuch

Versuchsgruppe	Durchschnittliche Lebensdauer
• Unbehandelte Kontrollmäuse	38 Tage
• Behandelte Orgonmäuse	69 Tage

Die Lebensspanne der Mäuse mit spontaner Tumorbildung, bei denen umgehend mit der Orgonakkumulator-Behandlung begonnen worden war, hatte sich nahezu verdoppelt.

4. E. E. Trotta & E. Marer: »The Orgonotic Treatment of Transplanted Tumors and Associated Immune Functions« (»Orgonotische Behandlung transplantierter Tumore und damit verbundener Immunfunktionen«), *Journal of Orgonomy* Bd. 24 Nr. 1, 1990, S. 39-44.

50 Mäuse mit transplantierten Tumoren wurden in 2 Gruppen geteilt. Die eine Gruppe erhielt Orgonbestrahlung im Akkumulator, die andere nicht. Das Ergebnis war wie folgt:

Versuchsgruppe	Durchschnittliche Lebensdauer
• Unbehandelte Kontrollmäuse	4 Wochen
• Behandelte Orgonmäuse	8,7 Wochen

Der Orgonakkumulator mehr als verzweifachte die Lebensspanne der so behandelten Mäuse.

Es sind die Resultate aus solchen klinischen Studien zusammen mit den vielen positiven Erfahrungsberichten aus Arztpraxen und von privaten Anwendern, welche auch mehrere Jahrzehnte nach Reichs Tod — allen Verleumdungen und wissenschaftlichen Repressalien, FDA-Drohgebärden und Bücherverbrennungen zum Trotz — weiterhin das Interesse an seinem Werk aufrechterhalten.

Die folgenden Forschungsbeispiele befassen sich mit den Einwirkungen des medizinischen DOR-Busters auf Krebsmäuse sowie mit dem Einsatz des Orgonakkumulators bei Leukämie, einer heiklen Angelegenheit, da es sich hierbei gemäß Reichs Erkenntnissen um eine Überladungsbiopathie der roten Blutkörperchen handelt, so daß eine weitere Energiezufuhr normalerweise zu vermeiden ist.

Physiologische und biomedizinische Wirkungen

5. Dr. Richard A. Blasband: »**The Medical DOR-Buster in the Treatment of Cancer Mice**« (»Der Einsatz des medizinischen DOR-Busters bei der Behandlung von Krebsmäusen«), *Journal of Orgonomy* Bd. 8 Nr. 2, 1974, S. 173-180.

In dieser Veröffentlichung geht es um die Anwendung des medizinischen DOR-Busters, nicht des Orgonakkumulators. Sie enthält u.a. eine Grafik, die besagt, daß die Tumorentwicklung bei der behandelten Gruppe zunächst zum Stillstand kam, gefolgt von einer Wiederaufnahme des Tumorwachstums kurz vor dem Tod. Das wichtigste Resultat des Experiments ergibt sich jedoch nicht aus den Schaubildern oder Tabellen, sondern aus dem Text selbst, wo der Autor auf Seite 178 die Medianwerte der Lebensdauer mitteilt. Da er allerdings nichts über die Durchschnittswerte der Lebensdauer berichtet, habe ich diese aus seinen Angaben selbst berechnet:

Versuchsgruppe	Durchschnittl. Lebensdauer	Medianwert
• Unbehandelte Kontrollmäuse	70,7 Tage	66,5 Tage
• Behandelte Orgonmäuse	107 Tage	102 Tage

Die Behandlung mit dem medizinischen DOR-Buster alleine führte zur einem signifikanten Anstieg der Lebensspanne um 50%.

6. Dr. Bernard Grad: »**The Accumulator Effect on Leukemia Mice**« (»Die Wirkung des Akkumulators auf Leukämiemäuse«), *Journal of Orgonomy* Bd. 26 Nr. 2, 1992, S. 199-218.

Grad, Professor für Biologie an der McGill Universität in Montreal, Canada, und einer von Reichs ehemaligen Mitarbeitern, führte Versuche mit dem Orgonakkumulator an Leukämiemäusen durch. Seine Ergebnisse bestätigten Reichs Beobachtungen hinsichtlich der physiologischen Effekte des Akkumulators, zeigten u.a. aber auch die Bedeutung der Verfahrensweise auf, die eingesetzt wurde, um den Krankheitsprozeß bei den Mäusen hervorzurufen. Seine Experimente zogen sich über mehrere Jahre hin und umfaßten etliche Generationen von insgesamt rund 260 Mäusen, bei denen er die Predisposition zur Entwicklung von Leukämie vermittels Inzucht herbeiführte.

Das Orgonakkumulator-Handbuch

Anders als bei den Krebsmäusen, mit denen Reich und andere gearbeitet hatten, konnte die Lebensdauer bei den Leukämiemäusen nicht verlängert werden. Die Behandlung mit dem Orgonakkumulator reduzierte allerdings die Auftretenshäufigkeit der Erkrankung um ca. 20% (90% Leukämiefälle in den Kontrollgruppen, 70% bei den orgonbestrahlten Mäusen). Dies wies immerhin auf eine Verbesserung der gesundheitlichen Verfassung infolge der Akkumulatorbehandlung hin.

Reich verstand Leukämie als eine Überladungsbiopathie, die insbesondere die roten Blutkörperchen in Mitleidenschaft zieht. Ihr Übererregungszustand löst wiederum eine vermehrte Bildung und Aktivität der weißen Blutzellen aus. Reich riet daher, den Orgonakkumulator nur für sehr kurze Behandlungszeiten einzusetzen, oder je nach Krankheitsverlauf auch überhaupt nicht. Mit den oben beschriebenen, speziell gezüchteten Leukämiemäusen lassen sich Fälle von Blutkrebserkrankungen beim Menschen aber sowieso nicht vergleichen, da der Auslöser bei uns sicherlich nicht in generationenübergreifender Inzucht zu suchen ist.

Die letzte Studie hat nichts mit Krebs zu tun, sondern beschäftigt sich mit dem Einfluß des Orgonakkumulators auf die Wundheilung bei Mäusen und ist daher erwähnenswert:

7. Courtney F. Baker u.a.: »Wound Healing in Mice« (»**Wundheilung bei Mäusen**«), Teil 1 erschienen in: *Annals of the Institute for Orgonomic Science* Band 1 Nr. 1, 1984, S. 12-23; Teil 2 in: *Annals of the IOS* Band 2 Nr. 1, 1985, S. 7-24.

Dieses Experiment wurde über einen Zeitraum von etwa 7 Jahren durchgeführt und umfaßte 42 einzelne Versuchsdurchläufe mit unterschiedlichen Behandlungsverfahren bei insgesamt rund 1600 Mäusen. Teil 1 der Studie behandelte die Methoden der Wundzufügung sowie die Beobachtungsergebnisse hinsichtlich der Heilungsverläufe bei den Kontrollgruppen, die keine Orgonbestrahlung erhielten.

Die Zusammenfassung zu Beginn des zweiten Teils lautet wie folgt: »Unsere Ergebnisse zeigen, daß die Heilungsrate sowohl durch den Orgonakkumulator als auch den medizinischen DOR-Buster regelmäßig erhöht wird; die Resultate haben eine statistische Signifikanz von $p < 0{,}002$ oder besser«.

Physiologische und biomedizinische Wirkungen

Die Autoren räumten auch Schwankungen in der Wirksamkeit der Orgonbestrahlung ein, welche sie auf mögliche jahreszeitliche Einflüsse auf die Ladungskapazität des Orgonakkumulators zurückführten. Sie nahmen von einem Experiment zum nächsten ferner Änderungen im Versuchsablauf und bei der Behandlungsweise der Mäuse vor und definierten dahingehend drei Hauptkategorien, die mit »A, B und C« gekennzeichnet wurden.

Wie die Autoren schreiben, erwies sich das Versuchsprotokoll der C-Reihe als das erfolgreichste und aussagekräftigste hinsichtlich der Heilungsförderung der Orgonbehandlung, bei welcher sowohl Orgonakkumulator als auch medizinischer DOR-Buster zum Einsatz kamen. Die C-Reihe beinhaltete 18 Versuchsdurchläufe mit je 42 Mäusen (756 Mäuse insgesamt) und demonstrierte eine Verbesserung der Wundheilung infolge Akkumulatorbehandlung um nominal 12% im (anhand der unbehandelten Kontrollgruppen definierten) therapeutischen Index. Die Ergebnisse waren statistisch signifikant.

Leider lieferten die Autoren in ihrer Veröffentlichung kein eigenständiges Diagramm nur für die C-Reihe. Die graphische Darstellung faßte stattdessen alle drei Versuchskategorien A, B und C zusammen und zeigte eine verwirrende Variabilität der Resultate, in der die beobachteten positiven Heileffekte der C-Reihe untergingen.

Fazit

Insgesamt weisen alle Experimente darauf hin, daß der Orgonakkumulator am wirkungsvollsten ist, wenn er so rasch wie möglich eingesetzt wird, nachdem die Erkrankung oder Verletzung eingetreten ist. Die am besten reproduzierbaren Effekte zur Krebsbekämpfung wurden in erster Linie bei spontaner Tumorentwicklung beobachtet. Im Fall von transplantierten Tumoren war der Einfluß des Akkumulators etwas geringer, doch immer noch beachtlich. All dies steht im Einklang mit den veröffentlichten klinischen Erfahrungen mit Orgonakkumulatortherapie bei menschlichen Krebspatienten.

Man könnte nun zu Recht anmerken, daß diese Handvoll an Studien in Anbetracht der vielen Jahrzehnte seit Reichs Tod nicht gerade viel ist. Man muß sich allerdings vor Augen führen, daß all jene Ärzte und Wissenschaftler in Amerika große persönliche und berufliche Risiken auf sich nahmen, um diese Forschungen

Das Orgonakkumulator-Handbuch

durchzuführen. Der nun schon fast siebzig Jahre andauernde offene Kampf von FDA und medizinischem Establishment gegen die Orgonomie hat seinen Tribut gefordert. Nichtsdestotrotz bestätigen selbst diese relativ wenigen Forschungsarbeiten Reichs ursprüngliche Erkenntnisse und stellen ein machtvolles Argument dafür dar, daß der Orgonakkumulator überall auf der Welt in jedem Haushalt, in jeder Arztpraxis und in jedem Krankenhaus stehen sollte.

Zum Schluß möchte ich noch einmal die Liste der biologischen Wirkungen einer starken orgonotischen Aufladung aus Kapitel 4 wiederholen:

- Generelle Aktivierung des vagischen Teils des parasympathischen Nervensystems und Expansion des gesamten Organismus
- Gefühl von Prickeln und Wärme an der Hautoberfläche
- Leichter Anstieg der Haut- und Körperkerntemperatur, ggf. Gesichtsrötung
- Senkung des Blutdrucks und der Pulsfrequenz
- Verstärkte Peristaltik, Vertiefung der Atmung
- Schnelleres Gewebewachstum und verbesserte Wundheilung (in der klinischen Praxis sowohl beim Menschen als auch bei Tieren belegt)
- Erhöhte Widerstandskraft, Spannung und Integrität von tierischem und pflanzlichem Gewebe
- Verstärktes Keimen, Knospen, Blühen und Fruchttragen bei Pflanzen
- Höheres Energieniveau, verbesserte Immunität
- Vermehrte Aktivität und Lebendigkeit

Angesichts dieser Effekte ist es nicht überraschend, daß der Orgonakkumulator den Rückgang von Symptomen fördern kann, welche mit einem zu niedrigen Energieniveaus im Blut oder Gewebe in Verbindung stehen oder die Folge einer chronischen Überreizung des sympathischen Teils des vegetativen Nervensystems sind.

Wie bereits erwähnt, gibt es jedoch auch Erkrankungen, die aus einem chronisch überhöhten Energieniveau resultieren. In diesen Fällen ist von einer Orgonakkumulatorbehandlung generell abzusehen bzw. sie darf nur mit allergrößter Vorsicht erfolgen. Um

Physiologische und biomedizinische Wirkungen

es noch einmal zu wiederholen: Reich warnte insbesondere Kranke mit zu hohem Blutdruck, Herzkrankheiten, Gehirntumoren, Arteriosklerose, Glaucom, Epilepsie, starker Fettleibigkeit, Schlaganfällen, entzündlichen Hautkrankheiten, Bindehautentzündung oder Leukämie davor, den Orgonakkumulator zu benutzen. Ausnahmen sollten höchstens mit ganz kurzen Aufenthaltszeiten und nur unter Aufsicht vorgenommen werden.

Ferner wird allen Patienten nahegelegt, die entzündungshemmende Präparate (Corticosteroide, insbesondere Immunsuppressiva wie Prednisolon etc.) einnehmen oder sich einer radioaktiven Bestrahlungstherapie unterziehen, nach der Einnahme ihrer letzten Dosis bzw. nach der letzten Strahlenbehandlung mehrere Tage zu warten, bevor sie den Orgonakkumulator verwenden. Ziehen Sie gegebenenfalls einen Arzt zu Rate, der mit Orgonmedizin vertraut ist.[4]

Nicht jeder Mensch hat »zu wenig Energie«. Viele leiden eher an der chronischen Niederhaltung und Stauung ihrer Energie, insbesondere der emotionalen Komponente. Manchen ermöglicht eine weitere Energiezufuhr durch den Akkumulator sogar, ihre Unterdrückungsmechanismen noch zu verstärken. Solches sollte man unbedingt berücksichtigen und sich darüber im klaren sein, daß die regelmäßige Anwendung des Orgonakkumulators weder unbedingt für jeden Menschen sinnvoll ist noch ein wundersames Allheilmittel darstellt.

---

4. http://www.orgonelab.org/resources.htm , siehe auch Kapitel 7

Das Orgonakkumulator-Handbuch

12. Persönliche Erfahrungen

In den frühen Siebzigern des vergangenen Jahrhunderts machte ich die Bekanntschaft einer jungen Frau, die eine Zyste an den Eierstöcken erfolgreich mit dem Orgonakkumulator behandelt hatte. Ihr Arzt hatte zu einer Operation gedrängt, da sie aber weder versichert war noch anderweitig über genügend finanzielle Mittel verfügte, entschloß sie sich, den Orgonakkumulator auszuprobieren.

Drei Wochen lang setzte sie sich für 45 Minuten pro Tag in einen dreischichtigen Akkumulator. Etwa in der Mitte der dritten Woche bekam sie vaginale Blutungen von schwärzlicher Farbe. Es war der sich auflösende Tumor, der über die Gebärmutter abging. Im Verlauf der ganzen Behandlungszeit fühlte sich sehr wohl und vollkommen gesund, mit Ausnahme einiger leichter Beschwerden während der Blutung. Als sie einige Zeit später erneut ihren Arzt aufsuchte, stellte dieser fest, daß die Zyste spurlos verschwunden war. Nachdem er erfuhr, welche Behandlungsmethode sie angewendet hatte, lachte er sie aus und wollte nichts weiter davon wissen.

Etwa um dieselbe Zeit baute ich mir ebenfalls einen kleinen, aber starken Orgonakkumulator. Ich wohnte damals in Südflorida, nur 13 Kilometer von den zwei Atomkraftwerken in Turkey Point entfernt. Man hatte mich zwar davor gewarnt, einen Orgonakkumulator in der Nähe eines Kernreaktors aufzustellen, und ich hatte auch Reichs Bericht über das Oranurexperiment gelesen, aber ich erinnere mich, wie ich damals dachte: »Es ist ja nur ein kleiner Akkumulator, da wird schon nichts passieren.«

Der Orgonakkumulator stand in der Garage, wo sich zudem mehrere große Haushaltsgeräte mit Metallgehäusen befanden — Waschmaschine, Trockner, Kühlschrank, sowie Aktenschränke. Innerhalb einer Woche war die ganze Garage so aufgeladen, daß man sich unmöglich für längere Zeit darin aufhalten konnte. Die spürbare, durch die AKWs verursachte und den Akkumulator verstärkte energetische Übererregung breitete sich nach und nach auch ins Wohnhaus und in die Umgebung aus. Man hatte das Gefühl, als ob alles leicht vibrierte. Ich erinnere mich noch ganz deutlich an dieses Phänomen, das abends besonders drastisch in

Das Orgonakkumulator-Handbuch

Erscheinung trat, wenn Windstille herrschte und der Lärm der Stadt verstummt war.

Zimmerpflanzen im Haus begannen einzugehen, und die Blutbilder einiger meiner Familienmitglieder zeigten einen deutlichen Anstieg der weißen Blutkörperchen. Mein Geigerzähler fing an, rapide, erratische Impulsraten der Hintergrundstrahlung anzugeben. Voller Panik demontierte ich den kleinen Orgonakkumulator und entfernte alle metallischen Gegenstände aus der Garage. Aber erst nachdem ich einen Wassereimer mit einem kleinen DOR-Buster in die Garage gestellt hatte, normalisierte sich die Situation allmählich wieder. Die Atommeiler blieben trotzdem ein Anlaß zu Besorgnis, und wir zogen bald darauf aus der Gegend fort.

Ein paar Jahre später hatte ich mir einen sehr starken, zehnschichtigen Orgonakkumulator mit angeschlossenem trichterförmigen »Shooter« gebaut, wie er in Kapitel 17 beschrieben wird. Eines Tages — ich arbeitete im Freien und war barfuß — trat ich aus Versehen auf einen heißen Lötkolben, den ich nachlässigerweise auf dem Boden hatte liegen lassen. Die Folge war eine starke Verbrennung am Fuß, die höllisch wehtat. Zum Glück war mein neuer Akkumulator in der Nähe, und ich hielt meinen Fuß direkt in den Shooter-Trichter. Innerhalb von Sekunden ließ der Schmerz nach, und wenige Minuten später war ich vollkommen beschwerdefrei! Ich konnte die Brandwunde schmerzlos säubern, obwohl die Haut vollständig zerstört war. Danach heilte die Wunde ausgesprochen schnell. Erst später erfuhr ich, daß die Schmerzlinderung bei Verbrennungen und deren zügige Abheilung zu den machtvollsten Wirkungen des Orgonakkumulators gehört.

Nachdem ich einen Orgonakkumulator fertiggestellt hatte, der groß genug war, um darin zu sitzen, konnte ich einige der subjektiven und objektiven Erfahrungen für mich bestätigen, wie Reich sie ursprünglich beschrieben hatte. Ich spürte darin tatsächlich den belebenden und wärmenden Effekt, mit einer besseren Durchblutung der Hautoberfläche. Ich wurde weniger anfällig für Erkältungen und grippale Infekte. Ich bin allerdings nie ernsthaft krank gewesen und kann daher ansonsten von keinen spektakulären Heilungen berichten.

Irgendwann hörte ich dann auf, mich regelmäßig in den Akkumulator zu setzen, weil ich einfach kein Bedürfnis mehr danach verspürte. Stattdessen benutze ich öfters eine Orgondecke. Man kann sie leichter aufbewahren, beispielsweise über einer Stuhllehne

Persönliche Erfahrungen

oder auf einem Kleiderbügel an einem gut belüfteten Ort, und sie ist auch einfacher in der Anwendung. Es erstaunt mich immer wieder aufs neue, wie die Decke den Ausbruch eines Schnupfens verhindern kann oder zumindest bewirkt, daß die Erkältung sich nicht vom Kopf in den Hals und in die Bronchien ausbreitet, wie das früher bei mir immer der Fall gewesen war. Seit ich eine Orgondecke zur Verfügung habe, bekomme ich allerdings nur noch selten einen Schnupfen. Wenn es dann doch einmal passiert, kann ich ihn in Schach halten, indem ich mir die Decke auf Brust und Kehle lege.

Im Laufe der Jahre habe ich mir etliche Schnittverletzungen und Prellungen zugezogen oder mir die Zehen an Tischbeinen gebrochen (ich laufe immer noch häufig barfuß). Diese Blessuren habe ich ebenfalls jeweils mit dem Orgonshooter oder mit der Orgondecke behandelt, und jedesmal wurden die Schmerzen erheblich gelindert und die Heilung beschleunigt.

Nur in einem Fall ließ mich der Orgonakkumulator (zunächst) im Stich. Ich war von einer giftigen nordamerikanischen Braunen Einsiedlerspinne ins Bein gebissen worden. Ich hatte keine Ahnung, daß diese Spinnen so gefährlich sind, und kümmerte mich erst um den Biß, nachdem eine Fläche von ungefähr 8 cm Durchmesser um die Einstiche herum dunkelrot und taub geworden war. Ich setzte mich mehrmals am Tag in meinen großen Orgonakkumulator und bestrahlte die Stelle zusätzlich direkt mit dem Shooter. Diese Behandlung stellte jedoch weder das Empfinden noch die normale Farbe wieder her. Schließlich wurde der betroffene Bereich schwarz und hart und fiel aus dem Bein, so daß ich mehrere Wochen mit einer tiefen Wunde und auf Krücken herumlief. Gegen eine darauffolgende Blutinfektion mußte ich für eine Weile Antibiotika nehmen.

Die Wunde verheilte mit der Zeit, und das Bein ist seitdem voll funktionsfähig. Es ist nur eine Narbe übriggeblieben. Wenn man in der medizinischen Fachliteratur nach Behandlungsmethoden für diesen Spinnenbiß sucht, stellt man fest, daß es außer fragwürdigen Kortisoninjektionen in die Bißstelle kein bekanntes Arzneimittel gibt.

Es kommt auch vor, daß mich Bekannte fragen, ob sie bzw. jemand aus ihrem Freundeskreis meinen Orgonakkumulator benutzen dürfen. In einem solchen Fall ging es damals um eine junge Frau von 19 Jahren, die in einer Brust eine scheibenförmige, eingekapselte Geschwulst von etwa 3 cm Durchmesser entwickelt hatte, nachdem sie einige Zeit zuvor unverheiratet schwanger

Das Orgonakkumulator-Handbuch

geworden war. Ihre Eltern behandelten sie deswegen ausgesprochen schäbig und schmähten sie mit Schimpfnamen. Die Schwangerschaft wurde abgebrochen, aber die erlittenen emotionalen Schindereien führten zu einer starken bioenergetischen Kontraktion und zur Entwicklung des Tumors. Verständlicherweise schwieg sie sich gegenüber ihrer Familie aus und ging auch nicht zum Arzt, aus Angst, ihre Brust zu verlieren. Stattdessen hatte sie ihre Ernährung auf rein vegetarische Kost umgestellt, woraufhin der Tumor zwar nicht mehr weiterwuchs, aber auch nicht schrumpfte.

Nachdem wir die Angelegenheit besprochen hatten, begann sie mit der Orgonbehandlung. Sie begab sich täglich für etwa 45 Minuten in den Akkumulator und hielt den großen Trichter des Orgonshooters über ihre Brust. Nach drei Sitzungen zeigte die Geschwulst Auflösungserscheinungen und zerfiel in mehrere Teile. Die junge Frau bekam es mit der Angst zu tun und bestand aufgeregt darauf, die Behandlung abzubrechen. Die ganze emotionale Misere aus der Zeit ihrer ungewollten Schwangerschaft kam wieder an die Oberfläche, und obwohl sie innerlich wegen des Tumors verzweifelt war, trug sie ein unbekümmertes Äußeres zur Schau und behauptete nun, sie hätte die Akkumulatorbehandlung nur begonnen, um ihren besorgten Freundinnen »einen Gefallen zu tun«. Sie studierte zudem Biologie, und als der Orgonakkumulator tatsächlich Wirkung zeigte wo alle anderen Methoden versagt hatten, konnte sie das intellektuell nicht mit ihrem Weltbild vereinbaren.

Wenig später erfuhr ich von meinen Freunden, daß die Geschwulst trotz Abbruch der Orgonbehandlung fast vollständig verschwunden war. Dies stellte eine wichtige Bestätigung von Reichs Beobachtungen dar, daß bestimmte Arten nahe der Oberfläche gelegener Tumoren — wie beispielsweise bei Brust- oder Hautkrebs — oftmals wirksam mit Orgonenergie behandelt werden können, auch wenn sich der zugrundeliegenden emotionalen Komponente der Krebsbiopathie, die im obigen Sachverhalt deutlich zutage trat, nicht angenommen wird.

In einem anderen Fall war eine 23jährige Frau mehrere Jahre wegen schweren genitalen Herpes in schulmedizinischer Behandlung gewesen, ohne daß es zu einer nennenswerten Besserung gekommen war. Sie setzte sich ein einziges Mal in den Orgonakkumulator und hielt gleichzeitig einen speziellen Orgonshooter zur vaginalen Applikation an die Wunden. Innerhalb weniger Tage heilten die Läsionen ab, und sie blieb danach für mehrere Jahre beschwerdefrei.

Persönliche Erfahrungen

Ich weiß auch von mehreren Begebenheiten, in denen statt des großen Akkumulators erfolgreich eine Orgondecke angewendet wurde. Eine ältere Frau probierte sie aus, um herauszufinden, ob sie gegen ihre Arthritis half. Die Schmerzen ließen tatsächlich nach, und sie gewann in den betroffenen Bereichen etwas ihrer Bewegungsfähigkeit zurück. Doch dann benutzte sie die Orgondecke zusammen mit ihrer elektrischen Heizdecke. Die Arthritis verschlimmerte sich daraufhin langsam wieder und war schließlich abermals so schmerzhaft wie vor der Orgonbehandlung.[1] Enttäuscht weigerte sich die Dame, jemals wieder etwas mit der Orgondecke zu tun zu haben.

In einem anderen Beispiel hatte eine junge Frau ihr Baby, das an einer hartnäckigen fiebrigen Erkältung litt, auf eine Orgondecke gelegt. Als sie nach ungefähr 15 bis 20 Minuten wieder an das Bettchen trat, hatte das Kind auf einmal eine Temperatur von fast 39 Grad. Sie entfernte die Orgondecke sofort, nahm das Baby auf den Arm und ging mit ihm eine Weile auf und ab. Die Temperatur normalisierte sich allsbald wieder — und die Erkältung war ebenfalls verschwunden!

Schon Reich hatte festgestellt, daß Orgonbestrahlung (auch bei Erwachsenen) fiebersteigernd wirkt und dadurch den Gesundungsprozeß beschleunigt. Insbesondere kleine Kinder sollten daher nicht alleingelassen werden, selbst wenn man sie »nur« mit einer Orgondecke behandelt. Und einsam in einem großen Orgonakkumulator wird sich ein Kleinkind sowieso kaum wohlfühlen. Setzt sich die Mutter jedoch mit hinein, hält ihr Kind z.B. auf dem Schoß und macht aus dem Ganzen ein Spiel, dann ist die Wirkung umso besser.

Bei einem älteren Mann und lebenslangen Raucher mit emotionaler Panzerung vor allem im Brustkorb wurde Lungenfibrose diagnostiziert. Nach Prognose der Ärzte hatte er nur noch wenige Wochen zu leben. Er war auf künstliche Sauerstoffzufuhr angewiesen und konnte kaum noch sprechen oder gehen, weil er nicht mehr genügend Luft bekam. Er begann, einen Orgonakkumulator von Sitzgröße zu benutzen, und trug ferner fast ununterbrochen eine speziell angefertigte Orgonveste. Innerhalb weniger Wochen war er wieder auf den Beinen und sogar in der Lage, in seinem kleinen Boot zum Fischen hinauszurudern. Wie er berichtete, konnte er nur

---

1. siehe die Warnhinweise bzgl. elektrischer Heizdecken auf Seite 125!

Das Orgonakkumulator-Handbuch

wirklich gut durchatmen, solange er die Orgonveste trug oder sich im Orgonakkumulator aufhielt.

Mit Hilfe der Orgontherapie blieb er noch ein halbes Jahr aktiv. Dann aber wurde er von seinem behandelnden Arzt, der dem Orgonakkumulator ablehnend gegenüberstand, versuchsweise auf ein neues Medikament eingestellt (Prednison), und sein Zustand verschlechterte sich rapide. Er starb kurze Zeit später. Angesichts seiner schweren, weit fortgeschrittenen Erkrankung durfte man natürlich keine Wunder erwarten, doch die Orgonbestrahlung hatte immerhin seine Lebensqualität enorm gesteigert und ihm sechs weitere Lebensmonate geschenkt.

Einmal kontaktierte mich ein Farmer, nachdem sich eine seiner Milchkühe eine großflächige Verletzung an der Flanke zugezogen hatte. Die Wunde hatte sich eitrig entzündet und wollte nicht heilen. Der Tierarzt war mit seinem Latein am Ende, und das arme Tier schien dem Verenden nahe. Der Bauer fertigte auf meinen Rat eine vierschichtige Orgondecke an und befestigte sie mit starkem Klebeband über der vereiterten Wunde, ohne allerdings viel Hoffnung auf Besserung zu haben. Ein paar Tage später hatte sich die Decke abgelöst, die Entzündung war abgeklungen, und über der Verletzung hatte sich bereits Schorf gebildet. Er behandelte die Kuh weiterhin mit der Decke, und sie erholte sich vollständig. Wie er mir später schrieb, sei selbst die Narbe kaum noch zu sehen, und dem Tier gehe es prächtig.

Danach machte ich die Bekanntschaft eines anderen Landwirts, der an einem aggressiv metastasierenden Leberkrebs litt. Sein Arzt hatte ihm nahegelegt, seine Angelegenheiten in Ordnung zu bringen, da er nur noch wenige Wochen zu leben habe. Daraufhin ließ sich der Mann einen Orgonakkumulator aus zwei Stahltonnen bauen, ehemaligen Ölfässern, deren Böden entfernt worden waren. Die Innenseiten wurden mit Sandstrahl bearbeitet, bis das blanke Metall sichtbar war, und die beiden Fässer anschließend zusammengeschweißt, so daß sie eine lange Röhre bildeten. Diese wurde mit Lagen von Stahl- und Glaswolle umhüllt.

In die fertige Konstruktion, längs auf den Boden gelegt, kroch er dann von Zeit zu Zeit hinein und hielt ein Schläfchen. Als ich ihn traf, sagte er zu mir: »Dr. DeMeo, ich stimme nicht mit Ihnen überein, daß man sich nicht länger als 30 bis 45 Minuten im Orgonakkumulator aufhalten sollte. Ich habe schon bis zu sieben Stunden in meiner Akkumulatorröhre geschlafen und nie Probleme gehabt.«

Persönliche Erfahrungen

Nun, ich wußte nicht so recht, was ich davon halten sollte. Er war damals äußerst schwach und konnte sich ohne Hilfe kaum fortbewegen. Sein Energieniveau war offensichtlich so niedrig, daß bei ihm keine Gefahr einer Überladung bestand. Immerhin hatte er zu diesem Zeitpunkt das Todesurteil seines Arztes schon um ein Jahr überlebt. Ich gab ihm meine besten Wünsche mit auf den Weg und bat ihn, mich über seine Fortschritte auf dem laufenden zu halten.

Einige Jahre später erhielt ich einen Brief von ihm, in dem er den Wunsch äußerte, an einem meiner Seminare teilzunehmen. Als ich ihn wiedersah, wollte ich kaum meinen Augen trauen: Er hatte 40 Pfund zugenommen, war sonnengebräunt, stand sicher auf seinen Beinen und barst förmlich vor Energie. Manchmal lief sein Gesicht allerdings so rot an, als wolle er explodieren, und wenn er erst einmal anfing zu reden, konnte man schwerlich ein Wort dazwischenbringen. Bioenergetisch gesehen war er von Erschöpfung und Schwäche in einen Zustand der Überladung geraten. Ich machte ihn auf die Gefahr aufmerksam, und er versprach, die Dauer der Aufenthalte in seinem Akkumulator einzuschränken.

Das ist aber noch nicht das Ende der Geschichte. Er hatte irgendwann wieder einmal seinem Arzt einen Besuch abgestattet, welcher keine Spur mehr von dem Leberkrebs finden konnte. Daraufhin wurde der Doktor richtig böse und unterstellte ihm, »so eine Nobelklinik aufgesucht und sich dort ein Wundermittel besorgt zu haben«. Unser Farmer berichtete von seinem Orgonakkumulator, doch der Medikus glaubte ihm kein Wort. Dies alles spielte sich in einer Kleinstadt im Mittleren Westen der USA ab, und die Tatsache, daß jemand das Todesurteil des angesehensten Arztes weit und breit nicht nur überlebt hatte, sondern sich auch bei bester Gesundheit befand, erregte natürlich beträchtliches Aufsehen. Wie mir zu Ohren gelangt ist, kam es in der Folge dort in der Gegend zu einem Mangel an Stahlfässern, Glaswolle und Stahlwolle... Man war wohl eifrig dabei, Orgonakkumulatoren zu bauen!

Das Orgonakkumulator-Handbuch

13. Einige einfache und fortgeschrittene Experimente mit dem Orgonakkumulator

Sobald Sie sich nach den Anleitungen dieses Handbuches einen Orgonakkumulator gebaut haben, können Sie ein paar einfache Experimente durchführen, um sich selbst von seiner Wirkungsweise zu überzeugen. Achten Sie aber bitte darauf, daß Ihre Umgebung die in den vorigen Kapiteln erläuterten energetischen Voraussetzungen erfüllt. Weiterführendes Informationsmaterial finden Sie auch im Literaturnachweis.

a) Subjektive Empfindungen

Wenn Sie ein Mensch sind, der vorwiegend mit den Händen arbeitet, normalerweise gelöst und entspannt ist und eine volle, tiefe Atmung besitzt, dann werden Sie aller Wahrscheinlichkeit nach die nachfolgend beschriebenen Effekte leicht bestätigen können.

Halten Sie Ihre offene Hand locker in einen Orgonakkumulator, so daß sie ungefähr 3 Zentimeter von der Metallwand entfernt ist. Sie sollten entweder eine Empfindung von Wärmestrahlung haben, die Ihre Hand durchdringt, oder ein leichtes Prickeln fühlen. Dieser Effekt wird mit Hilfe des *Orgonshooters* noch deutlicher, der aus einem metallenen Trichter mit Kabelverbindung zu einem Orgonakkumulator besteht und dadurch die Orgonladung gebündelt in eine bestimmte Richtung zu leiten vermag. Auch der *Orgonstab*, ein einfaches, mit Stahlwolle gefülltes Reagenzglas, welches im Orgonakkumulator aufgeladen wird, kann die beschriebenen Wahrnehmungen hervorrufen. Wenn Sie diese Orgonutensilien dicht an die Handinnenfläche, die Oberlippe, den Solarplexus oder andere empfindliche Körperteile halten, werden Sie in der Regel entsprechende Sinneseindrücke erfahren.

Achten Sie darauf, diesen Versuch an einem klaren, sonnigen Tag durchzuführen, d.h. wenn die Orgonladung an der Erdoberfläche hoch ist. An bewölkten, regnerischen Tagen ist nur eine minimale oder gar keine Wirkung zu erwarten. Menschen mit flacher Atmung,

Das Orgonakkumulator-Handbuch

Leute, die mehr mit dem Kopf als mit den Händen arbeiten, oder jene, die im größeren Ausmaß emotionale und körperliche Blockaden aufweisen, werden voraussichtlich mehr Zeit und Geduld brauchen, bis sie diese Sinneswahrnehmungen erleben können. Als eine Faustregel gilt im allgemeinen: Wenn Sie ein Gespür für die gesundheitsbeeinträchtigenden Störemissionen (»Elektrosmog«) z.B. von Elektrogeräten, Computern oder Leuchtstoffröhren besitzen, werden Sie sehr wahrscheinlich die subtilen orgonotischen Effekte von orgonakkumulierenden Geräten ebenfalls leicht erspüren können.

b) Beobachtungen bei Dunkelheit

Manche mögen sich noch daran erinnern, daß sie in ihrer Kindheit in abgedunkelten Räumen verschiedene visuelle Phänomene in Gestalt von leuchtenden, nebelartigen Formen oder »tanzenden Lichtpunkten« sehen konnten. Reich hat nachgewiesen, daß diese Erscheinungen keine Einbildung sind, sondern wirklich existieren und auch nicht nur »im Auge« stattfinden. Um diese Beobachtungen zu reproduzieren, muß man zunächst lernen, sie von ggf. vorhandenen Unregelmäßigkeiten im Glaskörper des Auges (sogenannten »Glaskörperflocken«) zu unterscheiden. Reich identifizierte sowohl Erscheinungsformen der Lebensenergie, die an Nebelschleier erinnern, als auch – wenn sie sich in einem erregten Zustand befindet – an kleine blitzende Funken.

Seit Beginn des 18. Jahrhunderts sind uns Berichte von sensitiven Menschen überliefert, die im Dunkel oder Halbdunkel strahlende Energiefelder um Lebewesen und sogar Objekte herum erblicken konnten, wie beispielsweise um Magneten und stromführende

Die pulsierenden, »tanzenden« Bewegungsmuster der gegen den Himmel zu sehenden leuchtenden Orgoneinheiten. Sie haben eine Lebensdauer von ungefähr einer Sekunde.

Experimente

elektrische Drähte. Diese Phänomene werden durch eine starke Orgonladung in der Umgebung intensiviert, wie sie u.a. durch einen Akkumulator herbeigeführt wird. Man kann im Inneren eines abgedunkelten Orgonakkumulators ebenfalls sichtbare energetische Phänomene beobachten. Lassen Sie dazu Ihren Augen etwa 30 Minuten Zeit, sich an die möglichst vollständige Dunkelheit zu gewöhnen. Falls Sie der wissenschaftliche Hintergrund Ihrer Beobachtungen interessiert, rate ich, Reichs diesbezügliche Aufzeichnungen in seinem Buch *Der Krebs* nachzulesen.

c) Beobachtungen am Tageshimmel

Auch bei Tage kann man die »tanzenden Lichtpunkte« — Reich nannte sie *Orgoneinheiten* — in der Atmosphäre erkennen, am besten vor einem einheitlichen Hintergrund, wie einer geschlossenen Wolkendecke oder am wolkenlosem blauen Himmel. Über Baumkronen kann man manchmal Energieschwaden sehen, die wie Flammen gen Himmel zu lodern scheinen, als ob man ein Gemälde von van Gogh betrachtete, und man fragt sich unwillkürlich: Schicken die Bäume diese Energie aus oder ziehen sie sie an?

Um diese Beobachtungen zu ermöglichen, hilft es, die Augen zu entspannen und gleichsam »unscharf« in die Ferne zu blicken, anstatt sie krampfhaft auf einen Punkt zu fokussieren. Die »tanzenden Funken« in der Atmosphäre werden zudem deutlicher, wenn man durch eine Röhre aus Metall, Plastik oder Pappe schaut. Plastikfensterscheiben und Dachluken sind ebenfalls hilfreich, und ganz besonders einfach sind diese Phänomene zu sichten, wenn man in großer Höhe aus dem Plexiglasfenster eines Düsenflugzeugs blickt. Es kann sich also nicht nur um Erscheinungen im Auge handeln. Abermals kann ich Ihnen nur ans Herz legen, hierzu Reichs diesbezügliche Ausführungen nachzulesen.

Meinen eigenen Erfahrungen zufolge können etwa die Hälfte der Menschen die Orgoneinheiten sehen, sobald man sie darauf aufmerksam gemacht hat. Manche verwerfen sie dann umgehend als eine Art optische Täuschung, die »sich lediglich im Auge abspiele«, andere sind fasziniert. Eines Tages erzählte mir eine Teilnehmerin eines meiner Sommerseminare zur Orgonforschung eine traurige Geschichte:

Als kleines Mädchen konnte sie die »tanzenden Lichtpunkte« wahrnehmen und erwähnte sie einmal ihrer Mutter gegenüber. Beunruhigt schleppte diese sie sofort zum Augenarzt, der natürlich nichts finden konnte. Daraufhin wurde das Kind einem Psychiater vorgestellt, welcher psychotische Halluzinationen diagnostizierte und ein neuroleptisches Medikament[1] verschrieb. Die arme Frau nahm seither diese bewußtseinsverändernde Droge, bis sie von Reichs Entdeckung der Orgonenergie und ihren Lichterscheinungen erfuhr. Es gelang ihr, das Psychopharmakon ohne negative Auswirkungen langsam abzusetzen. Danach entdeckte sie zu ihrer Überraschung, daß sie in der Lage war, mit ihren Händen zu heilen, d.h. Lebensenergie auf eine andere Person zu transferieren, was sich nach orgonomischen Gesichtspunkten ebenfalls leicht erklären läßt.

Van Gogh ist übrigens posthum gleichermaßen als »psychotisch« diagnostiziert worden, wie vor einigen Jahren eine psychologische Fachzeitschrift zu berichten wußte. Zum Teil aufgrund seines turbulenten Lebens, insbesondere aber auch wegen seiner visuellen Halluzinationen. Man kann nur hoffen, Reichs Entdeckung der Orgonenergie möge irgendwann einmal genügend Eingang ins wissenschaftliche, medizinische und allgemeine Denken gefunden haben, daß wir diejenigen Mitmenschen unter uns, welche imstande sind, die Lebensenergie direkt zu spüren, zu sehen oder gar mit ihren Händen weiterzugeben, wertschätzen können anstatt sie zu verurteilen.

d) Experimente zur Förderung des Pflanzenwachstums

Die lebensfördernden Eigenschaften der Orgonenergie lassen sich gut am verbesserten Gedeihen von Pflanzen beobachten, die zu bestimmten Zeitpunkten in ihrem Lebenszyklus im Orgonakkumulator aufgeladen werden.

• **Aufladung von Samen vor der Aussaat**

Teilen Sie das Saatgut für das Experiment in zwei gleich große Gruppen auf, z.B. »A« und »B«. Legen Sie die Samen der Gruppe A vor der Aussaat für ein bis mehrere Tage — doch nicht länger als eine Woche — in den Orgonakkumulator. Gruppe B muß an einem Ort gelagert werden, der sich möglichst weit entfernt vom Akkumulator befindet, jedoch dessen Temperatur-, Feuchtigkeits- und Lichtverhältnissen entspricht. Sie können die Samen auch in ihrer

---

[1]. Neuroleptika hemmen die Übertragung von Signalen im Zentralnervensystem. Zur Behandlung bei Psychosen mit Wahn und Halluzinationen eingesetzt, müssen sie meist über längere Zeiträume eingenommen werden.

Experimente

Plastik- oder Papierverpackung belassen. Vergewissern Sie sich allerdings, daß in der Umgebung des Experiments kein Fernseher oder Mikrowellenofen, keine Leuchtstoffröhren, Computer oder sonstige oranurerzeugenden Apparate vorhanden sind.

Nach der Aufladungsphase säen Sie beide Samengruppen getrennt, aber unter den gleichen Standortbedingungen aus. Überwachen und protokollieren Sie das Wachstum beider Gruppen für eine gewisse Zeit schriftlich und fotografisch. Am Ende ermitteln Sie das Ergebnis des Experiments durch Auszählung der Keimlinge, Messung ihres Längenwachstums, ihres Gewichts, oder was sich je nach Pflanzensorte noch als Merkmal anbietet. In jedem Fall sollte der Ertrag der Orgonakkumulatorgruppe A den der Kontrollgruppe B merklich übersteigen.

Umfangreiche kontrollierte Studien von Biogärtnern, wie sie beispielsweise Jutta Espanca aus Portugal durchgeführt hat, haben beeindruckende Effekte durch Orgonbehandlung gezeigt. Espanca stellte fest, daß das Aufladen des Saatguts am wirkungsvollsten ist, wenn es auf einen Tag oder sogar nur ein paar Stunden beschränkt wird. Außerdem ist dabei zu berücksichtigen, wann die Orgonladung an der Erdoberfläche und folglich auch im Orgonakkumulator besonders stark und lebendig ist, d.h. die Samenaufladung sollte an einem klaren, strahlenden Sonnentag erfolgen. Bei anderen Wetterbedingungen müssen die Samen ggf. etwas länger im Akkumulator verbleiben.

Beachten Sie ferner, daß auch Saatgut energieüberladen werden kann. Bei Experimenten, in denen Samen bis zu 30 Tage und länger im Orgonakkumulator belassen wurden, verringerte sich der Wachstumsvorteil der Orgon- gegenüber den Kontrollgruppen sukzessive, bis die Keimlinge aus der überladenen Saat schließlich rasch verkümmerten oder diese erst gar nicht mehr aufging.

- **Aufladung von Topfpflanzen**

Topfpflanzen können auf mehrerlei Weise von konzentrierter Orgonenergie profitieren. Einmal durch Energetisierung ihrer Samen wie oben beschrieben, zweitens durch Behandlung der Topferde im Akkumulator vor Aussaat bzw. Umtopfung, und schließlich durch Aufladung des Gießwassers. Man kann auch einen »Übertopf-Akkumulator« bauen, indem man Boden und Deckel einer Blechdose entfernt und diese dann mit Lagen von Plastikfolie und Stahlwolle umwickelt. Die äußerste Plastikschicht sollte etwas dicker sein, und

Das Orgonakkumulator-Handbuch

drücken Sie die Stahlwolle nicht zu fest zusammen (unser »Flauschfaktor« aus Kapitel 7 gilt durchaus auch hier). Vor allem: keine Aluminiummaterialien verwenden!

- **Experimente mit selbstgezogenen Sprossen**

Die lebensfördernde Wirkung des Orgonakkumulators läßt sich ferner gut bei der Sprossenkeimung für den Hausgebrauch beobachten. Bauen Sie einen fensterlosen Orgonakkumulator, der groß genug ist, um Ihre Keimbox unterzubringen. Das identische Kontrollgefäß mit derselben Anzahl von Keimen wie die Akkumulatorgruppe kommt an einen abgedunkelten Ort, so weit entfernt vom Orgonakkumulator wie möglich. Kontrollieren Sie regelmäßig die Temperatur-, Belüftungs- und Lichtverhältnisse beider Keimgefäße, um sicherzustellen, daß ihre Wachstumsbedingungen nahezu gleich sind. Achten Sie auch bei diesem Experiment darauf, daß Sie es nicht in der Nähe von oranurproduzierenden Geräten durchführen.

Beobachten und protokollieren Sie Aufkeimungsgeschwindigkeit, Sprossenwachstum sowie den Wasserbedarf und -verbrauch beider Gruppen. Nach Ende des Experiments können Sie noch weitere Unterscheidungsmerkmale wie z.B. den Geschmack der Sprossen hinzunehmen. Die Pflanzen aus dem Akkumulator sollten wiederum einen allseitig besseren Ertrag erbringen.

- **Keimexperimente unter Laborbedingungen**

Besorgen Sie sich zwei ebenbödige Laborkulturschalen aus Glas von etwa zehn Zentimetern Durchmesser. Der Rand braucht nicht höher als 3 cm zu sein. Geben Sie in jede Schale etwa 20 bis 30 Mungbohnen, bis der Boden gleichmäßig mit einer Schicht Bohnen bedeckt ist. Füllen Sie in beide Schalen eine abgemessene Menge Wasser, so daß die Bohnen halb im Wasser liegen. Ihre obere Hälfte sollte trocken an der Luft bleiben.

Stellen Sie eine Schale in einen kleinen, starken Orgonakkumulator. Die zweite Schale kommt in einen Kontrollkasten aus Holz oder Pappe von gleicher Größe, der aber völlig frei von Metall sein muß. Bedecken Sie sowohl den Orgonakkumulator als auch den Kontrollkasten mit einer Lage aus schwarzem Plastik, damit kein Licht eindringen kann. Stellen Sie beide an gut belüftete Orte, wo die gleichen Temperaturbedingungen herrschen, und schützen Sie sie vor direkter Sonneneinstrahlung.

Experimente

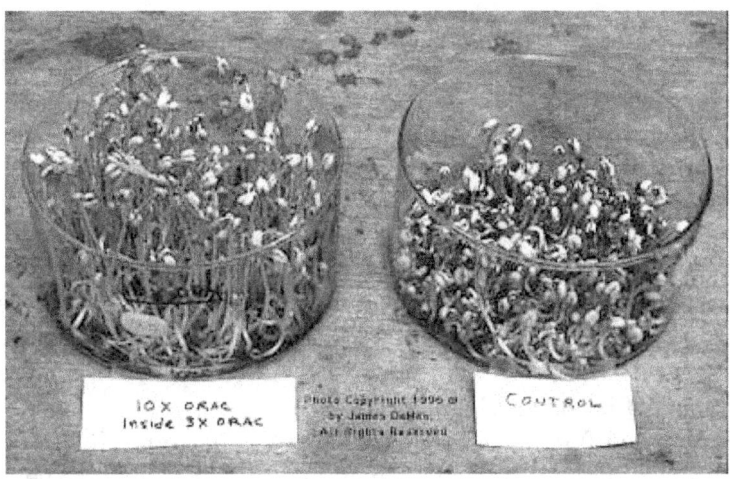

Ein kontrolliertes Experiment zur Aufladung von Mungbohnenkeimen

Oben: Die Keimlinge links wurden in einem 10-schichtigen würfelförmigen Orgonakkumulator von etwa 30 cm Kantenlänge (siehe Bauanleitung in Kapitel 17) aus Bohnensaat gezogen, die rechte Glasschale stammt aus einem gleich großen Kontrollkasten.

Unten: Balkendiagramme der zusammengefaßten Keimresultate aus 3 Jahren. Die Orgonakkumulatorkeimlinge erreichten eine durchschnittliche Länge von 200 mm, die Kontrollgruppen von 149 mm. Das ergibt einen Anstieg von 34% infolge der Orgonaufladung, mit einer statistischen Signifikanz von $p<0.0001$. (J. DeMeo: »Orgone Accumulator Stimulation of Sprouting Mung Beans«, Pulse of the Planet Nr. 5, 2002, S.168-175.)

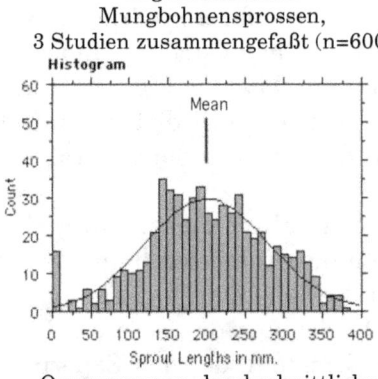

Orgongruppen, durchschnittliche Länge von 200 mm

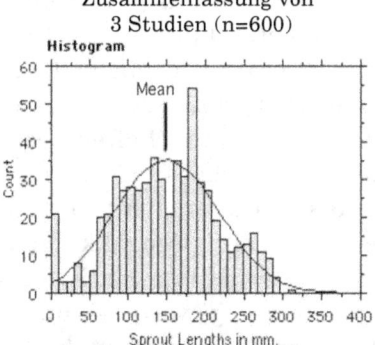

Kontrollgruppen, durchschnittl. Länge von 149 mm

Das Orgonakkumulator-Handbuch

Die Versuchsbedingungen sollen möglichst die gleichen sein, was Lichtverhältnisse und Umgebungstemperatur angeht, es muß aber mindestens ein Meter Abstand — besser mehr — zwischen den beiden Behältnissen gewahrt werden, um sicherzustellen, daß sich der Kontrollkasten nicht mehr im Einflußbereich des Akkumulators befindet. Wie bei allen Experimenten mit dem Orgonakkumulator darf sich ferner nichts in der Nähe befinden, was Oranur produziert.

Schauen Sie täglich nach Ihrem Experiment und gießen Sie so viel Wasser nach, wie nötig ist, um den anfänglichen Wasserstand beizubehalten. Wenn die Keimlinge in einer Schale schneller wachsen als in der anderen, werden sie mehr Wasser brauchen, und diesem Mehrbedarf ist nachzukommen.

Wenn die Pflanzen einer der beiden Gruppen eine Höhe von etwa zehn Zentimetern erreicht haben, können Sie das Experiment beenden. Vergleichen Sie Keimzahl, Länge, Gewicht, Allgemeinzustand sowie andere auffallende Eigenschaften der Sprossen. Die Keimlinge aus dem Orgonakkumulator sollten größer gewachsen sein und eine höhere Keimrate erreicht haben.

Wenn Sie ernsthaftes Interesse daran haben, diesen Versuch durchzuführen, rate ich außerdem, zunächst die Einzelheiten in meiner auf Seite 183 zitierten Forschungsarbeit nachzulesen.

e) Die Temperaturdifferenz im Orgonakkumulator

Reich hat nachgewiesen, daß das Empfinden angenehmer Wärme in einem Orgonakkumulator nicht nur ein subjektiver Eindruck, sondern mit empfindlichen Thermometern tatsächlich meßbar ist. Im Inneren eines luftdicht abgeschlossenen Orgonakkumulators kommt es zu einem spontanen Temperaturanstieg gegenüber der Umgebung von ein paar Zehntel bis zu mehreren Grad Celsius. Experimentell läßt sich die Erwärmung demonstrieren, indem die Lufttemperatur in einem Orgonakkumulator mit derjenigen in einem gleich großen Kontrollkasten verglichen wird, der identische thermische Eigenschaften besitzen muß, jedoch ohne metallische Komponenten konstruiert ist.

Dieses Experiment mit der offiziellen Bezeichnung *To-T* (Temperatur im Orgonakkumulator minus Temperatur im Kontrollkasten) wurde von Reich als ein Beweis für die Existenz der Orgonenergie gewertet — und als Verletzung des Zweiten Hauptsatzes der Thermodynamik. Albert Einstein, der das Experiment einst wiederholte, nannte es eine »Bombe für die Physik«. Eine

Experimente

faszinierende Broschüre mit dem Titel »The Einstein Affair«[2] dokumentiert die Korrespondenz der beiden Wissenschaftler zu diesem Thema.

Der fachkundige Nachvollzug des To-T-Experiments erfordert maßgeblich den Bau eines Kontrollkastens, dessen Wärmedämmeigenschaften denen des Orgonakkumulators genau entsprechen müssen. Zu den Voraussetzungen für das Gelingen dieses Experiments gehören ferner hochempfindliche Thermometer, die Zehntelgrade messen können, die sorgfältige Aufzeichnung der Wetterbedingungen und Umgebungstemperaturen sowie systematische Messungen über einen längeren Zeitraum. Falls Sie Interesse daran haben, sollten Sie unbedingt die diesbezüglichen Forschungsberichte im Literaturnachweis zu Rate ziehen. Es ist ein lohnendes Feld für innovative Untersuchungen, und ich kann Experimentierfreudige nur ermutigen, dieses spezielle Phänomen genauer zu erkunden.

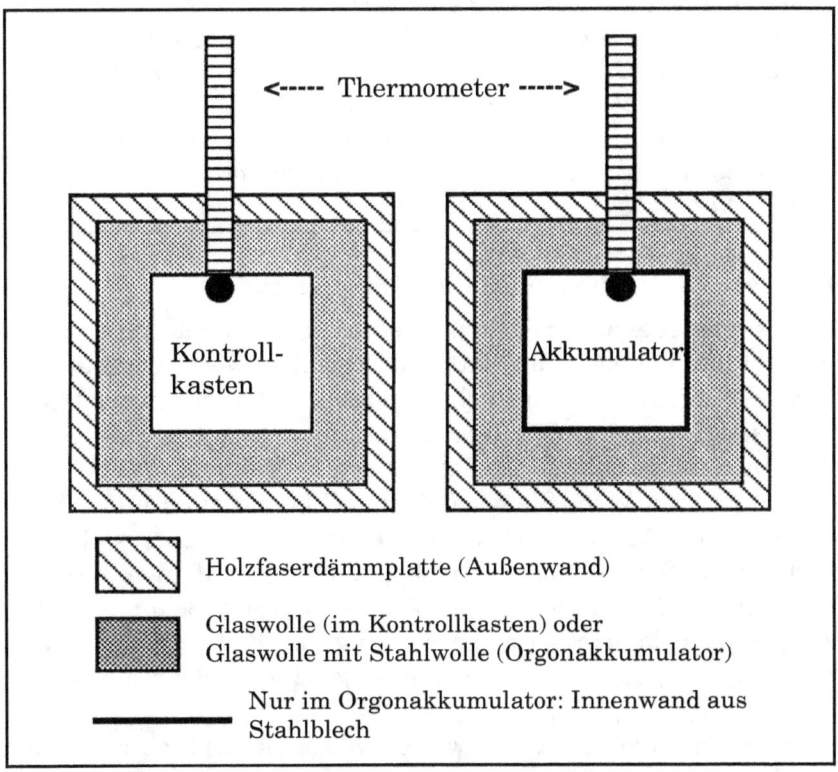

---

2. Erhältlich im Buchversand des Wilhelm Reich Museums

Das Orgonakkumulator-Handbuch

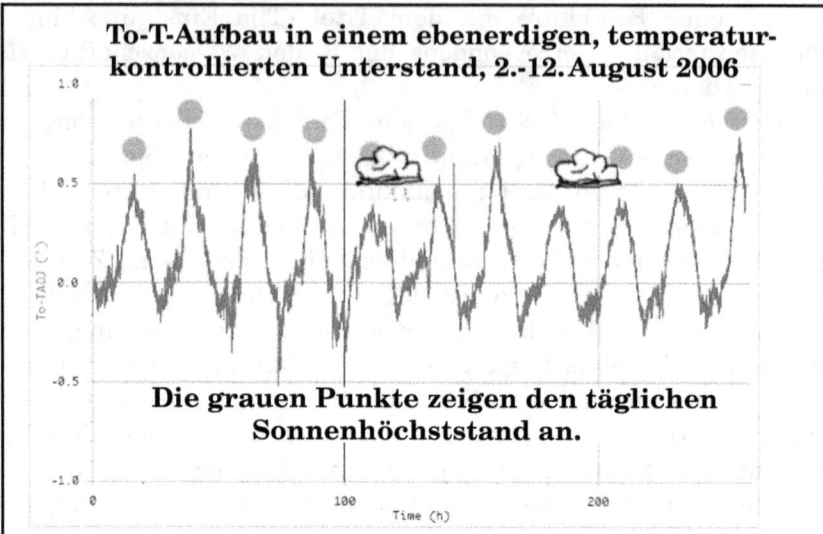

Die Temperaturdifferenz To-T im Orgonakkumulator über einen Zeitraum von 11 Tagen im August 2006. Die grauen Punkte zeigen jeweils 12 Uhr Mittag an, als der Akkumulator im Inneren durchschnittlich 0,5° Celsius wärmer war als der Kontrollkasten. Auffallend ist die Regelmäßigkeit des Phänomens, das bei bewölktem und regnerischem Wetter zwar noch auftritt, aber deutlich reduziert ist.

f) Elektrostatische Effekte im Orgonakkumulator

Besorgen oder bauen Sie sich ein einfaches statisches Elektroskop mit Aluminium- oder Goldblatt. Falls Sie nicht wissen, was das ist, können Sie sich aus jeder Bücherei oder im Internet Informationen zu diesem Thema holen. Achten Sie darauf, daß Ihr Elektroskop von 0 bis 90 Grad geeicht ist, so daß Sie den Ablenkungswinkel genau messen können. Wenn Sie sich mit einem Plastikkamm durchs Haar fahren, sammeln Sie eine ausreichende Menge elektrostatischer Ladung, die Sie auf das Elektroskop übertragen können. Nehmen Sie dann eine Stoppuhr oder eine Armbanduhr mit Sekundenzeiger zur Hand und kontrollieren Sie, wie lange das Elektroskop braucht, um die Ladung langsam mit einem festgelegten Ablenkungswinkel an die Luft abzugeben.

Nehmen wir an, Sie wollen wissen, wie lange das Elektroskop für die Entladung von einem Winkel von 50 Grad auf einen Winkel von 30 Grad benötigt. Sie laden also das Elektroskop auf einen

Experimente

Ablenkungswinkel *über* 50° auf und warten ab, bis die allmähliche Entladung die 50°-Markierung erreicht hat. Dann beginnen Sie, die Sekunden zu zählen, die verstreichen, bis sich der Winkel auf 30° verkürzt hat. Diese Zeitspanne gibt die *elektroskopische Entladungsrate* an. An sonnigen Tagen wird die Entladungsrate eher langsam, an regnerischen Tagen dagegen recht flott ausfallen. Die Entladung mag dann unter Umständen so schnell vonstatten gehen, daß Sie Schwierigkeiten haben werden, sie überhaupt zu erfassen.

Wenn Sie nun die Entladungsgeschwindigkeit des Elektroskops in einem Orgonakkumulator messen, werden Sie feststellen, *daß die Entladung im Orgonakkumulator langsamer erfolgt als außerhalb.* Der Unterschied zwischen den beiden Entladungsraten wird die *elektrostatische Entladungsdifferenz* genannt. An klaren, sonnigen Tagen wird diese Differenz groß sein, an regnerischen oder bedeckten Tagen minimal bis Null. Gelegentlich kommt es bei einem Elektroskop, welches nur eine schwache oder gar keine Ladung besitzt, zu einer spontanen Aufladung, wenn es für eine Weile in einen Orgonakkumulator gestellt wird. Auch dieses Phänomen verschwindet bei feuchtem Wetter. Für weitere Informationen zu diesem Thema sei wieder an die Angaben im Literaturnachweis verwiesen.

g) Die Hemmung der Wasserverdunstung im Orgonakkumulator

Für dieses Experiment benötigen Sie eine empfindliche Waage mit Milligrammanzeige, einen Orgonakkumulator sowie einen Kontrollkasten von gleicher Größe und Wärmedämmung, aber ohne metallische Schichten. Wichtig ist außerdem, für die Innenseiten des Kontrollkastens keine wasserabsorbierenden Werkstoffe zu verwenden. Kleiden Sie ihn stattdessen mit einem nichtmetallischen, wasserabweisenden Material wie Plastik oder einer Lackbeschichtung aus.

Besorgen Sie sich zwei Glasschalen von gleicher Form und Größe, ein Durchmesser von 10 cm und eine Höhe von etwa 3 cm sind ausreichend. Wiegen Sie die Gefäße, wenn sie leer und trocken sind. Als nächstes füllen Sie die gleiche Menge Wasser in jedes Gefäß, so daß sie etwa halbvoll sind. Wiegen Sie die Schalen erneut und ermitteln Sie das Gewicht der Wassermenge. Stellen Sie nun das eine Gefäß im Orgonakkumulator auf einen nichtmetallischen Gegenstand wie z.B. einen kleinen Holzblock, denn es darf nicht in direkte Berührung

Das Orgonakkumulator-Handbuch

mit der metallenen Innenverkleidung kommen. Der Deckel des Orgonakkumulators sollte einen Spalt offen bleiben, damit die Luft zirkulieren kann. Er darf allerdings nicht an einem Ort stehen, wo er Wind oder Sonnenlicht ausgesetzt ist.

Legen Sie die zweite Wasserschale in den Kontrollkasten, ebenfalls auf einen Holzklotz, und lassen Sie wiederum den Deckel ein wenig offen. Stellen Sie den Kontrollkasten mindestens einen Meter vom Akkumulator entfernt auf, die Licht-, Temperatur- und Belüftungsverhältnisse müssen sich aber entsprechen. Falls erforderlich, können Sie auch schwarzes Tuch oder Plastikplane zur Abschirmung verwenden, um für einheitliche Beleuchtungsbedingungen zu sorgen.

Warten Sie genau 24 Stunden, bis Sie die Wasserschalen vorsichtig (ohne Verschütten) entnehmen. Wiegen Sie beide Gefäße sorgfältig und errechnen Sie den Wasserverlust durch Verdunstung innerhalb der vergangenen 24 Stunden. Führen Sie die Messung einmal am

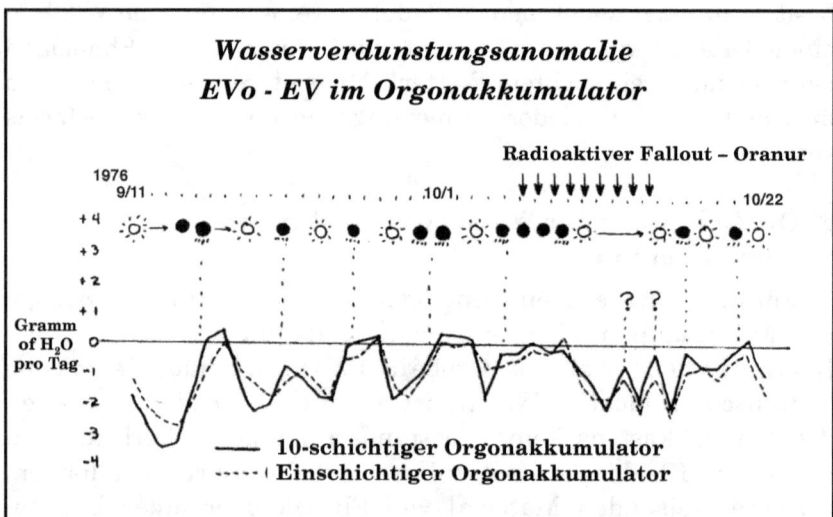

Verdunstete Wassermenge aus einer offenen Schale im Orgonakkumulator abzüglich der verdunsteten Wassermenge in einem Kontrollkasten, in Gramm pro Tag. Der Akkumulator hemmt die Verdunstung an klaren, sonnigen Tagen. Als radioaktiver Niederschlag von einem chinesischen Atombombentest unsere Gegend erreichte, verschwand der Akkumulatoreffekt kurzzeitig. (J. DeMeo: »Water Evaporation Inside the Orgone Accumulator«, Journal of Orgonomy Nr. 14, 1980, S. 171- 175.)

Experimente

Tag durch, am besten am späten Abend, um den täglichen Wasserverlust jedes Gefäßes zu ermitteln. Sie müßten zu dem Ergebnis kommen, daß an klaren, sonnigen Tagen im Kontrollkasten erheblich mehr Wasser aus der Schale verschwindet, während der Orgonakkumulator die Wasserverdunstung bei seiner Schale bremst. An regnerischen Tagen dagegen, wenn der Orgonakkumulator kaum Ladung aufbaut, wird die Wasserverdunstungsmenge beider Gefäße fast gleich groß sein.

Berechnen Sie für jeden Tag die Differenz zwischen der im Orgonakkumulator und der im Kontrollkasten verdunsteten Wassermenge. Dieser Wert, genannt *EVo-EV*, dokumentiert für die Zeitdauer Ihres Experiments die Veränderungen der täglichen Orgonladung sowohl im Orgonakkumulator als auch in der umgebenden Atmosphäre. Für sich allein genommen ist der tägliche Differenzwert nicht besonders aussagekräftig. Doch über einen längeren Zeitraum verglichen offenbaren die an- und absteigenden Verdunstungsraten die faszinierende Dynamik der veränderlichen Orgonladung an der Erdoberfläche.

h) Experimentelle Lebensenergie-Meßinstrumente

Um Messungsversuche der Lebensenergie vorzunehmen, haben Sie zwei Möglichkeiten:

Erstens, Sie bauen sich Ihr eigenes *Orgonfeldmeter*, wie es von Reich entwickelt wurde, indem Sie seinen Anweisungen im Buch *Der Krebs* folgen. Sie benötigen dazu u.a. eine Induktionsspule (oder »Tesla-Spule«), ein paar ferromagnetische Metalltafeln, Platten aus nichtleitenden Materialien sowie ein Lichtmeßgerät (Luxmeter). Das Funktionsprinzip des Orgonfeldmeters ähnelt in gewisser Hinsicht der Kirlianfotografie, nur daß Sie das Lebensenergiefeld nicht auf einer Fotoplatte sichtbar machen, sondern anhand der Leuchtintensität einer angeregten Glühbirne messen. Sie werden voraussichtlich verschiedene Glühbirnentypen innerhalb des Versuchsaufbaus ausprobieren müssen. Als ich dieses Experiment vor Jahren nachvollzog, stellte sich heraus, daß nur noch wenige der heutzutage erhältlichen Lampenbirnen dafür geeignet sind. Birnen mit geringer Wattzahl, wie sie beispielsweise in Kühlschränken eingesetzt werden, schienen am besten zu funktionieren.

Die zweite Möglichkeit besteht darin, sich unser *Experimental Life-Energy Field Meter* zu besorgen, das ich schon einmal im Kapitel 4 erwähnt hatte (siehe auch Abbildung auf Seite 54). Es

Das Orgonakkumulator-Handbuch

handelt sich dabei um eine elektronische Version von Reichs ursprünglichem Orgonfeldmeter, und es arbeitet ganz hervorragend. Es ist das einzige mir bekannte Meßinstrument, welches einen konstanten (nicht schnell wieder abfallenden) Ablesewert des Lebensenergiefeldes von Lebewesen liefert, ohne in physischem Kontakt mit dem Testsubjekt zu stehen.

Beim Menschen zeigt es die Unterschiede im Energieniveau von Person zu Person deutlich an, und sogar Händigkeit läßt sich mit ihm feststellen: bei einem Rechtshänder z.B. offenbart die rechte Hand eine stärkere Energieladung als die linke. Gesunde, vitale Menschen verzeichnen höhere Meßwerte als kranke und schwache, wie ja auch der *Reich'sche Bluttest* bereits die energetische Basis von Gesundheit und Krankheit nachgewiesen hat. Sogar gutes Quellwasser — »lebendes Wasser«, um Viktor Schaubergers Terminologie zu gebrauchen — erbringt bessere Meßwerte als devitalisiertes Leitungswasser.

Ich prophezeie, daß Reichs Entdeckungen in einer hoffentlich nicht allzu fernen Zukunft den Kern einer neuen Medizin bilden werden, mit Instrumenten zur Diagnose und Heilbehandlung, wie sie beispielsweise in Science Fiction-Serien wie *Star Trek* vorweggenommen werden.

14. Fragen und Antworten

Wenn es die Orgonenergie tatsächlich gibt, warum hören wir dann von anderen Wissenschaftlern und an den Universitäten nichts darüber?

Es gibt eine ganze Reihe von Wissenschaftlern, die sowohl an Universitäten als auch in anderen Forschungseinrichtungen Teilbereiche der Orgonomie erfolgreich untersucht und bestätigt haben. Das betrifft insbesondere das Gebiet der Bionforschung, den Orgonakkumulator und den Cloudbuster sowie die Fachrichtung der Bioelektrizität, in der Reich ebenfalls Pionierarbeit geleistet hat.

Ich selbst habe mich zum Beispiel als Student an der Universität von Kansas u.a. mit den das Wetter betreffenden Entdeckungen Reichs befaßt. Nach Abschluß des Studiums habe ich diese Forschungsarbeiten fortgesetzt, während ich als Professor an Universitäten in Illinois und Florida tätig war. Stefan Müschenich und Rainer Gebauer führten an der Universität Marburg in Deutschland eine Doppel-Blind-Studie zu den physiologischen Wirkungen des Orgonakkumulators auf Menschen durch. Prof. Dr. Bernard Grad, einer von Reichs Mitarbeitern, hat an der McGill University in Kanada jahrzehntelang völlig offen an Bionen und anderen Aspekten der Lebenenergie weitergeforscht.

Andere Wissenschaftler mit fachlichem oder historischem Interesse an Reich waren bzw. sind Lehrstuhlinhaber an solch renommierten Instituten wie der Harvard University, der Temple University, der State University of New York, Rutgers University, York University, der Universität von Wien und anderen. Mittlerweile werden an einigen Hochschulen und Akademien in Nordamerika and Europa Kurse und Seminare über Reichs Lebenswerk angeboten.

Die Geschichte der Wissenschaft zeigt allerdings auch immer wieder, daß sich große Institutionen mit innovativer Forschung eher schwertun, insbesondere wenn diese in wichtigen Disziplinen möglicherweise auf ein radikales Umdenken im Bezug auf liebgewordene Theorien hinauszulaufen droht.

Das Orgonakkumulator-Handbuch

Kann man einen Orgonakkumulator bei feuchtem Wetter oder bewölktem Himmel benutzen?

Es wird Ihnen nicht schaden, Ihren Orgonakkumulator an verregneten Tagen zu benutzen. Seine Wirkung wird dann jedoch herabgesetzt sein, weil sich seine Energieladung an solchen Tagen erheblich weniger oder gar nicht aufbaut. Am besten benutzt man ihn an klaren Sonnentagen, wenn die atmosphärische Lebensenergie in Expansion begriffen und die Ladung an der Erdoberfläche größer ist.

Orgonakkumulatoren sind doch recht einfach zu bauen. Werden daher nicht viele aus Versehen konstruiert?

Orgonakkumulatoreffekte werden werden in der Tat ahnungslos und unbeabsicht verursacht. Jeder Wohnwagen, jedes Haus mit metallischen Konstruktionsbestandteilen oder einer Metallverkleidung an mindestens einer Seitenwand baut eine Ladung auf, die noch dazu von vornherein toxisch ist, wenn Aluminium verwendet wurde. In solchen Behausungen entstehen dann ferner sehr leicht erhöhte Konzentrationen von Oranur und DOR infolge der elektromagnetischen Störeinflüsse unserer modernen Welt, insbesondere wenn sie mit Fernsehern, Computern, Mikrowellenherden, Leuchtstoffröhren etc. ausgestattet sind. Bisher wurden leider noch keine epidemiologischen Untersuchungen zu diesem Problem durchgeführt.

Ich habe einen alten Getränkekühler aus Styropor. Kann ich diesen mit Aluminium auskleiden und einen Orgonakkumulator daraus machen?

Sie können das natürlich tun, aber lesen Sie sich bitte alle Informationen und Warnhinweise bezüglich toxischer energetischer Auswirkungen in diesem Handbuch genau durch, bevor Sie ihn in Gebrauch nehmen. Styropor und Aluminium verursachen einen lebensbedrohlichen Akkumulatoreffekt. Wenn Sie also ein biologisches Experiment damit durchführen wollen, werden sie höchstwahrscheinlich nur negative Ergebnisse erzielen. Gerade

Fragen und Antworten

auch für die wissenschaftliche Erforschung der Orgonenergie ist die Berücksichtigung der richtigen Konstruktionmaterialien besonders kritisch und darf nicht vernachlässigt werden.

Während der ersten paar Monate funktionierte mein Orgonakkumulator einwandfrei, doch mittlerweile ist das nicht mehr der Fall. Woran kann das liegen?

Ihr Orgonakkumulator ist wahrscheinlich mit DOR verunreinigt. Viele Anwender werden irgendwann mit dem Phänomen konfrontiert, daß ihr Akkumulator plötzlich wie »erloschen« ist. Das ist einer der Gründe, warum ein Orgonakkumulator am besten im Freien — doch vor Regen geschützt — aufbewahrt werden sollte, durchaus auch mit offener Tür, damit die Luft frei zirkulieren kann.

Sie können einen »erloschenen« Akkumulator sozusagen »wiederbeleben«, indem Sie den Innenraum eine Woche lang jeden Tag feucht auswischen. Es ist zudem hilfreich, bei geöffneter Tür bzw. Deckel eine Schüssel oder einen Eimer voll Wasser mit Energieabzugsrohren im Akkumulator stehenzulassen (siehe auch Seite 145 ff). Erneuern Sie das Wasser täglich. Überprüfen Sie noch einmal, daß sich wirklich keine oranurerzeugenden Geräte in seiner Nähe befinden und Ihre Nachbarschaft so energetisch unbelastet wie möglich ist.

Man kann den Orgonakkumulator ferner mit Hilfe von Sonnenlicht auffrischen. Stellen Sie ihn dazu ein paar Tage lang draußen direkt in die Sonne. Diese Maßnahmen sollten jegliches DOR beseitigen und die Ladungsfähigkeit wiederherstellen.

Ich habe gehört, daß Sitzungen im Orgonakkumulator die Potenz erhöhen. Stimmt das? Ich habe außerdem kürzlich einen Film gesehen, in dem Reich mit Pornographie in Verbindung gebracht wurde.

Solcher Unsinn gehört zu den Verleumdungen, die seit 1940 immer wieder in Schmierkampagnen gegen Reich in der Presse auftauchen. Man nennt ihn dann regelmäßig einen Verrückten und bezeichnet den Orgonakkumulator als »Sexkiste«, die die Potenz wiederherstellen könne. Reich hatte dergleichen nie behauptet. Im Gegenteil, er betonte immer wieder die emotionalen und psycho-

Das Orgonakkumulator-Handbuch

logischen Grundlagen sexueller Störungen, die mit einer Orgonakkumulatorbehandlung allein nicht behoben werden können.

Pornographie hat Reich rundweg abgelehnt. Seiner Auffassung nach ist sie lediglich für Menschen mit sexuellen Problemen interessant. Der Streifen, den Sie gesehen haben, war wahrscheinlich »Wilhelm Reich — Mysteries of the Organism«, das üble Machwerk eines kommunistischen Pornofilmers, der Reich verabscheute und ihn mit voller Absicht in den Dreck gezogen hat. Mehr Informationen dazu finden Sie hier:

www.orgonelab.org/makavejev.htm

Was sind »Orgonit-Pyramiden«, »Orgongeneratoren« und »Chembuster«? Können die mir wirklich »Geld, Sex und Macht« verschaffen, wie im Internet versprochen wird? Und was ist von der Behauptung zu halten, sie könnten gegen Mobilfunkstrahlung schützen?

Leider nichts. Es handelt sich dabei um Gegenstände, die seit etwa Mitte der neunziger Jahre durch die Esoterikszene geistern und mittlerweile auch mannigfach im Internet zu haben sind. Sie wurden weder von Reich noch von seinen Mitarbeitern oder Nachfolgern entwickelt, sondern sind die Erfindungen von unseriösen Geschäftemachern, die sich in irreführender Weise des Begriffs »Orgon« bedienen. Die angepriesenen angeblichen »Kräfte« dieses Schnickschnacks sind nichts als unglaubwürdige und unbewiesene Behauptungen. Hier finden Sie ausführliche Informationen dazu:

www.orgonelab.org/orgonenonsense.htm
www.orgonelab.org/chemtrails.htm

Stimmt es, daß Reich in den USA von erzkonservativen Kräften im McCarthy-Stil verfolgt und ins Gefängnis gebracht wurde?

Nein. Wie in Kapitel 2 ausführlich dargelegt (siehe Seite 11 ff), wurden die ursprünglichen Schmähartikel, die den Stein ins Rollen brachten, von der Kommunistin Mildred Brady verfaßt und in der linksgerichteten Zeitschrift *New Republic* veröffentlicht, deren Chefredakteur damals der Sowjetspion Michael Straight war. Der Linksaktivist Martin Gardner beteiligte sich ebenfalls an der Hetze und schrieb u.a. ein einflußreiches Buch, in dem er Reich angriff und

Fragen und Antworten

verleumdete. All diese Schmierereien zirkulierten dann jahrelang vornehmlich in der linksliberalen Presse, bis sie schließlich die Aufmerksamkeit der *Food and Drug Administration* (FDA) erregten, der amerikanischen Gesundheitsbehörde, welche damals schon von sozialistisch orientierten »Verbraucheraktivisten« unterwandert war.

Einer seiner Anwälte fügte als verdeckter Sowjet-Sympathisant Reichs Verteidigung immensen Schaden zu. Die vorwiegend linksliberalen »Skeptiker-Clubs« und ihre Helfershelfer in der Presse attackieren nicht nur Reich bis in die heutige Zeit, sondern wiederholt auch Wissenschaftler und Ärzte, dies es wagen, sich ernsthaft mit seinem Werk auseinanderzusetzen. (Ganz allgemein sehen sich viele alternative Heilmethoden und wissenschaftliche Entdeckungen abseits des Mainstream immer wieder Angriffen aus dieser Ecke ausgesetzt.)

Während zu Reichs Freunden und Mitarbeitern sowohl freiheitlich-liberale als auch wertkonservativ eingestellte Menschen zählten, bestanden seine Hauptgegner und Feinde eindeutig aus linken und kommunistischen Aktivisten, Comintern-Agenten sowie Angehörigen sowjetischer Spionagenetzwerke. Schon in Europa hatten sie versucht, Reich aus dem Weg zu räumen. In Amerika gelang es ihnen schließlich, durch geschickte Manipulation von Presse, FDA und Justiz ihr Ziel zu erreichen.

Ist die Orgonenergie dasselbe wie Chi oder Prana? Ist es das, was sich auch Geistheiler zunutze machen?

Die Orgonenergie ist die physische, direkt erfahrbare Lebensenergie und wird in der Tat seit jeher in vielen Kulturen erkannt, beschrieben und genutzt, so z.B. in Indien und fernöstlichen Ländern wie China, wo sie einen festen Bestandteil der Heil- und spirituellen Tradition bildet. Es besteht dort allerdings auch die Tendenz, sie eher als eine rein geistige Kraft zu interpretieren, anstatt als die real faßbare Energie, die sie ist. Folglich wird dann oft behauptet, man könne sich ihr nur mittels langandauernder Meditationsübungen oder ähnlichem annähern, oder müsse sich irgendeinem Guru zu Füßen setzen, bevor man sie verstehen könne.

Reich gebührt das besondere Verdienst, die Lebensenergie als erster wissenschaftlich erforscht und als eine tatsächliche, diesseitige Energieform nachgewiesen zu haben, nicht als etwas Jenseitiges,

Das Orgonakkumulator-Handbuch

das nur in die Welt der Geister und Dämonen gehört. Er hat gezeigt, daß sie allgemein zugänglich und von jedem Menschen nutzbar ist, unabhängig von religiösen Überzeugungen. Wir können uns alle einen Orgonakkumulator bauen oder eine Orgondecke nähen, ohne irgendwie »spirituell erleuchtet« zu sein oder gar irgendwelche Gottheiten oder »Meister« anbeten zu müssen.

Die in der parapsychologischen Literatur dokumentierten Experimente mit Geistheilung bzw. sogenannter *bewußter Intention* sind faszinierend und können durchaus als direkte menschliche Einwirkungen auf die Lebensenergie verstanden werden. Die Arbeiten mit Zufallsgeneratoren in den PEAR Laboratorien in Princeton, USA beispielsweise zeigen, daß normale Menschen diese Maschinen mental derart zu beeinflussen vermögen, daß ihr Output nicht mehr vollkommen willkürlich ist, sondern auf einmal geordnete Zahlenkombinationen mit statistischer Signifikanz produziert. Interessanterweise hat sich jedoch auch erwiesen, daß der spontane Ausdruck starker Emotionen wie Trauer, Freude oder Zorn in dieser Hinsicht weit intensivere Wirkungen zeitigt als reine Gedankenkraft alleine. Demzufolge üben Gefühle — die sich, wie wir von Reich wissen, mittels Orgonenergie im Körper manifestieren — einen größeren Einfluß aus als bloße gedankliche Intention oder Meditation.

Unter Geistheilern wird die Lebensenergie, insbesondere wenn sie mit Methoden der Handauflegung arbeiten, zumeist als sogenannte »feinstoffliche Energie« aufgefaßt, die auf Mesmers Konzept des *Animalischen Magnetismus* zurückgeht. Gelegentlich konnten unter strikt kontrollierten Bedingungen sogar Fernwirkungen dokumentiert werden.

Heute gibt es Schulen, die diese Fähigkeiten zu vermitteln suchen, und ganz gewöhnliche Menschen können in die Lage versetzt werden, bei anderen Heilungseffekte hervorzurufen. Wie sind ja schließlich alle von Lebensenergie durchflutet und können durch relativ simple, althergebrachte Methoden lernen, sie an andere weiterzugeben. Ich kenne Krankenschwestern, die Handauflegen zur Beruhigung und Schmerzlinderung anwenden — und auch schon einmal heimlich eine Orgondecke ins Krankenzimmer schmuggeln, mit deren Hilfe die positiven Wirkungen sogar noch verstärkt werden. Vieles wird allerdings erst geklärt werden, wenn Wissenschaft und Medizin endlich offene, ernsthafte Studien dieser Phänomene zulassen können.

Fragen und Antworten

Während die Idee des Energietransfers beim Handauflegen noch leicht nachzuvollziehen ist, wird das bei Fernheilung schon schwieriger vorstellbar, so daß man die Theorie der *bewußten Intention* ins Spiel gebracht hat. Allerdings konnten dementsprechende Untersuchungen bisher nicht einwandfrei unterscheiden, ob die beobachteten biologischen Wirkungen nun dem Fernheiler zuzuschreiben waren oder lediglich psychosomatischen oder Placebo-Effekten (welche selbst durchaus erstaunliche Heilungen bewerkstelligen können).

Aus diesem Grunde wurden Experimente zur Stimulierung des Pflanzenwachstums konzipiert. Im Ergebnis konnten diese Studien zwar geistige Fernwirkungen nachweisen, doch es bedurfte zwischen 100 und 1000 professioneller Geistheiler mit vor Anstrengung »rauchenden Hirnen«, um die bis zu 30% oder 40% Anstieg im Längenwachstum von Keimlingen hervorzurufen, die wir hier regelmäßig an meinem Institut einfach mit Hilfe eines mehrschichtigen Orgonakkumulators erzeugen — und ganz ohne Meditation, Intention oder sonstige mentale Akrobatik (siehe auch Seite 183).

Daraus läßt sich folgern, daß Methoden der bewußten Intention lediglich einen *indirekten Einfluß* auf die Lebensenergie ausüben, wohingegen der Orgonakkumulator, ein Produkt von Reichs funktioneller, naturwissenschaftlicher Erforschung der Lebensenergie, alles Lebendige viel unmittelbarer und intensiver zu beeinflussen vermag. Er steht daher anderen energetischen Heilverfahren wie Akupunktur und Homöopathie näher, die sich ebenfalls der Lebensenergie direkt und ohne Notwendigkeit von Gedankenkraft bedienen.

Komme ich mit dem Gesetz in Konflikt, wenn ich mir einen Organakkumulator baue oder einen benutze?

Weder die Orgonenergie noch der Orgonakkumulator sind gesetzlich verboten. Sie dürfen Akkumulatoren oder Orgondecken herstellen bzw. erwerben und in Ihren eigenen vier Wänden oder anderswo aufbewahren und anwenden. Sie dürfen sie auch zur Selbstbehandlung bei Gesundheitsproblemen einsetzen, genauso wie Sie eine Kraftbrühe zubereiten, Vitamine kaufen oder Heilbäder nehmen dürfen, ohne einen Arzt oder die Polizei um Erlaubnis fragen zu müssen.

Das Orgonakkumulator-Handbuch

Das gilt übrigens auch für die Anwendung des Orgonakkumulators auf amerikanischem Boden. Als Reichs Fall zur Revision beim Obersten Gerichtshof vorlag, reichte eine Gruppe von Ärzten eine Petition zu Reichs Unterstützung ein, in welcher sie ausdrücklich erklärten, daß sich die Aufrechterhaltung des Verbots des Orgonakkumulators negativ auf die Ausübung ihrer medizinischen Praxis und die Gesundheit ihrer Patienten auswirken würde.

Das Gericht ließ nach Konsultation mit der FDA verlauten, daß es ihnen egal sei, was andere Leute mit dem Orgonakkumulator anstellten. Ihr einziges Interesse gälte Reich und seinen Machenschaften. Dieser Richterspruch ist denn auch der einwandfreie Beweis dafür, daß es der FDA und ihren Drahtziehern im Hintergrund ausschließlich darum ging, Reich zu vernichten. Ob die Orgonenergie tatsächlich existierte oder der Akkumulator nun funktionierte oder nicht, war der FDA offensichtlich in Wirklichkeit gleichgültig.

Für uns bedeutet das: Wir können den Orgonakkumulator vollkommen offen und frei nutzen.

Seien Sie sich jedoch darüber im klaren, daß bestimmte Kräfte innerhalb der Schulmedizin, der Pharmaindustrie oder auf EU-/Regierungsebene vielleicht schon daran arbeiten mögen, uns dieses Recht zu nehmen. Daß der Orgonakkumulator (oder ein anderes alternatives Behandlungsverfahren) in der Tat heilende Wirkungen besitzt, spielt dabei keine Rolle. Wenn Sie in Gesundheitsfragen Ihre Freiheit und Selbstbestimmung erhalten wollen, beobachten Sie aufmerksam entsprechende politische Entwicklungen und schließen Sie sich ggf. Organisationen an, die sich für den ungehinderten Zugang zu alternativen Heilmethoden einsetzen. Freiheit ohne ständige Wachsamkeit kann es nicht geben!

Meinen Artikel zur Situation in den USA, *Anti-Constitutional Activities and Abuse of Police Power by the U.S. Food and Drug Administration and other Federal Agencies*, finden Sie hier:

www.orgonelab.org/fda.htm

Teil III:
Bauanleitungen

Das Orgonakkumulator-Handbuch

15. Die zweischichtige Orgondecke

Von allen orgonakkumulierenden Produkten ist eine Orgondecke am einfachsten herzustellen. Man kann sie in jeder Größe anfertigen, und sie ist leicht zu transportieren. Eine kleine Decke eignet sich zum Ausruhen im Sitzen, und mit einer großen Decke können Sie sich im Liegen zudecken. Auch für Bettlägerige sind Orgondecken ideal.

Wie der Orgonakkumulator sind jedoch ebenso die Decken nicht für den Dauergebrauch gedacht. Bei Bedarf kann man darunter einen kurzen Schlaf halten. Meinen Erfahrungen nach wacht man meistens auf, sobald sie »zu viel« wird; viele schieben die Decke auch einfach im Schlaf fort.

Reichs ursprüngliche Orgondecken waren recht schwere Gebilde aus galvanisiertem Stahldrahtgewebe, mit abwechselnden Schichten aus Schafswolle und Stahlwolle im Inneren. Obgleich die sicherlich hervorragend funktionierten, halte ich eine solche Orgondecke für zu unhandlich und unbequem. Das hier beschriebene simple Design ist weit angenehmer in der Anwendung und erfüllt seinen Zweck mindestens ebenso gut.

Die folgende Anleitung dient der Anfertigung einer zweischichtigen Orgondecke von einem Quadratmeter Größe.

Wichtig: Bevor Sie anfangen zu schneidern, lesen Sie sich bitte noch einmal Teil II dieses Buches über die sichere Anwendung von Orgonakkumulatoren durch.

a) Besorgen Sie sich eine ausreichende Menge Wollstoff oder Polyacrylfilz. In Europa sind auch Stoffe aus einem Wolle-Polyacryl-Gemisch verbreitet, sie sind ebenfalls gut geeignet. Die Oberfläche sollte eher etwas flauschig als glatt sein.

Ferner benötigen Sie mehrere Pakete sehr feiner, seifenfreier Stahlwolle (Feinheitsgrad »000« oder »0000«).

b) Schneiden Sie aus dem Stoff drei Teile von je einem Quadratmeter zu. Legen Sie eines der Stoffstücke auf eine ebene Fläche und

Das Orgonakkumulator-Handbuch

bedecken Sie es mit einer Lage Stahlwolle. Breiten Sie die Stahlwolle etwas aus, damit sie nicht zu dick aufliegt, der Stoff sollte leicht durch die Stahlwolle hindurchschimmern.

Wichtig: Tragen Sie dabei bitte eine Atemschutzmaske, damit Sie nicht den feinen Staub der Stahlwolle einatmen. (Dasselbe gilt für das Arbeiten mit Glaswolle.)

c) Legen Sie nun das zweite Stück Stoff auf die Stahlwolle, Kante auf Kante mit dem darunterliegenden Stoffteil.

d) Bedecken Sie das zweite Stück Stoff wiederum mit einer Schicht Stahlwolle.

e) Nun kommt das letzte quadratmetergroße Stoffteil obendrauf. Sie haben nun drei Stofflagen mit zwei Lagen Stahlwolle dazwischen, wie ein »Doppeldecker-Sandwich«.

f) Jetzt nähen Sie alle vier Stoffseiten zusammen. Je nach Geschmack und Nähkünsten können Sie die Kanten dabei einfach einklappen oder hinterher mit einer Borte einfassen.

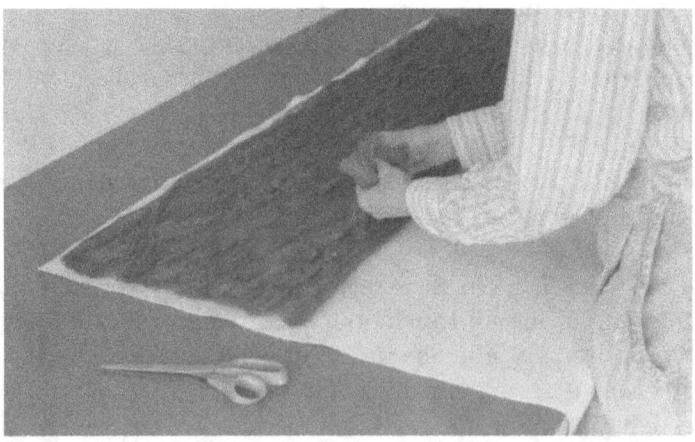

Verteilen Sie die Stahlwolle gleichmäßig auf dem ausgebreiteten Stoffstück, wobei Sie rundherum ca. 2 cm Nährand freihalten.

Zweischichtige Orgondecke

Größere Rollen Stahlwolle, wie hier abgebildet, sind im Fachhandel erhältlich. Sie können aber in den meisten Haushaltswarengeschäften oder Baumärkten auch kleinere Pakete der Stärke »000« oder »0000« erwerben.

Manchmal haften der Stahlwolle noch Ölreste aus dem Herstellungsprozeß an. In diesem Fall breiten Sie sie einfach etwas aus und lassen sie für ein paar Tage in der Sonne trocknen.

Beim Arbeiten mit Stahlwolle Atemschutzmaske nicht vergessen!

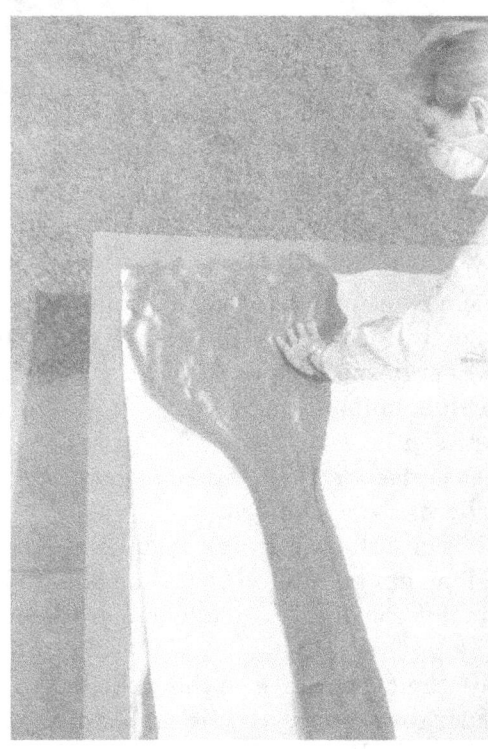

Das Orgonakkumulator-Handbuch

Eine Orgondecke vor dem Zusammennähen mit den abwechselnden Schichten aus Stoff und Stahlwolle.

g) Für die Benutzung und Aufbewahrung Ihrer Orgondecke gilt dasselbe wie für einen Orgonakkumulator: Halten Sie sie von Fernseher, Computern, Handy, Mikrowelle, von Leuchtstoffröhren und »Energiesparlampen« fern; kurz, von allem, was elektromagnetische Felder aufbaut, radioaktive Strahlung abgibt oder Funkfrequenzen aussendet.

*Verwenden Sie eine Orgondecke **nie** mit einer elektrischen Heizdecke zusammen.*

Zur Aufbewahrung hängen Sie sie am besten über einen Bügel an einen gut belüfteten Ort. Eine höhere Ladung können Sie erzielen, indem Sie die Decke in einem größeren Orgonakkumulator lagern.

h) Sie dürfen Ihre Orgondecke unter keinen Umständen waschen oder reinigen lassen; die Stahlwolle würde sonst rosten! Reiben Sie einen Flecken lediglich vorsichtig mit einem leicht feuchten Schwamm ab.

Zweischichtige Orgondecke

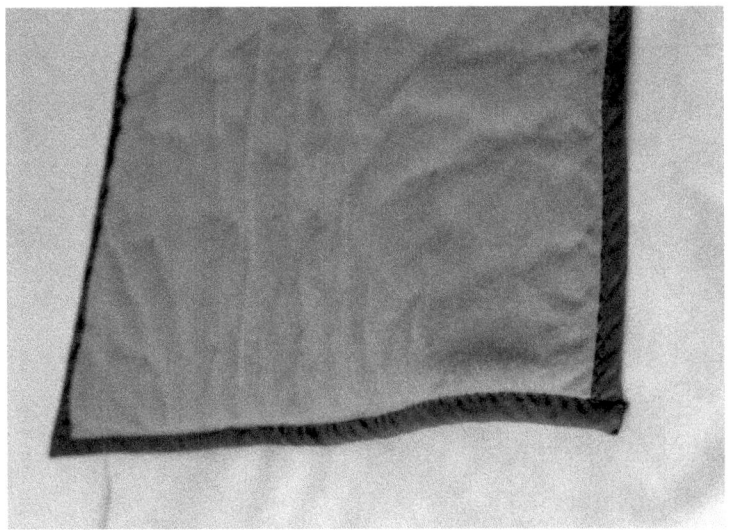

Die fertige Decke, mit einer simplen Abschlußborte umrandet. Auch rate ich, über die Fläche der Decke verteilt ein paar Fixierstiche anzubringen, damit sich die Füllung nicht verschiebt. Das gilt vor allem, wenn Sie für die organische Lage im Inneren keinen festen Stoff, sondern z.B. kardierte Wolle verwendet haben.

Das Orgonakkumulator-Handbuch

16. Der fünfschichtige Konservendosen-Akkumulator zur Aufladung von Saatgut

Sie können unter Verwendung von Stahlwolle und Stoff aus einer sauberen Konserven- oder Kaffeedose einen einfachen Akkumulator zur Aufladung von Gartensamen herstellen.

a) Wählen Sie eine leere Dose aus Weißblech, die für Ihre Zwecke groß genug ist. (Kein Aluminium! Muß den Magnettest bestehen!) Waschen Sie sie gründlich aus, entfernen Sie alle Etiketten und lassen Sie sie vollkommen trocknen. Achten Sie darauf, den Deckel nicht wegzuwerfen. Sollten Sie ihn nicht mehr haben, nehmen Sie den einer anderen Dose oder schneiden Sie sich einen Ersatz aus einem Stück Weißblech.

b) Besorgen Sie sich eine ausreichende Menge Stoff aus Wolle, Wolle/Polyacryl oder reinem Polyacrylfilz. Als Test sollten Sie die Dose etwa achtmal umwickeln können. Außerdem benötigen Sie genügend Stoffrest für insgesamt zehn runde Teile von mehr als Deckelgröße, je fünf für den oberen Deckel und den Boden der Dose.

c) Holen Sie sich im Haushaltswarenhandel oder Baumarkt mehrere Pakete sehr feiner Stahlwolle (»000« oder »0000«). Sie brauchen in der Fläche die gleiche Menge an Stahlwolle wie an Stoff.

d) Schneiden Sie einen Streifen aus dem Stoff, der lang genug ist, um die Dose etwa sechsmal zu umwickeln — das sollte genug Platz für die Stahlwolle lassen. Die Breite des Stoffstreifens muß der Höhe der Dose entsprechen. Wenn Ihr Stoffvorrat einen Streifen der vollen Länge nicht hergibt, können Sie auch mehrere Stoffstücke aneinandernähen oder mit Abdeck- bzw. Wundpflasterklebeband zusammenhalten. Diese Klebebandsorten beeinträchtigen die Wirkung des Orgonakkumulators nicht.

Das Orgonakkumulator-Handbuch

e) Breiten Sie den langen Stoffstreifen auf einer ebenen Fläche aus und decken Sie ihn mit einer Lage Stahlwolle ab. Nicht zu dick — orientieren Sie sich an den Anweisungen zur Orgondecke aus dem vorangegangenen Kapitel.

f) Jetzt nehmen Sie ihre Dose zur Hand und rollen sie in den Stoff-Stahlwollestreifen ein, bis dieser die Dose fünfmal umgibt. Zur Hilfe können Sie die Enden jeweils mit einem Stück Abdeck- bzw. Wundpflasterklebeband fixieren. Nun umhüllen Sie die Außenseite je nach Dicke abschließend mit ein bis zwei weiteren Lagen Stoff; das ist sozusagen der Ausgleich für die innerste Metallschicht Ihres Akkumulators, die ja mit der Dosenwand und ersten Stahlwollage ebenfalls dicker ist. Nähen Sie das Ganze zusammen oder fixieren Sie es mit Klebestreifen, damit es sich nicht wieder löst.

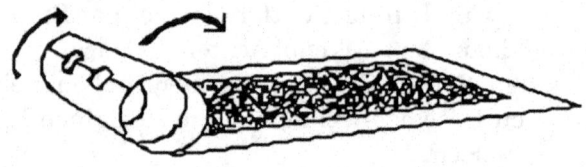

g) Messen Sie den Durchmesser Ihres Akkumulators (Dosenöffnung plus mehrere Schichten Stoff und Stahlwolle) und schneiden Sie 10 runde Scheiben von entsprechender Größe aus dem verbliebenen Stoff aus.

h) Nehmen Sie je fünf Stoffscheiben und legen abwechselnd Schichten von Stahlwolle dazwischen, so daß Sie schließlich zwei Stapel aus jeweils 5 Stücken Stoff mit 4 Schichten Stahlwolle im »Sandwichstil« vor sich haben. Eines ist für den Deckel, und das andere für den Boden der Dose.

j) Feilen Sie nun alle scharfen Zacken vom Dosendeckel ab und stanzen Sie in der Mitte zwei kleine Löcher im Abstand von etwa einem Zentimeter hinein. Mit Hilfe einer dicken Polster- oder Stopfnadel ziehen Sie starken Bindfaden, Draht oder sehr festes Garn durch die Mitte des einen Stoff/Stahlwollestapels und nähen

Kleiner fünfschichtiger Akkumulator

ihn durch die Stanzlöcher am Dosendeckel fest. Das Stoff/Stahlwollepaket sollte um den Deckel rundherum gleichmäßig überstehen. Danach können Sie die Ränder des Stoff/Stahlwollepakets locker mit starkem Zwirn zusammennähen.

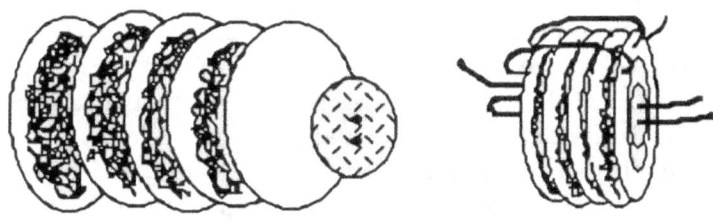

k) Fixieren Sie nun den zweiten Stoff/Stahlwollestapel ebenfalls mit ein paar Stichen ringsherum und nähen ihn dann am unteren Rand der Stoff/Stahlwolle-Umwicklung der Dose fest, so daß der Boden vollständig bedeckt ist. Abgesehen von der Öffnung sollte die Dose nun ganz von wechselnden Lagen aus Stoff und Stahlwolle umhüllt sein.

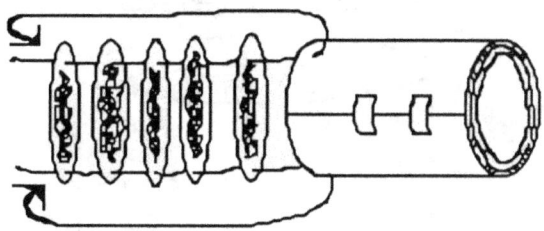

l) Bewahren Sie den kleinen Orgonakkumulator zum Schutz in einem alten Kissenbezug oder irgendeinem anderen nichtmetallischen Behältnis auf. Wenn Sie gerne handarbeiten, können Sie auch eigens eine Stoffhülle für ihn nähen. Wichtig ist, daß seine Außenseite sowie die Stellen, an denen die Stahlwolle sichtbar ist, vor Beschädigung geschützt werden und keiner Feuchtigkeit ausgesetzt sind. Die Umhüllung darf weder reißen noch rosten.

Das Orgonakkumulator-Handbuch

Bevor Sie den Samenakkumulator in Betrieb nehmen, lesen Sie sich am besten noch einmal die Abschnitte über die Experimente mit der Aufladung von Saatgut in Kapitel 13 durch.

Als Alternative zum Bau des soeben beschriebenen Orgonakkumulators können Sie die Konservendose mit den aufzuladenden Samen auch einfach in eine Orgondecke einwickeln oder in einen größeren Akkumulator stellen. Bedenken Sie dabei: je mehr Schichten, desto höher die Ladung. An meinem Institut z.B. befindet sich ein fünfschichtiger Konservendosen-Akkumulator in einem zehnschichtigen, würfelförmigen Orgonakkumulator von etwa 30 Zentimetern Kantenlänge, welcher wiederum in einem dreischichtigen Orgonakkumulator von Personengröße steht. Das ergibt insgesamt 18 Schichten. Die sich auf diese Weise aufbauende Ladung ist ohne weiteres fühlbar.

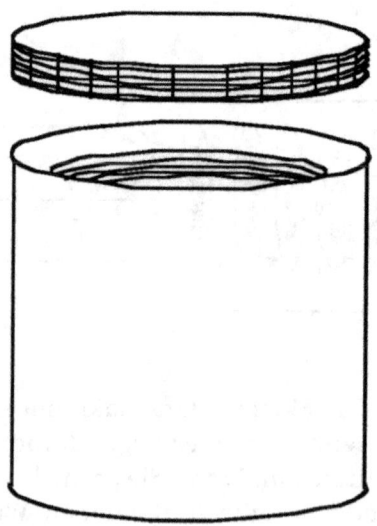

Bitte vergessen Sie nicht, Teil II dieses Buches über die sichere Anwendung von Orgonakkumulatoren zu beachten.

17. Die zehnschichtige Orgonakkumulator-Box

Die folgende Anleitung ergibt einen sehr starken, zehnschichtigen Orgonakkumulator in der handlichen Größe eines Kubus mit den Abmessungen von etwa 40 x 40 x 40 Zentimetern.

a) Schneiden Sie aus verzinktem Eisenblech von etwa 0,5 mm Stärke sechs Quadrate mit einer Kantenlänge von 30 x 30 cm zu. Kleben Sie fünf der Blechscheiben mit einem starken Klebeband auf der Außenseite derart zusammen, daß Sie einen an der Oberseite offenen Metallwürfel erhalten. Der Innenraum des Würfels muß reines Metall sein, d. h. innen darf sich kein Klebstreifen befinden.

b) Für die Herstellung der inneren Schichten besorgen Sie sich sehr feine Stahlwolle (»000« oder »0000«) sowie Teppichschutz aus schwerem durchsichtigen Acrylplastik, wie er beispielsweise oft in Musterhäusern verwendet wird. Man kann ihn in Baumärkten als Meterware kaufen. Er ist nicht billig, eignet sich aber sehr gut. Dieses Acrylmaterial hat auf einer Seite kleine Noppen, damit es als Teppichschutz rutschfest ist. Für unsere Zwecke helfen sie, die Stahlwolle zu fixieren.

Als Außenverkleidung empfehle ich Hartfaserplatte. (Verschiedene Sorten von Faserdämmplatten sind ebenfalls verwendbar, siehe die Diskussion geeigneter Konstruktionsmaterialien in Kapitel 7.) Zur Verstärkung der Kanten nehmen wir Holzleisten. Die Hartfaserplatte kann zusätzlich mit einer Schicht Bienenwachs und/oder Schellack versehen werden, um die Ladungsfähigkeit zu erhöhen.

c) Zehn abwechselnde Lagen aus Acrylplastik und Stahlwolle ergeben zusammen eine Dicke von ungefähr 5 cm. Deshalb muß die Kantenlänge des Außenwandwürfels aus Hartfaserplatte 40 cm betragen.

Bei einer Dicke der Hartfaserplatte von 1 cm sägen Sie sechs Außenwände mit den folgenden Maßen aus:

Das Orgonakkumulator-Handbuch

Deckel: 40 x 40 cm
Boden: 40 x 40 cm
2 Seiten: 40 x 38 cm
2 Seiten: 38 x 38 cm

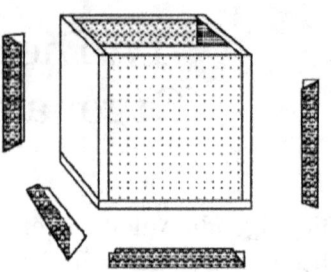

d) Fügen Sie fünf der sechs Hartfaserplatten mit dünnen Nägeln und Leim zu einem würfelförmigen Kasten zusammen. Wie beim Metallwürfel bleibt abermals die Oberseite offen. Verstärken Sie die Ecken und Kanten innen wie außen mit zusätzlichem Leim und lassen Sie ihn gut trocknen, bevor Sie weiterarbeiten.

e) Mit Hilfe einer Gehrungslade stellen Sie nun Kantenleisten für die Verstärkung der Außenkanten her. Nageln und leimen Sie die Leisten über die Kanten des Hartfaserkastens. Ich empfehle, vorher kleine Löcher für die Nägel zu bohren, da die Holzleisten sonst splittern könnten.

f) Schneiden Sie aus dem Acrylplastik 20 Quadrate von 38 x 38 cm zurecht und legen Sie die Hälfte davon zur späteren Verwendung beiseite. Die anderen 10 Plastikquadrate stapeln Sie jetzt nacheinander, jeweils mit einer Lage Stahlwolle dazwischen, auf den Boden im Inneren des Hartfaserkastens, wobei die Noppenseite immer nach oben zeigt. Wenn Sie korrekt geschichtet haben, sollte die oberste Lage Stahlwolle sein. (Beim Arbeiten mit Stahlwolle Atemschutzmaske nicht vergessen!)

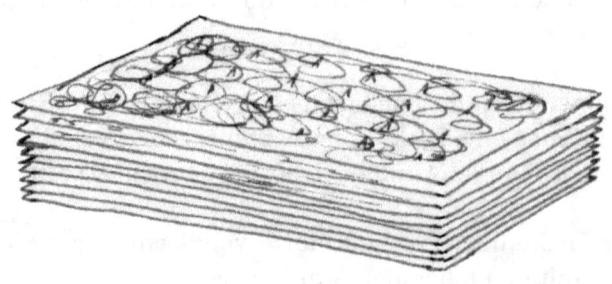

Zehnschichtige Orgonakkumulator-Box

g) Als nächstes setzen Sie die Metallbox in den Hartfaserkasten auf die zehn Schichten von Acrylplastik und Stahlwolle. Wenn Sie den Kasten aus Hartfaserplatte richtig konstruiert haben, sollte sich der obere Rand der Metallbox etwa 5 cm unterhalb des oberen Randes des Hartfaserkastens befinden. Der Abstand zu den Seitenwänden sollte ebenfalls rundherum etwa 5 cm betragen.

h) Schneiden Sie 40 weitere Plastikstücke zurecht, und zwar 20 in Abmessungen von 38 x 30 cm, und 20 in Abmessungen von 30 x 30 cm. Diese werden zum Ausfüllen der Seitenzwischenräume benötigt. Nun nehmen Sie sich jeweils 10 Plastikscheiben einer Größe vor, belegen sie mit einer Lage Stahlwolle und stapeln sie auf, bis Sie 4 Pakete von je 10 Schichten Acrylplastik+Stahlwolle vor sich haben.

j) Schieben Sie die beiden in der Fläche größeren (38 x 30 cm) Plastik/ Stahlwolle-Pakete auf sich gegenüberliegenden Seiten in die Zwischenräume zwischen Hartfaserkasten und Metallbox, so daß die Acrylplastikseiten gegen die Hartfaserinnenwände zu liegen kommen und die Stahlwolle gegen die Außenwände der Metallbox. Die obere Kante der Plastik/Stahlwolle-Pakete sollte sich auf gleicher Höhe mit dem oberen Rand der Metallbox befinden, jedoch etwa 5 cm unterhalb des Randes des Hartfaserkastens.

k) Fügen Sie die zwei verbliebenen Plastik/Stahlwolle-Pakete von 30 x 30 cm in die letzten beiden Zwischenräume zwischen Metallbox und Hartfaserkasten ein, so wie beim vorherigen Schritt.

l) Jetzt kommen Sie auf die zehn 38 x 38 cm großen Acrylplastikteile zurück, die Sie anfangs zur Seite gelegt hatten. Legen Sie eine Lage Stahlwolle auf jede Scheibe und stapeln Sie sie aufeinander. Anders als bei den vorherigen Paketen bleibt das oberste Plastikstück jedoch frei von Stahlwolle.

m) Nun nehmen Sie sich das sechste Stück Eisenblech vor, das nicht zum Bau der Metallbox verwendet wurde, und bohren oder stanzen in etwa 1 cm Abstand vom Rand in jede Ecke ein kleines Loch. Die Löcher sollten groß genug für eine lange, dünne Schraube sein.

Das Orgonakkumulator-Handbuch

n) Setzen Sie das letzte Plastik/Stahlwolle-Paket mittig auf das sechste Stück Hartfaserplatte, so daß rundherum etwa 1 cm Hartfaserplatte übersteht, und legen das letzte Blechquadrat (mit den Löchern) obenauf. Die Metallplatte lagert jetzt direkt auf der obersten Plastikscheibe (die Sie ja nicht mit Stahlwolle belegt hatten), und zwar wiederum in der Mitte, so daß rund um das Metall etwa 5 cm Acrylplastikrand zu sehen sind. Fixieren Sie das Ganze temporär mit etwas Klebeband, um den Stapel zusammenzuhalten.

o) Als nächstes stechen Sie vorsichtig mit einem langen, scharfspitzigen Nagel Durchgänge durch die Schichten aus Acrylplastik und Stahlwolle, indem Sie die Löcher in der Metallplatte als Führung nehmen. Benutzen Sie dafür keine Bohrmaschine, denn die Stahlwolle würde sich um den Bohrer wickeln.

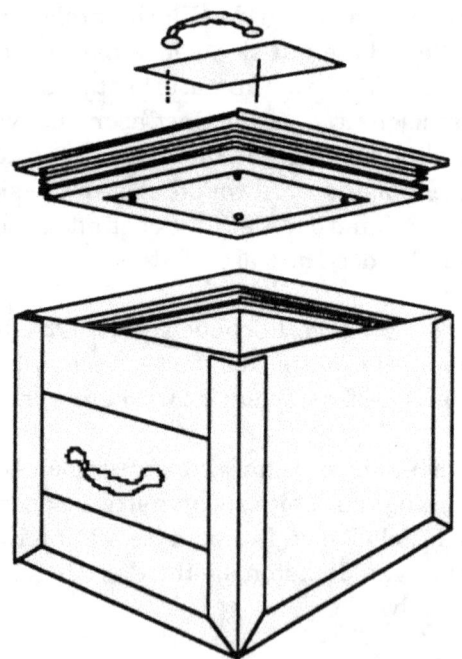

p) Nehmen Sie vier lange, dünne Schrauben, Muttern und große Unterlegscheiben und befestigen Sie damit die Metallplatte, die Plastik/Stahlwolle-Schichten und die Hartfaserplatte aneinander. Die Schrauben sollten allerdings nicht zu lang sein, damit sie an einem Ende nicht unnötig überstehen. Das fertige Gebilde ist der

Zehnschichtige Orgonakkumulator-Box

Deckel des Orgonakkumulators und sollte paßgenau auf dem Hartfaserkasten aufliegen. Die Metallplatte sollte innen idealerweise auf den Oberkanten der Metallbox zu liegen kommen, muß in dieser Hinsicht aber nicht perfekt passen. Wichtig ist, daß bei geschlossenem Deckel alle Innenflächen des Akkumulators allein aus Metall bestehen.

q) Für die Befestigung von Tragegriffen rate ich, zuerst breite, flache Holzstreifen an die Stellen der Außenseiten zu kleben, wo Sie Griffe anbringen möchten. Die Hartfaserplatte ist sonst sehr wahrscheinlich zu dünn, um Griffschrauben und Gewicht des Akkumulators ohne diese zusätzliche Verstärkung aushalten zu können. Sobald der Klebstoff trocken ist, können Sie Holz- oder Metallgriffe durch die Holzleisten hindurch an die Seitenwände anschrauben. Es empfiehlt sich, für einen Griff am Deckel auf dieselbe Weise vorzugehen.

Zuletzt können Sie Akkumulatorkasten und Deckel noch mit einem Scharnier verbinden oder Möbelrollen unter dem Boden anbringen, aber beides ist nicht notwendig.

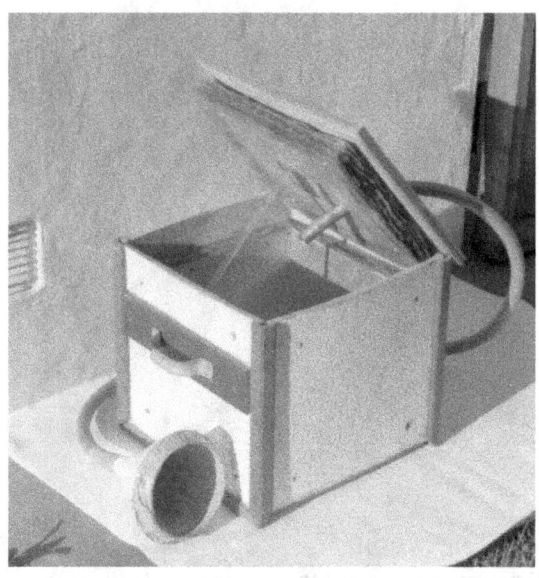

Zehnschichtiger würfelförmiger Orgonakkumulator mit angeschlossenem Orgonshooter-Trichter.

Das Orgonakkumulator-Handbuch

r) Zum Schutz der Außenwände und um die Ladungsfähigkeit zu erhöhen, können Sie die Orgonakkumulator-Box rundherum mit mehreren Anstrichen natürlichen Schellacks versehen.

s) Eine höhere Ladung erzielen Sie auch, indem Sie Ihre Akkumulator-Box in einem großen Orgonakkumulator aufbewahren. In einem Akkumulator von Sitzgröße können Sie sie beispielsweise unter die Sitzbank stellen, soweit vorhanden, oder unter den Stuhl, auf dem Sie Platz nehmen. (Die Akkumulator-Box selbst ist voraussichtlich nicht stabil genug, um Ihr Gewicht zu tragen.)

t) Sorgen Sie für eine trockene und energetisch unbelastete Umgebung, die frei von elektromagnetischen und radioaktiven Störeinflüssen ist, so wie in den vorangegangenen Kapiteln erläutert. Auch ist zu empfehlen, den Deckel offenzulassen, wenn der Orgonakkumulator nicht benutzt wird.

Bitte vergessen Sie nicht, Teil II dieses Buches über die sichere Anwendung von Orgonakkumulatoren zu beachten.

18. Der Orgonshooter-Trichter

Der Orgonshooter-Trichter arbeitet nach den gleichen Funktionsprinzipien wie alle anderen orgonakkumulierenden Geräte, hat jedoch eine breite Öffnung zur direkten Bestrahlung. Er ist meistens mit einer Akkumulator-Box verbunden, wie im vorangegangen Kapitel abgebildet, aber das ist nicht unbedingt erforderlich.

a) Besorgen Sie sich im Baumarkt oder Autozubehörhandel einen Stahl- oder Eisentrichter von etwa 15 cm Durchmesser. Manchmal ist ein flexibler Metallschlauch bereits angeschlossen (zum Auffüllen von Motorenöl gedacht), der für eine spätere Verbindung des fertigen Shooter-Trichters mit einem größeren Orgonakkumulator hilfreich ist. Testen Sie vorsichtshalber sowohl Trichter als auch Schlauch mit einem Magneten, um sicherzugehen, daß keiner von beiden aus Aluminium besteht.

b) Überziehen Sie die Außenfläche des Trichters mit einer Schicht Bienenwachs.
Achtung: Aufgrund der Feuergefahr rate ich, das Wachsschmelzen ausschließlich im Freien auf einer tragbaren Kochplatte vorzunehmen!
Alternativ können Sie die Außenseite des Trichters auch mit Woll- bzw. Polyacrylstoff ummanteln und mit Kunststoffklebeband (für elektrische Isolierung) oder Wundpflastermaterial fixieren. Für einen stärkeren Akkumulationseffekt fügen Sie ggf. eine weitere Schicht aus Stahlwolle und Stoff hinzu. Die Trichterinnenseite muß jedoch frei von nichtleitenden Materialien bleiben.

Nach derselben Methode hat übrigens Dr. Eva Reich simple Erste-Hilfe-Akkumulatoren für Verletzungen im Haushalt konzipiert: Man nehme eine Weißblechschüssel

Das Orgonakkumulator-Handbuch

(Magnettest!) und umwickle sie mit ein oder zwei Schichten Wolle und Stahlwolle. Zum Fixieren kann man entweder Pflaster- oder Isolierklebeband verwenden (die Schüsselinnenwand muß wiederum rein metallisch bleiben). Das Resultat ist eine relativ starke »Orgonglocke«, mit der man umgehend z.B. Brand- oder Schnittverletzungen behandeln kann, ohne in direkten Kontakt mit der Wunde zu kommen.

c) Zurück zu unserem Orgonshooter: Für die Verbindung zu einer Orgonakkumulator-Box benötigen Sie einen flexiblen Metallschlauch aus verzinktem Stahl (kein Aluminium! Magnettest!), den Sie an der schmalen Trichteröffnung anbringen, falls Ihr Trichter nicht von vornherein mit einem solchen ausgerüstet ist. Zur Befestigung nehmen Sie abermals Isolierklebeband. Das andere Ende des Metallschlauchs wird durch ein Loch in der Seite oder im Deckel ins Innere des Orgonakkumulators geführt (siehe Abbildung Seite 215). Um die Orgonleitkraft zu erhöhen, können Sie den Metallschlauch noch zusätzlich mit einer Lage Woll- bzw. Polyacrylstoff umgeben.

Ohne die Schlauchverbindung hebt man einen Orgontrichter am besten in einem Akkumulator oder in eine Orgondecke gewickelt auf, damit er aufgeladen bleibt.

19. Der Orgonstab

Der Orgonstab ist ein sehr einfaches Instrument zur Demonstration subjektiver Wahrnehmungen der Orgonenergie. Er eignet sich ferner gut dazu, Orgonstrahlung in Körperöffnungen einzubringen. Die meisten Menschen empfinden in entspanntem Zustand eine sanfte Wärme oder leichtes Kribbeln, wenn sie den Stab an die Handinnenfläche, den Solarplexus oder die Oberlippe halten.

a) Besorgen Sie sich im Schul- oder Laborbedarfshandel ein 15 bis 20 cm langes, stabiles Reagenzglas von etwa 2 bis 3 cm Durchmesser und einen passenden Gummistöpsel zum Verschließen.

b) Füllen Sie das Reagenzglas mit Stahlwolle (Feinheitsgrad »000« oder »0000«). Sie können sie etwas zusammendrücken, doch nicht zu fest.

c) Verschließen Sie das obere Ende des Reagenzglases mit dem Gummistopfen und fixieren Sie ihn mit Isolierklebeband.

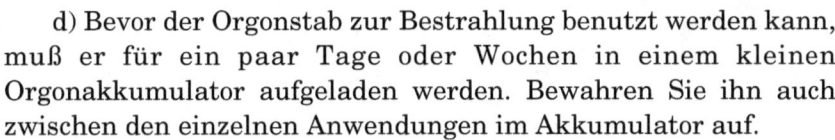

d) Bevor der Orgonstab zur Bestrahlung benutzt werden kann, muß er für ein paar Tage oder Wochen in einem kleinen Orgonakkumulator aufgeladen werden. Bewahren Sie ihn auch zwischen den einzelnen Anwendungen im Akkumulator auf.

e) Wenn Sie den Stab in der Mundhöhle oder anderen Körperöffnungen einsetzen, denken Sie bitte daran, ihn nach jeder Anwendung gründlich mit Desinfektionsalkohol abzuwischen und an der Luft trocknen zu lassen, bevor Sie ihn zur Aufladung wieder in den Orgonakkumulator legen.

20. Der dreischichtige Orgonakkumulator von Sitzgröße

Dieser Orgonakkumulator ist groß genug, um darin zu sitzen. Er besteht aus sechs rechteckigen Komponenten, die sich jeweils aus einem Holzrahmen, verzinktem Stahlblech (0,5 mm, für die Innenwand), drei wechselnden Schichten aus Stahlwolle und Glaswolle im Inneren sowie einer Hartfaserplatte zusammensetzen. Man kann auch verschiedene Faserdämmplatten als Außenwände des Akkumulators verwenden, konsultieren Sie dazu bitte die Diskussion geeigneter Konstruktionsmaterialien in Kapitel 7.

Ich habe dort ferner die Problematik des Arbeitens mit Glaswolle angesprochen, welches Atemschutzmaske und Vermeidung von Augen- und Hautkontakt erfordert. Glaswolle besitzt sehr gute orgonabsorbierende Eigenschaften, weshalb sie traditionell für den Akkumulatorbau verwendet wird. Ein ebenso gutes und gesundheitlich unbedenkliches organisches Material für die Zwischenschichten ist kardierte Schafswolle mit hohem Lanolingehalt. Ersetzen Sie in der folgenden Bauanleitung bei Bedarf einfach die Glaswolle mit kardierter Schafswolle.

a) Berechnen Sie als erstes die Größe des Orgonakkumulators entsprechend Ihrer persönlichen Bedürfnisse. Berücksichtigen Sie dabei auch die notwendigen Überlappungen (zur Veranschaulichung siehe Zeichnung auf Seite 228):

- beide Seitenteile und die Rückwand sitzen vollständig auf dem Bodenteil auf;
- die Rückwand ist zwischen die Seitenteile eingepaßt;
- das Deckensegment hat wiederum dieselben Dimensionen wie der Boden, es liegt auf Seitenteilen und Rückwand auf;
- das Türpaneel sitzt wie die Rückwand zwischen den beiden Seitenteilen.

Das Orgonakkumulator-Handbuch

Meiner Ansicht nach ist dies die einfachste Konstruktionsweise. Die folgende Tabelle gibt Beispielmaße für die einzelnen Bauteile bei unterschiedlicher Körpergröße bzw. Sitzhöhe.

Maßangaben der Einzelsegmente bei drei verschiedenen Orgonakkumulatorgrößen:

	Groß	*Mittel*	*Klein*
Dach	75 x 89 cm	67 x 81 cm	60 x 71 cm
Boden	75 x 89 cm	67 x 81 cm	60 x 71 cm
Linke Wand	89 x 147 cm	81 x 137 cm	71 x 127 cm
Rechte Wand	89 x 147 cm	81 x 137 cm	71 x 127 cm
Rückwand	64 x 147 cm	56 x 137 cm	49 x 127 cm
Tür	64 x 132 cm	56 x 122 cm	49 x 112 cm

Innenmaße:

Höhe:	147 cm	137 cm	127 cm
Breite:	64 cm	56 cm	49 cm
Tiefe:	78 cm	70 cm	60 cm

Zur individuellen Ermittlung der Innenmaße geht man nach folgender Berechnung vor:

Höhe: Sitzhöhe auf dem zu verwendenden Stuhl + ca. 8 cm
Breite: Schulterbreite + ca. 10 cm (5 cm auf jeder Seite)
Tiefe: Sitztiefe (Entfernung von Knien bis Rücken) + ca. 8 cm

Bei den Abmessungen für Rückwand und Tür wurde die Stärke des Holzrahmens mit 4,5 cm und die der Hartfaserplatte mit 1 cm angenommen. Wenn Ihre Wandelemente dicker oder dünner sind, müssen Sie die Breite von Rückwand und Tür entsprechend anpassen. Bei der Tür wurde jeweils 1 cm Spielraum berücksichtigt, damit sie sich leicht öffnen und schließen läßt. Bei den Türmaßen wurde ferner vorausgesetzt, daß der Belüftungsspalt am oberen und unteren Ende der Tür jeweils etwa 7,5 cm beträgt. Wenn Ihnen eine Tür mit Fenster lieber ist, muß sie vom Dachsegment bis zum Boden des Orgonakkumulators reichen. Falls Sie sich Ihrer handwerklichen Fähigkeiten nicht so sicher sind, sollten Sie die Tür als letztes bauen, damit Sie sie besser einpassen können.

Dreischichtiger großer Orgonakkumulator

Bei der Bestimmung der Innenmaße ist außerdem zu beachten: je größer der Abstand zwischen Körperoberfläche und Innenwänden, desto geringer ist die Einwirkung des Orgonakkumulators auf die darinsitzende Person. Sie sollten daher von Ihrer Sitzhöhe auf einem bequemen Schemel oder Stuhl ausgehen und dann etwa 8 cm Distanz zwischen Kopf und Decke einrechnen. Für den Abstand von Wand zu Wand messen Sie Ihre Schulterbreite und addieren 10 cm hinzu (5 cm je Seite), und für die Ermittlung der notwendigen Tiefe des Akkumulators nehmen Sie ihre Sitztiefe, d.h. die Entfernung von den Knien bis zum Rücken, plus abermals ca. 8 bis 10 cm.

b) Aus Leisten von leichtem Kiefern- oder Tannenholz im Durchmesser von 2 x 4,5 cm fertigen Sie nun die Rahmen für alle 6 Wandkomponenten an, so als ob Sie große Bilderrahmen herstellten. Die Kantenlängen müssen den von Ihnen errechneten Abmessungen für alle Paneele entsprechen. Nageln und leimen Sie alle Ecken fest zusammen.

c) Stellen Sie die Rahmen so aneinander, wie sie als fertiger Orgonakkumulator angeordnet sein werden, so daß Sie überprüfen können, ob alle Maße richtig berechnet sind. Falls Sie sich verkalkuliert haben, können Sie das jetzt noch korrigieren, bevor Sie anfangen, die kostspieligeren Hartfaserplatten und Stahlbleche zuzuschneiden.

d) Sägen Sie nun die Hartfaserplatten zurecht. Beim Aufliegen auf den Holzrahmen sollten sie bündig mit deren jeweiligen Außenkanten abschließen. Nageln und leimen Sie die Platten auf jeden Rahmen. Für das Bodenpaneel — und nur für dieses — benötigen Sie außerdem eine zusätzliche, mindestens 1 cm dicke Platte aus einem besonders stabilen Material wie z.B. Sperrholz, die später das Stahlblech verstärken muß, welches ansonsten Ihr Gewicht nicht allein zu tragen vermag. In Kapitel 7 hatte ich Sperrholz zwar in die Kategorie der für den Akkumulatorbau ungeeigneten Materialien eingestuft, für diese einmalige Anwendung kann man hier allerdings eine Ausnahme machen.

e) Falls Sie sich für die Verwendung von Glaswolle entschieden haben, legen Sie jetzt Atemmaske und Schutzkleidung an (Handschuhe, Einwegschutzanzug). Für den Akkumulatorbau nehmen

Das Orgonakkumulator-Handbuch

wir die lockereren Glaswollmatten oder -vliese. Schneiden Sie die Matten mit einer Dicke von etwa 0,8 cm zu und legen Sie in jeden Rahmen eine Lage. Drücken Sie die Matten nicht zusammen und vermeiden Sie Klumpen und Löcher.

Sie können auch kardierte Wolle, Wollvlies, Wolldecken oder Baumwollwatte verwenden, was aber bei einem großen Orgonakkumulator deutliche Mehrkosten verursacht und die Orgonladung nicht wesentlich erhöht. Abgesehen von ihrer gesundheitlichen Unbedenklichkeit in der Handhabung geben diese Materialien der Orgonladung jedoch auch ein anderes »Feeling«, und wenn das für Sie wichtig ist, dann sind die Mehrausgaben gerechtfertigt.

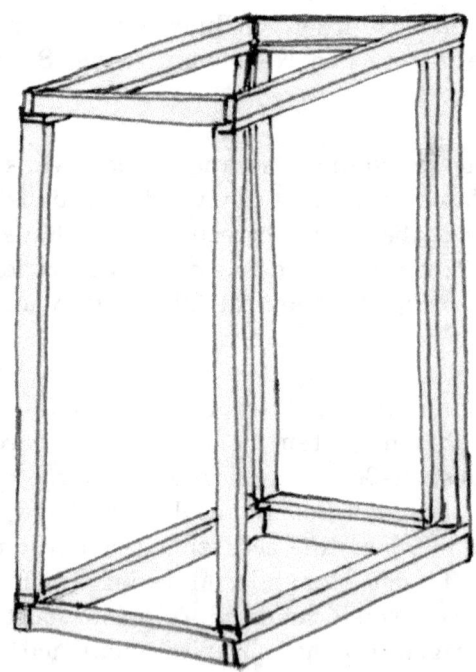

Sobald die Rahmen für die sechs Wandkomponenten gezimmert sind, stellt man sie versuchsweise zusammen (temporär mit Klebeband fixieren), um sicherzugehen, daß alle Maße stimmen. Eventuelle Fehler lassen sich jetzt noch leicht korrigieren, bevor man weiterarbeitet.

Dreischichtiger großer Orgonakkumulator

f) Rollen Sie sehr feine Stahlwolle auf (Feinheitsgrad »000« oder »0000«). *Achtung: beim Arbeiten mit Stahlwolle sollte ebenfalls eine Atemschutzmaske getragen werden!* Legen Sie in jeden Rahmen eine Lage locker und so gleichmäßig wie möglich auf die Glaswolle, so wie wir es schon von der Anfertigung einer Orgondecke her kennen. Beide Lagen sollten nahezu dieselbe Dicke haben. Wenn Sie Stahlwolle in großen Rollen bekommen können, sparen Sie übrigens eine Menge Zeit beim Bau des Orgonakkumulators.

g) Wiederholen Sie die Schritte e) und f) noch zweimal, bis abwechselnd jeweils drei Lagen von Glaswolle und Stahlwolle in jedem Rahmen liegen, wobei sich die letzte Lage Stahlwolle zuoberst befindet. Wie Sie sicherlich bemerkt haben, lagert bei dieser Schichtung die unterste Glaswollmatte direkt auf der Hartfaserplatte, wodurch sich die äußerste nichtmetallische Lage und ihre dielektrischen Eigenschaften praktisch verdoppeln. Die gleiche Verstärkung erfährt die metallische Akkumulatorinnenwand, indem die letzte Lage Stahlwolle direkt an das Stahlblech zu liegen kommt. Meiner Erfahrung nach verbessert diese Bauweise die allgemeine Ladungsfähigkeit des Orgonakkumulators.

h) Die Rahmen müßten nun bis zur Oberkante gefüllt sein. Vielleicht müssen Sie die Schichten sogar ein wenig zusammendrücken, bevor Sie das verzinkte Stahlblech auflegen können. Sollten Sie ein anderes nichtmetallisches Material als Glaswollmatten verwendet haben, ist es möglich, daß die Füllung zu lose im Rahmen liegt und die Schichten zusammensacken, sobald die Wandpaneele aufgerichtet werden. In diesem Fall kann man die einzelnen Lagen mit einem Heftgerät am oberen Innenrahmen festtackern.

j) Schneiden Sie das verzinkte Stahlblech so zu, daß es den ganzen Holzrahmen rundherum bis zur Kante abdeckt. Nehmen Sie das dünnste Blech (beispielsweise 0,6 oder 0,75 mm), das Sie bekommen können. Bei dieser Stärke läßt es sich noch mit einer kräftigen Schere schneiden und gibt den Paneelen trotzdem genügend zusätzliche Stabilität. Wie bereits erwähnt, müssen Sie beim Bodenteil erst eine Sperrholzplatte auf den Rahmen aufnageln, bevor Sie mit dem Stahlblech abschließen, welches sonst Ihr Gewicht nicht allein tragen könnte.

Das Orgonakkumulator-Handbuch

Querschnitt von Seitenpaneelen, Dach, Rückwand und Tür

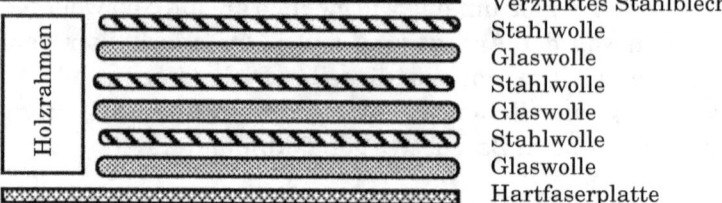

Querschnitt des Bodenpaneels

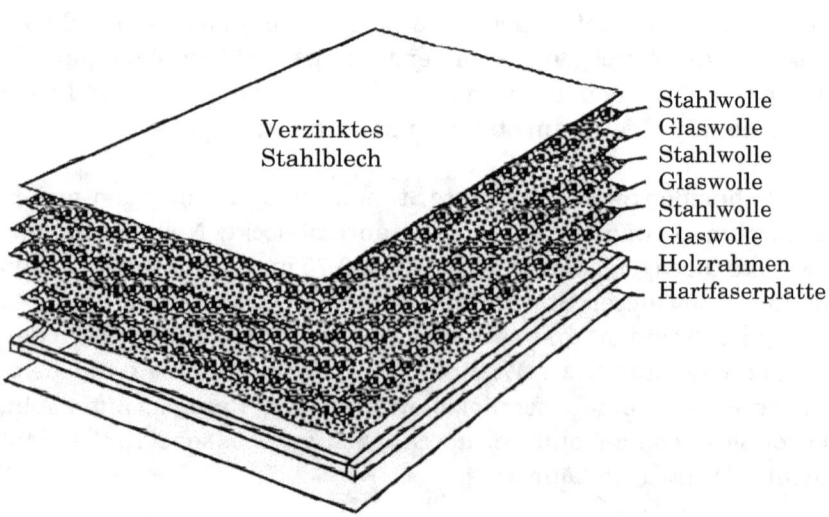

Dreischichtiger großer Orgonakkumulator

Nageln Sie die Bleche fest auf die Holzrahmen; kleine Stahlnägel sollten leicht durch das dünne Metall hindurchgehen. Ansonsten stanzen Sie vorher kleine Löcher für die Nägel. Wenn alle Bleche sicher befestigt sind, entfernen Sie mit einer Feile oder Schere alle überstehenden und scharfen Kanten.

Anstelle der Stahlbleche können Sie übrigens auch feines verzinktes Stahldrahtgewebe verwenden. Das kommt vermutlich billiger und läßt sich auch einfach am Holzrahmen festtackern. Man sollte die Stahlwolle durch das Drahtgeflecht sehen können.

k) Nun fügen Sie die fertigen Wandkomponenten zusammen. Sie beginnen, indem Sie die Seitenpaneele mit Hilfe von L-förmigen Stahlwinkelleisten (sogenannten Eck-/Flachwinkeln mit bereits vorgestanzten Löchern), die jeweils vorne und hinten an den Enden der Rahmenaußenkanten angebracht werden, mit dem Bodenteil verbinden (zur Erinnerung: die Seitenpaneele sitzen auf dem Boden auf). Ich rate, für den Zusammenbau Schrauben anstelle von Nägeln zu verwenden, damit Sie den Akkumulator später bei Bedarf wieder auseinandernehmen können.

l) Wenn beide Seitenteile vorne und hinten sicher am Bodenpaneel montiert sind, schieben Sie die Rückwand zwischen die Seitenwände ein. Sie sitzt ebenfalls auf dem Boden auf und muß rundherum mit allen Außenkanten bündig sein. Die Rückwand wird mit sogenannten Flachverbindern gesichert (ebenfalls bereits vorgestanzt im Fachhandel erhältlich), die derart von Außenkante Seitenpaneel zu Außenkante Boden geführt werden, daß sie mit den Flachwinkelleisten, welche Seitenwände und Bodenpaneel miteinander verbinden, offene Dreiecke bilden (siehe Abbildung).

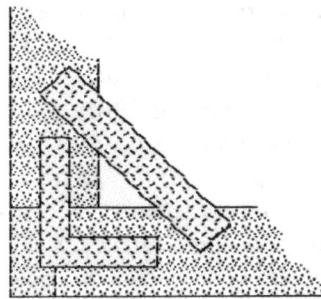

Anschließend setzen Sie das Dachpaneel obenauf und befestigen es wie gehabt mit den Flachwinkeln vorne und hinten sowie den zusätzlichen Flachverbindern auf der Rückseite. Ihr Orgonakkumulator ist nun fast fertig und sollte recht stabil sein.

Das Orgonakkumulator-Handbuch

Vorderansicht des großen Orgonakkumulators

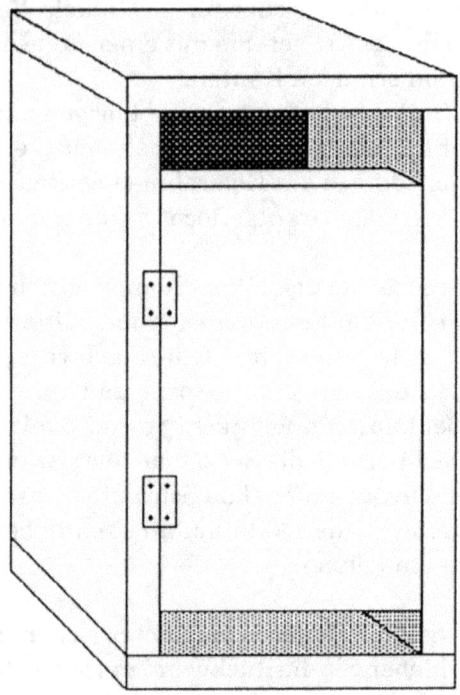

    Türvariante mit ca. 7,5 cm hohen Belüftungsspalten. Sie können bei Bedarf Fliegennetze anbringen, um Insekten fernzuhalten. Anders als hier abgebildet, empfiehlt es sich, Türangeln zu verwenden, welche das Ein- und Aushängen der Tür erlauben. Zum Geschlossenhalten eignen sich simple Türhaken.

    Wenn Ihnen die hier beschriebene Konstruktion zu zugig ist, können Sie die Tür auch in voller Länge bauen. Dann benötigen Sie allerdings ein kleines Fenster für die Luftzufuhr. Bevor Sie mit der Zusammensetzung des Türpaneels beginnen, sägen und schneiden Sie jeweils in gleicher Höhe eine ca. 15 x 15 cm große Öffnung in die Hartfaserplatte und das Stahlblech. Nachdem Sie die Hartfaserplatte auf den Außenrahmen genagelt haben (vergl. Punkt d)), fertigen Sie aus 4,5 cm breiten Holzleisten (entsprechend der Tiefe Ihres Rahmens für das Türsegment) eine Einfassung an und nageln bzw. leimen sie in die Fensteröffnung der Hartfaserplatte. Dann fahren Sie wie gehabt mit der Fertigstellung des Türpaneels fort (siehe auch Fotos auf Seiten 53 und 231).

Dreischichtiger großer Orgonakkumulator

m) Markieren Sie die Löcher für die Türangeln sorgfältig, bevor Sie sie bohren. Achten Sie bei der Positionierung der Tür darauf, daß ober- und unterhalb jeweils ein Belüftungsspalt von etwa 7,5 cm bleibt. Ich empfehle, keine Möbelscharniere zu nehmen, sondern Türbänder, die bei Bedarf das Aushängen der Tür erlauben. Wenn das Türpaneel richtig eingepaßt ist, sollte es dichtgefügt zwischen den Seitenwänden sitzen, doch leicht auf- und zugehen, ohne zu klemmen.

Bringen Sie nicht nur außen, sondern auch innen einen Türgriff und ggf. einen Türhaken an, damit eine im Orgonakkumulator sitzende Person die Tür von innen schließen kann.

n) Zum Abschluß empfehle ich, die Außenwände des Akkumulators mit mehreren Anstrichen natürlichen Schellacks zu überziehen. Das erhöht die orgonabsorbierenden Eigenschaften der Hartfaserplatte und schützt sie zudem vor Feuchtigkeit.

o) Ihr Akkumulator ist nun im Prinzip gebrauchsfertig. Falls Sie keinen passenden Stuhl oder Hocker parat haben, sondern lieber eigens eine Sitzbank konstruieren möchten, rate ich zu Holz als stabilem und natürlichem Baumaterial. Vermeiden Sie mit Formaldehyd oder anderen Konservierungsmitteln behandelte Hölzer. Ein Metallstuhl ist ebenfalls in Ordnung (kein Aluminium!), mag sich aber unangenehm kalt anfühlen, es sei denn, Sie legen ein Handtuch oder eine Decke auf.

Konstruieren Sie den Sitz möglichst in einer Weise, daß später ein weiterer kleiner Orgonakkumulator darunter Platz finden kann.

p) Ferner empfiehlt es sich, bei Bedarf ein Orgonbrett oder Orgonkissen anzufertigen, welches Sie sich im Akkumulator vor den Oberkörper halten können. Wie Sie feststellen werden, ist im Sitzen der Abstand zwischen Brustkorb und Tür doch recht groß, wodurch die Bestrahlungsintensität in diesem Bereich deutlich vermindert ist. Durch ein zusätzliches kleines Akkumulatorbrett — z.B. aus denselben Materialien wie die Akkumulatorwände — oder eine kleine Orgondecke können Sie die Orgonstrahlung direkt an Ihren Oberkörper bringen.

Ein Orgonkissen ist übrigens schnell hergestellt, indem Sie ein Stück Stoff aus Baumwolle, Wolle oder Acrylfilz zusammen mit Stahlwolle zu einem dicken Bündel rollen — wobei die Stahlwolle

Das Orgonakkumulator-Handbuch

die nach außen gewandte Lage bilden sollte — und das Ganze in einen Kissenbezug stecken. Das Orgonkissen läßt sich auch jederzeit außerhalb des Akkumulators anstelle einer Orgondecke verwenden. Belassen Sie es aber im Orgonakkumulator, solange Sie es nicht benutzen, damit es gut aufgeladen bleibt.

q) Betreiben Sie im Orgonakkumulator keine elektrischen Geräte. Wenn Sie im Inneren lesen möchten, richten Sie eine starke Glühbirne von außen in den Akkumulator oder bedienen Sie sich einer kleinen batteriebetriebenen Leselampe.

Um es noch einmal zu betonen: Leuchtstoffröhren, Fernseher, Computer, Heizdecken, Handys, ganz generell alle Geräte mit elektromagnetischem Strahlungsfeld sind vom Orgonakkumulator fernzuhalten!

Bitte vergessen Sie nicht, Teil II dieses Buches über die sichere Anwendung von Orgonakkumulatoren zu beachten.

Dreischichtiger großer Orgonakkumulator

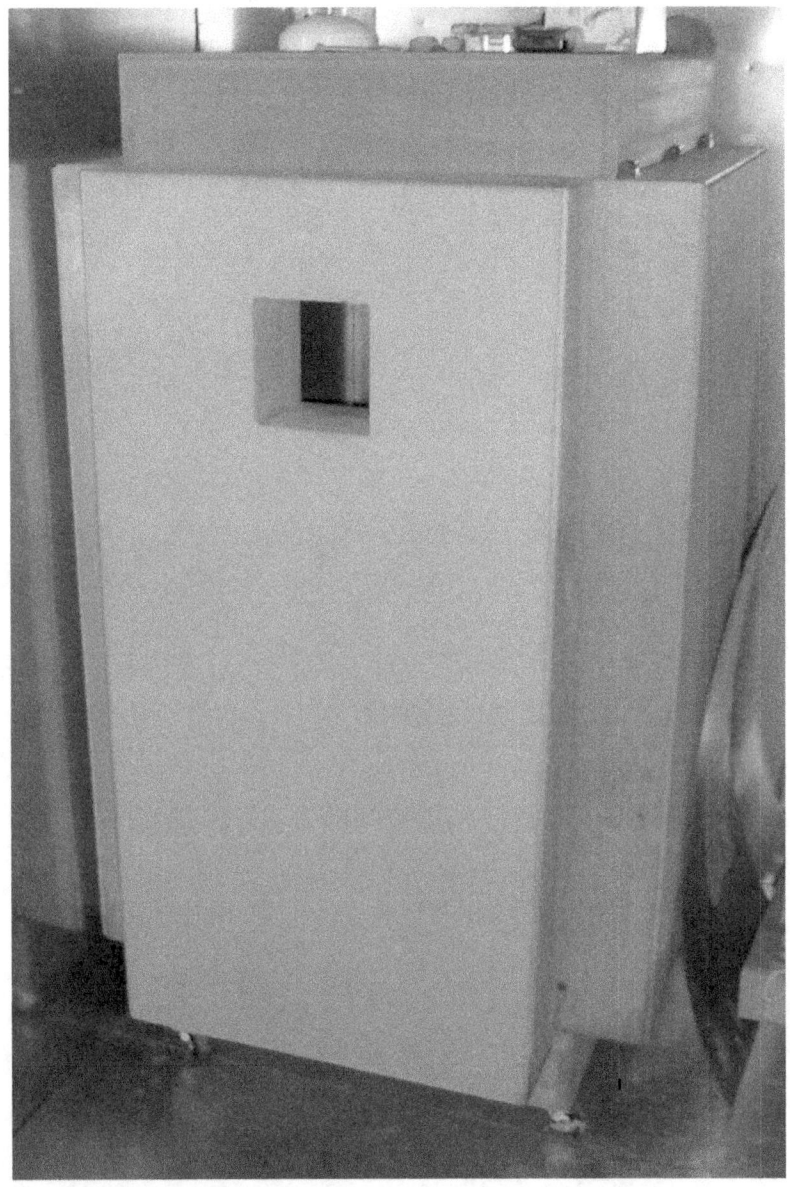

*Ein zwanzigschichtiger Orgonakkumulator am OBRL.
Anfertigung: Firma Orgonics, Kalifornien, www.orgonics.com*

Nehmen Sie den Bau eines derart massiven Akkumulators möglichst erst in Angriff, wenn Sie genügend Erfahrung mit kleineren gesammelt haben.

Literaturverzeichnis

Hinweis: Die hier aufgeführten Veröffentlichungen zur Orgonomieforschung beziehen sich im Wesentlichen auf die Inhalte dieses Buches und stellen daher nur eine kleine Auswahl dar. Für einen umfangreichen und kontinuierlich aktualisierten Nachweis aller Forschungsarbeiten auf dem Gebiet der Orgonomie weltweit sei auf unsere **Bibliography on Orgonomy** im Internet verwiesen:
www.orgonelab.org/bibliog.htm

Bücher von Wilhelm Reich in englischer Sprache:
American Odyssey: Letters & Journals 1940-1947
Beyond Psychology: Letters & Journals 1934-1939
The Bioelectrical Investigation of Sexuality and Anxiety
The Bion Experiments
The Cancer Biopathy (Discovery of the Orgone, Volume 2)
Character Analysis
Children of the Future: On the Prevention of Sexual Pathology
Contact With Space: Oranur 2nd Report
Cosmic Superimposition: Man's Orgonotic Roots in Nature
The Early Writings of Wilhelm Reich
The Einstein Affair, 1939-1952, Wilhelm Reich Biographical Material
Ether, God and Devil
The Function of the Orgasm (Discovery of the Orgone, Volume 1)
Genitality in the Theory and Therapy of Neurosis
The Invasion of Compulsory Sex-Morality
Listen, Little Man!
The Mass Psychology of Fascism
The Murder of Christ (Emotional Plague of Mankind, Volume 2)
The Oranur Experiment, First Report (1947-1951)
The Orgone Energy Accumulator, Its Scientific and Medical Use
Passion of Youth: Wilhelm Reich, an Autobiography 1897-1922
People in Trouble (Emotional Plague of Mankind, Volume 1)
Record of a Friendship, Correspondence, Wilhelm Reich & A.S. Neill
Reich Speaks of Freud
Selected Writings
The Sexual Revolution
Where's The Truth? Letters & Journals 1948-1957

Bücher von Wilhelm Reich in deutscher Sprache:
Äther, Gott und Teufel
Ausgewählte Schriften. Eine Einführung in die Orgonomie
Die bioelektrische Untersuchung von Sexualität und Angst

Das Orgonakkumulator-Handbuch

Die Bionexperimente
Charakteranalyse
Christusmord (Die emotionale Pest des Menschen, Bd. I)
Der Einbruch der sexuellen Zwangsmoral
Die Entdeckung des Orgons I: Die Funktion des Orgasmus
Die Entdeckung des Orgons II: Der Krebs
Experimentelle Ergebnisse über die elektrische Funktion von Sexualität und Angst
Frühe Schriften 1 (1920-1925)
Frühe Schriften 2, Genitalität in der Theorie und Therapie der Neurose
Die Funktion des Orgasmus
Jenseits der Psychology: Briefe und Tagebücher (1934-1939)
Die Kosmische Überlagerung
Leidenschaft der Jugend: Eine Autobiographie (1897-1922)
Die Massenpsychologie des Faschismus
Menschen im Staat (Die emotionale Pest des Menschen, Bd. II)
Das Oranur-Experiment (Bd.I)
Das Oranur-Experimente (Bd.II - Contact With Space / OROP Wüste Ea, 1954-1955)
Der Orgasmus als elektrophysiologische Entladung
OROP Wüste (Orop Desert Part 1: Space Ships, DOR and Drought)
Psychischer Kontakt und vegetative Strömung
Rede and den Kleinen Mann
Der sexuelle Kampf der Jugend
Die sexuelle Revolution

Ausgewählte Forschungsberichte Wilhelm Reichs aus seinen Fachzeitschriften:

»The Natural Organization of Protozoa from Orgone Energy Vesicles«, *International Journal of Sex-Economy & Orgone Research,* I(3):193-225, November 1942.

»Orgonotic Pulsation: The Differentiation of Orgone Energy from Electromagnetism«, *Int. J. Sex-Economy & Orgone Research,* III:74-79, 1944.

»Orgone Biophysics, Mechanistic Science and 'Atomic Energy'«, *Int. J. Sex-Economy & Orgone Research,* IV:200-201, 1945.

»Cosmic Orgone Energy and 'Ether'«, *Orgone Energy Bulletin,* I(4):143-159, 1949.

»Orgonomic Functionalism, Part I: Ether, God & Devil«, *Annals of the Orgone Institute,* II, 1949.

»A Motor Force in Orgone Energy. Preliminary Communications«, *Orgone Energy Bulletin,* I(1):7-11, 1949.

»Orgonotic Light Functions 1: Searchlight Phenomena in the Orgone Energy Envelope of the Earth«, *Orgone Energy Bull.,* I(1):3-6, 1949.

»Orgonotic Light Functions 2: An X-Ray Photograph of the Excited Orgone Energy Field of the Palms«, *Orgone Energy Bulletin,* I(2):49-51, 1949.

Literaturverzeichnis

»Orgonotic Light Functions 3: Further Characteristics of Vacor Lumination«, *Orgone Energy Bulletin,* I(3):97-99, 1949.

»Meteorological Functions in Orgone-Charged Vacuum Tubes«, *Orgone Energy Bulletin,* II(4):184-193, 1950.

»Note on Electroscopical Orgonometry«, *Orgone Energy Bulletin,* II(1):47, 1950.

»Orgonomic and Chemical Cancer Research: A Brief Comparison«, *Orgone Energy Bulletin,* II(3):139-142, 1950.

»Orgonometric Equations I: General Form«, *Orgone Energy Bulletin,* II(4):161-183, 1950.

»The Storm of November 25th and 26th, 1950«, *Orgone Energy Bull.,* III(2):76-80, 1951.

»Three Experiments with Rubber at the Electroscope«, *Orgone Energy Bulletin,* III(3):144-145, 1951.

»The Anti-Nuclear Radiation Effect of Cosmic Orgone Energy«, *Orgone Energy Bulletin,* III(1):61-63, 1951.

»'Cancer Cells' in Experiment XX«, Orgone *Energy Bulletin,* III(1):1-3, 1951.

»The Leukemia Problem: Approach«, *Orgone Energy Bulletin,* III(2):139-144, 1951.

»Complete Orgonometric Equations«, *Orgone Energy Bulletin,* III(2):65-71, 1951.

»The Geiger-Muller Effect of Cosmic Orgone Energy«, *Orgone Energy Bulletin,* III(4):201-234, 1951.

»The Orgone Energy Charged Vacuum Tubes (VACOR)«, *Orgone Energy Bulletin,* III(4):235-266, 1951.

Reich, Wilhelm: »Orgone Energy (OR) versus Nuclear Energy (NR): Oranur«, *Orgone Energy Bulletin,* III(4):267-325, 1951.

Reich, Wilhelm: »Orgonomic Functionalism, Part II: On the Historical Development of Orgonomic Functionalism - Orgonomic Thinking in Medicine«, *Orgone Energy Bulletin,* IV(1):1-12, IV(4):186-196, 1952.

Reich, Wilhelm: »The Blackening Rocks: Melanor«, *Orgone Energy Bulletin,* V(1-2):28-59, 1953.

Reich, Wilhelm: »The Medical DOR-Buster«, *Cosmic Orgone Engineering,* VII(3-4):97-113, 1955.

Bücher über Wilhelm Reich und die Orgonomie von anderen Autoren:

Baker, E.F.: *Man in the Trap,* Macmillan, NY, 1967.

Bean, O.: *Me and the Orgone,* St. Martin's Press, NY, 1971.

Boadella, D. (Ed.): *In the Wake of Reich,* D. Boadella, ed., Coventure Press, London, 1976.

DeMeo, J.: *In Defense of Wilhelm Reich: Opposing the 80-Years' War of Mainstream Defamatory Slander Against One of the 20th Century's Most Brilliant Physicians and Natural Scientists,* Natural Energy Works, Ashland, Oregon 2013.

Das Orgonakkumulator-Handbuch

DeMeo, J.: *Saharasia: The 4000 BCE Origins of Child Abuse, Sex-Repression, Warfare and Social Violence, In the Deserts of the Old World*, Revised 2nd Edition, Natural Energy Works, 2006.

DeMeo, J. (Ed.): On Wilhelm Reich and Orgonomy (Pulse *of the Planet #4)*, Natural Energy Works, Ashland, Oregon 1993.

DeMeo, James (Ed.): *Heretic's Notebook: Emotions, Protocells, Ether-Drift and Cosmic Life Energy, With New Research Supporting Wilhelm Reich (Pulse of the Planet #5)* Natural Energy Works, Ashland, Oregon 2002.

DeMeo, J. & Senf, B.(Eds.): *Nach Reich: Neue Forschungen zur Orgonomie: Sexualökonomie, Die Entdeckung der Orgonenergie* Zweitausendeins Verlag, Frankfurt, 1998.

Herskowitz, M.: *Emotional Armoring*, Transactions Press, NY, 1998.

Hoppe, W.: Wilhelm Reich und andere große Männer der Wissenschaft im Kampf mit dem Irrationalismus, Kurt Nane Jürgensen Verlag, München 1984.

Jones, P.: *Artificers of Fraud: The Origin of Life and Scientific Deception*, Orgonomy UK,Preston 2013.

Kavouras, J.: *Heilen mit Orgonenergie, Die medizinische Orgonomie*, Turm Verlag, Bietigheim, 2005.

Laska, B.: *Wilhelm Reich*, Rowohlt Taschenbuch, Hamburg 1981.

Maglione, R.: *Methods and Procedures in Biophysical Orgonometry*, Gruppo Editoriale L'Espresso, Milano, 2012.

Maglione, R.: *The Motions of Life: Was Einstein Really Modelling Brownian Movement?* Gruppo Editoriale L'Espresso, Milano, 2014.

Maglione, R.: *Wilhelm Reich and the Healing of Atmospheres.* Natural Energy Works, Ashland, Oregon 2009.

Müschenich, S.: *Der Gesundheitsbegriff im Werk des Arztes Wilhelm Reich,* Verlag Görich & Weiershäuser, Marburg 1995.

Müschenich, S. & R. Gebauer: *Der Reich'sche Orgonakkumulator.* Nexus Verlag, Frankfurt 1987.

Ollendorff, I.: *Wilhelm Reich, A Personal Biography,* St. Martin's Press, NY, 1969.

Raknes, O.: *Wilhelm Reich and Orgonomy,* St. Martin's, NY, 1970.

Reich, P.: *A Book of Dreams,* Harper & Row, NY, 1973.

Senf, B.: Die Wiederentdeckung des Lebendigen, Zweitausendeins, Frankfurt, 1996.

Sharaf, M.: *Fury on Earth,* St. Martin's-Marek, NY, 1983.

Wyckoff, J.: *Wilhelm Reich, Life Force Explorer,* Fawcett, Greenwich, CT, 1973.

Veröffentlichungen über die Schmierkampagnen der Presse und das darauffolgende Ermittlungsverfahren der FDA gegen Reich:

Baker, C.F.: »An Analysis of the United States Food & Drug Administration's Scientific Evidence Against Wilhelm Reich, Part II, the Physical Concepts«, *Journal of Orgonomy,* 6(2):222-231, 1972; »...Part III, Physical Evidence«, *Journal of Orgonomy,* 7(2):234-245, 1973.

Literaturverzeichnis

Blasband, D.: »United States of America v. Wilhelm Reich, Part I«, *Journal of Orgonomy,* 1(1-2):56-130, 1967; »...Part II, the Appeal«, *Journal of Orgonomy,* 2(1):24-67, 1968.

Blasband, R.A.: »Analysis of the United States Food & Drug Administration's Scientific Evidence Against Wilhelm Reich, Part I, the Biomedical Evidence«, *Journal of Orgonomy,* 6(2):207-222, 1972.

DeMeo, J.: *In Defense of Wilhelm Reich: Opposing the 80-Years' War of Mainstream Defamatory Slander Against One of the 20th Century's Most Brilliant Physicians and Natural Scientists,* Natural Energy Works, Ashland, Oregon 2013.

DeMeo, J.: »Postscript on the F.D.A's. Experimental Evidence Against Wilhelm Reich«, *Pulse of the Planet,* 1(1):18-23, 1989.

Greenfield, J.: *Wilhelm Reich Versus the USA,* WW Norton, NY 1974

Martin, J.: *Wilhelm Reich and the Cold War,* Natural Energy Works, Ashland, Oregon, 2014.

Reich, W.: *Conspiracy: An Emotional Chain Reaction,* Wilhelm Reich Biographical Material, History of the Discovery of the Life Energy (American Period, 1942-54), documentary volume A-XII-EP, Orgone Institute Press, Maine, 1954.

Wilder, J.:»CSICOP, Time Magazine and Wilhelm Reich«, in *Heretic's Notebook*, J.DeMeo, Ed., OBRL, p.55-66, 2002.

Wolfe, T.: *Emotional Plague Versus Orgone Biophysics: The 1947 Campaign,* Orgone Institute Press, NY, 1948.

Ausgewählte wissenschaftliche Veröffentlichungen zur Erforschung der Orgonenergie:

Anderson, W.A.: »Orgone Therapy in Rheumatic Fever«, *Orgone Energy Bulletin,* II(2):71-73, 1950.

Atkin, R.H.: »The Second Law of Thermodynamics and the Orgone Accumulator«, *Orgone Energy Bulletin,* I(2):52-60, 1949.

Baker, C.F.: »The Orgone Energy Continuum«, *Journal of Orgonomy,* 14(1):37-60, 1980.

Baker, C.F.: »The Orgone Energy Continuum: the Ether and Relativity«, *Journal of Orgonomy,* 16(1):41-67, 1982.

Baker, C.F., et al: »The Reich Blood Test«, *Journal of Orgonomy,* 15(2):184-218, 1981.

Baker, C.F., et al: »The Reich Blood Test: 105 Cases«, *Annals, Institute for Orgonomic Science,* 1(1):1-11, 1984.

Baker, C.F., et al.: »Wound Healing in Mice, Part I«, »...Part II«, *Annals, Institute for Orgonomic Science,* 1(1):12-32, 1984; 2(1):7-24, 1985.

Baker, C.F., et al.: »The Reich Blood Test: Clinical Correlation«, *Annals, Institute for Orgonomic Science,* 2(1):1-6, 1985.

Baker, C.F. (pseud: Rosenblum, C.F.): »The Red Shift«, *J. Orgonomy,* 4:183-191, 1970.

Baker, C.F. (pseud: Rosenblum, C.F.): »The Electroscope - Parts I - IV«, *Journal of Orgonomy,* 3(2):188-197, 1969; 4(1):79-90, 1970; 10(1):57-80, 1976; 11(1):102-109, 1977.

Das Orgonakkumulator-Handbuch

Baker, C.F. (pseud: Rosenblum, C.F.): »The Temperature Difference: An Experimental Protocol«, *J. Orgonomy,* 6(1):61-71, 1972.

Blasband, R.A.: »Thermal Orgonometry«, *Journal of Orgonomy,* 5(2):175-188, 1971.

Blasband, R.A.: »The Orgone Energy Accumulator in the Treatment of Cancer Mice«, *Journal of Orgonomy,* 7(1):81-85, 1973.

Blasband, R.A.: »Effects of the ORAC on Cancer in Mice: Three Experiments«, *Journal of Orgonomy,* 18(2):202-211, 1985.

Blasband, R.A.: »The Medical DOR-Buster in the Treatment of Cancer Mice«, *Journal of Orgonomy,* 8(2):173-180, 1974.

Bremmer, K.M.: »Medical Effects of Orgone Energy«, *Orgone Energy Bulletin,* V(1-2):71-83, 1953.

Brenner, M.: »Bions and Cancer, A Review of Reich's Work«, *Journal of Orgonomy,* 18(2):212-220, 1984.

Cott, A.A.: »Orgonomic Treatment of Ichthyosis«, *Orgone Energy Bulletin,* III(3):163-166, 1951.

DeMeo, J.: »Effect of Fluorescent Lights and Metal Boxes on Growing Plants«, *Journal of Orgonomy,* 9(1):95-99, 1975.

DeMeo, J.: »Seed Sprouting Inside the Orgone Accumulator«, *Journal of Orgonomy,* 12(2):253-258, 1978.

DeMeo, J.: »Orgone Accumulator Stimulation of Sprouting Mung Beans«, in *Heretic's Notebook*, J.DeMeo, Ed., p.168-176, 2002.

DeMeo, J.: »Water Evaporation Inside the Orgone Accumulator«, *Journal of Orgonomy,* 14(2):171-175, 1980.

DeMeo, J.: »Bion-Biogenesis Research and Seminars at OBRL: Progress Report«, in *Heretic's Notebook*, J.DeMeo, Ed., OBRL, p.100-113, 2002.

Dew, R.A.: »Wilhelm Reich's Cancer Biopathy«, in *Psychotherapeutic Treatment of Cancer,* JG Goldberg, Ed., Free Press, NY 1980.

Espanca, J.: »The Effect of Orgone on Plant Life, Parts I - VII«, *Offshoots of Orgonomy,* 3:23-28, Autumn 1981; 4:35-38, Spring 1982; 6:20-23, Spring 1983; 7:36-37, Autumn 1983; 8:35-43, Spring 1984; 11:30-32, Fall 1985; 12:45-48, Spring 1986.

Espanca, J.: »Orgone Energy Devices for the Irradiation of Plants«, *Offshoots of Orgonomy,* 9:25-31, Fall 1984.

Grad, B.: »Wilhelm Reich's Experiment XX«, *Cosmic Orgone Engineering,* VII(3-4):203-204, 1955.

Grad, B.: »The Accumulator Effect on Leukemia Mice«, *Journal of Orgonomy,* 26(2):199-218, 1992.

Hamilton, A.E.: »Child's-Eye View of the Orgone Flow«, *Orgone Energy Bulletin,* IV(4):215-216, 1952.

Harman, R.A.: »Further Experiments with Negative To Minus T«, *Journal of Orgonomy,* 20(1):67-74, 1986.

Hebenstreit, G.: »*Der Orgonakkumulator nach Wilhelm Reich. Eine Experimentelle Untersuchung zur Spannungs-Ladungs-Formel*«, Diplomarbeit zur Erlangung des Magistergrades der Philosophie an der Grund- und Integrativwissenschaftlichen Fakultät der Universität Wien, 1995.

Literaturverzeichnis

Hoppe, W.: »My First Experiences With the Orgone Accumulator«, *International Journal for Sex-Economy & Orgone Research,* IV:200-201, 1945.

Hoppe, W.: »My Experiences With the Orgone Accumulator«, *Orgone Energy Bulletin,* I(1):12-22, 1949.

Hoppe, W.: »Further Experiences with the Orgone Accumulator«, *Orgone Energy Bulletin,* II(1):16-21, 1950.

Hoppe, W.: »Orgone Versus Radium Therapy in Skin Cancer, Report of a Case«, *Orgonomic Medicine,* I(2):133-138, 1955.

Hoppe, W.: »The Treatment of a Malignant Melanoma with Orgone Energy«, contained in *In the Wake of Reich,* D. Boadella, ed., Coventure Press, London, 1976.

Hughes, D.C.: »Some Geiger-Muller Counter Observations After Reich«, *Journal of Orgonomy,* 16(1):68-73, 1982.

Konia, C.: »An Investigation of the Thermal Properties of the ORAC, Part I & II«, *J. Orgonomy,* 8(1):47-64, 1974; 12(2):244-252, 1978.

Lance, L.: »Effects of the Orgone Accumulator on Growing Plants«, *Journal of Orgonomy,* 11(1):68-71, 1977.

Lassek, H.: »Orgone Accumulator Therapy of Severely Diseased Persons«, *Pulse of the Planet,* 3:39-47, 1991.

Lappert, P.: »Primary Bions Through Superimposition at Elevated Temperature and Pressure«, *J. Orgonomy,* 19(1):92-112, 1985.

Levine, E.: »Treatment of a Hypertensive Biopathy with the Orgone Accumulator«, *Orgone Energy Bull,* III(1):53-58, 1951.

Mannion, M.: »Wilhelm Reich, 1897-1957: A Reevaluation for a New Generation«, *Alternative & Complementary Therapies,* 3(3):194-199, June 1997.

Müschenich, S. & Gebauer, R.: »The (Psycho-) Physiological Effects of the Reich Orgone Accumulator«, Dissertation, University of Marburg, West Germany, 1985.

Opfermann-Fuckert, D.: »Reports on Treatments With Orgone Energy: Ten Selected Cases«, *Annals, Institute for Orgonomic Science,* 6(1):33-52, September 1989.

Raphael, C.M.: »Confirmation of Orgonomic (Reich) Tests for the Diagnosis of Uterine Cancer«, *Orgonomic Med.* II(1):36-41, 1956.

Raphael, C.M. & MacDonald, H.E.: *Orgonomic Diagnosis of Cancer Biopathy,* Wilhelm Reich Foundation, Maine, 1952.

Sharaf, M.: »Priority of Wilhelm Reich's Cancer Findings«, *Orgonomic Medicine,* I(2):145-150, 1955.

Seiler, H.: »New Experiments in Thermal Orgonometry«, *Journal of Orgonomy,* 16(2):197-206, 1982.

Silvert, M.: »On the Medical Use of Orgone Energy«, *Orgone Energy Bulletin,* IV(1):51-54, 1952.

Sobey, V.M.: »Treatment of Pulmonary Tuberculosis with Orgone Energy«, *Orgonomic Medicine,* I(2):121-132, 1955.

Sobey, V.M.: »A Case of Rheumatoid Arthritis Treated with Orgone Energy«, *Orgonomic Medicine,* II(1):64-69, 1956.

Southgate, L.: »Chinese Medicine and Wilhelm Reich«, *European Journal of Chinese Medicine,* Vol 4(4): 31-41, 2003. Also by Lambert Academic Publishing, London 2009.
Tropp, S.J.: »The Treatment of a Mediastinal Malignancy with the Orgone Accumulator«, *Orgone Energy Bull.,* I(3):100-109, 1949.
Tropp, S.J.: »Orgone Therapy of an Early Breast Cancer«, *Orgone Energy Bulletin,* II(3):131-138, 1950.
Trotta, E.E. & Marer, E.: »The Orgonotic Treatment of Transplanted Tumors and Associated Immune Functions«, *Journal of Orgonomy,* 24(1):39-44, 1990.
Wevrick, N.: »Physical Orgone Therapy of Diabetes«, *Orgone Energy Bulletin,* III(2):110-112, 1951.

Forschungen zu energetischen Phänomenen in der Natur, die der Orgonenergie ähneln:

Alexandersson, O.: *Lebendes Wasser. Viktor Schauberger rettet die Umwelt,* Ennsthaler 1998
Alfven, H.: *Cosmic Plasmas,* Kluwer, Boston, 1981.
Arp, H.: *Quasars, Red Shifts, and Controversies,* Interstellar Media, Berkeley, CA, 1987.
Arp, H., et al: *The Redshift Controversy,* WA Benjamin, MA, 1973.
Baumer, H.: *Sferics: Die Entdeckung der Wetterstrahlung,* Rowohlt, Hamburg, 1987.
Becker, R.O. & Selden, G.: *The Body Electric: Electromagnetism and the Foundation of Life,* Wm. Morrow, NY, 1985.
Bortels, V.H.: »Die hypothetische Wetterstrahlung als vermutliches Agens kosmo-meteoro-biologischer Reaktionen«, *Wissenschaftliche Zeitschrift der Humboldt-Universität,* VI:115-124, 1956.
Brown, F.A.: »Evidence for External Timing in Biological Clocks«, contained in *An Introduction to Biological Rhythms,* J. Palmer, ed., Academic Press, NY, 1975.
Burr, H.S.: *Blueprint For Immortality,* Neville Spearman, London, 1971; *The Fields of Life,* Ballantine Books, NY, 1972.
Cope, F.W.: »Magnetic Monopole Currents in Flowing Water Detected Experimentally...«, *Physiological Chemistry & Physics,* 12:21-29, 1980.
Davenas, E. & Benveniste, J., et al: »Human Basophil Degranulation Triggered by Very Dilute Antiserum Against IgE«, *Nature,* 333: 832, 30 June 1988; cf, J. Benveniste, *Nature,* 334: 291, 1988; *Science,* 241: 1028, 1988
DeMeo, J.: »Dayton Miller's Ether Drift Research: A Fresh Look«, in *Heretic's Notebook,* J.DeMeo, Ed., OBRL, p.114-130, 2002.
Dewey, E.R., ed.: *Cycles, Mysterious Forces that Trigger Events,* Hawthorn Books, NY, 1971.
Dudley, H.C.: *Morality of Nuclear Planning,* Kronos Press, Glassboro, NJ, 1976.

Literaturverzeichnis

Duesberg, P.: *Inventing the AIDS Virus*, Regnery, NY 1996.
Eden, J.: *Animal Magnetism and the Life Energy*, Exposition Press, NY, 1974.
Gauquelin, M.: *Cosmic Influences on Human Behavior*, Stein & Day, NY 1973.
Kervran, L.C.: *Biological Transmutations*, Beekman Press, Woodstock, NY, 1980.
Lerner, E.: *The Big Bang Never Happened*, Times Books, NY 1991.
Miller, D.: »The Ether-Drift Experiment and the Determination of the Absolute Motion of the Earth«, *Reviews of Modern Physics*, 5:203-242, July, 1933.
Moss, T.: *The Body Electric, A Personal Journey into the Mysteries of Parapsychological Research*, J. P. Tarcher, Los Angeles, 1979.
Nordenstrom, B.: *Biologically Closed Electric Circuits:*, Nordic Medical Press, Stockholm, 1983.
Ott, J.: *Health and Light*, Devin Adair, Old Greenwich, CT, 1973.
Piccardi, G.: *Chemical Basis of Medical Climatology*, Charles Thomas Publishers, Springfield, IL, 1962.
Ravitz, L.J.: »History, Measurement, and Applicability of Periodic Changes in the Electromagnetic Field in Health and Disease«, *Annals, NY Acad. Sciences*, 98:1144-1201, 1962.
Sheldrake, R.: *A New Science of Life: The Hypothesis of Causative Formation*, J.P. Tarcher, Los Angeles, 1981.

Publikationen, die Oranur-Effekte infolge radioaktiver Strahlung verdeutlichen:

DeMeo, J.: »Oranur Effects from the Three Mile Island Nuclear Power Plant Accident«, *Pulse of the Planet*, 3:26, 1991; and »Weather Anomalies and Nuclear Testing«, in *On Wilhelm Reich and Orgonomy*, J.DeMeo, Ed., 1993, p.117-120.
DeMeo, J.: »Oranur Report: Drought Crisis Following Underground Nuclear Bomb Tests in India and Pakistan, May 1998. www.orgonelab.org/oranur.htm
Eden, J.: »Personal Experiences with Oranur«, *Journal of Orgonomy*, 5(1):88-95, 1971.
Gould, J.M.: *The Enemy Within: The High Cost of Living Near Nuclear Reactors*, Four Walls Eight Windows, NY, 1996.
Graeub, R.: *The Petkau Effect: Nuclear Radiation, People and Trees*, Four Walls Eight Windows, NY, 1992.
Katagiri, M.: »Three Mile Island: The Language of Science versus the People's Reality«, *Pulse of the Planet*, 3:27-38, 1991. and: »Three Mile Island Revisited«, in *On Wilhelm Reich and Orgonomy*, J.DeMeo, Ed., 1993, p.84-91.
Kato, Y.: »Recent Abnormal Phenomena on Earth and Atomic Bomb Tests«, *Pulse of the Planet* 1:5-9, 1989.
Milian, V.: »Confirmation of an Oranur Anomaly«, *Pulse of the Planet* 5:182, 2002.

Das Orgonakkumulator-Handbuch

Sternglass, E.: *Secret Fallout,* McGraw Hill, NY, 1986; and *Low Level Radiation,* Ballentine Books, NY, 1972.
Wassermann, H.: *Killing Our Own,* Doubleday, NY, 1985.
Whiteford, G.: »Earthquakes and Nuclear Testing: Dangerous Patterns and Trends«, *Pulse of the Planet,* 2:10-21, 1989.

Weitere Neuerscheinungen von James DeMeo:

DeMeo, J.: »A Dynamic and Substantive Cosmological Ether«, *Proceedings of the Natural Philosophy Alliance.*, 1(1):15-20, 2004.

DeMeo, J.: »Peaceful Versus Warlike Societies in Pre-Columbian America: What Does Archaeology and Anthropology Tell Us?« in *Unlearning the Language of Conquest, Scholars Expose Anti-Indianism in America*, Ed. Don Jacobs, University of Texas Press, 2006.

DeMeo, J.: »Experimental Confirmation of the Reich Orgone Accumulator Thermal Anomaly«, *Subtle Energies and Energy Medicine,* 20(3):17-32, 2009.

DeMeo, J.: »Report on Orgone Accumulator Stimulation of Sprouting Mung Beans«, *Subtle Energies and Energy Medicine,* 21(2):51-62, 2010.

DeMeo, J.: »Following the Red Thread of Wilhelm Reich: A Personal Adventure«, *Edge Science,* p.11-16, October-December 2010.

DeMeo, J.: »Water as a Resonant Medium for Unusual External Environmental Factors«, *Water: A Multidisciplinary Research Journal*, V.3, p.1-47, 2011.

DeMeo, J.: »Dayton C. Miller Revisited«, in *Should the Laws of Gravitation Be Reconsidered?*, Ed. Hector A. Munera, Aperion, p.285-315, 2011.

DeMeo, J., et al.: »In Defense of Wilhelm Reich: An Open Response to *Nature* and the Scientific /Medical Community«, *Water: A Multidisciplinary Research Journal*, V.4, p.72-81, 2012.

DeMeo, J.: »Saharasia: Geographical Comparisons of World Cultures and Civilizations«, *Comparative Civlizations Review*. 69:4-22. Fall 2013.

Informationsquellen und Kontaktadressen

Ein umfangreiches weltweites Verzeichnis ist im Internet zu finden:
www.orgonelab.org/resources.htm

Orgone Biophysical Research Lab (OBRL)
Greensprings Research and Educational Center
PO Box 1148, Ashland, Oregon 97520 USA
Websites: www.orgonelab.org   www.saharasia.org
Email: info@orgonelab.org
OBRL News: www.orgonelab.org/OBRLNewsletter.htm

Natural Energy Works
PO Box 1148, Ashland, Oregon 97520 USA
Email: info@naturalenergyworks.net
Website: www.naturalenergyworks.net
Versandhandel für Bücher, Meßinstrumente und Materialien für den Orgonakkumulatorbau.

Wilhelm Reich Museum
PO Box 687, Rangeley, Maine 04970 USA
Email: wreich@rangeley.org
Website: www.wilhelmreichtrust.org/museum.html
Bewahrt und verwaltet Wilhelm Reichs Laboratorium («Orgonon»). In den Sommermonaten für Besichtigungen geöffnet. Der Buchladen vor Ort betreibt auch einen Internet-Versandhandel.

Orgonics
Website: www.orgonics.com
Bau und Verkauf von Orgonakkumulatoren in verschiedenen Größen. Sonderanfertigungen auf Anfrage.

Dokumentarfilme des OBRL auf YouTube:
Wilhelm Reich and the Orgone Energy
www.youtube.com/watch?v=sPV-JExUPns
Wilhelm Reich's Bion-Biogenesis Discoveries
www.youtube.com/watch?v=-PVnS72IIY8

Anhang:
Ein dynamischer und substantieller kosmologischer Äther*

von James DeMeo, Ph.D.

Zusammenfassung

Die Ätherdrift-Experimente von Dayton Miller, die er zwischen etwa 1906 und 1929 mit einem hochempfindlichen Michelson-Interferometer für Lichtstrahlen durchführte, zeigten systematisch positive Effekte. Spätere Arbeiten von Michelson-Pease-Pearson (1929), Galaev (2001-2002) und anderen haben Millers Resultate experimentell bestätigt, woraus sich folgende Schlußfolgerungen ableiten lassen:

1. Der kosmologische Äther ist stofflicher Natur, hat eine geringfügige Masse und kann von dichterer Materie blockiert oder reflektiert werden.

2. Es erfolgt eine Mitnahme des Äthers an der Erdoberfläche, weshalb die besten Meßergebnisse an hochgelegenen Orten erzielt werden.

3. Die von Miller berechnete Achse der durchschnittlichen Ätherdriftbewegung der Erde befindet sich in enger Übereinstimmung mit den Entdeckungen in anderen Wissenschaftsdisziplinen, u.a. auch in der Biologie und Chemie, bezüglich ätherähnlicher Phänomene mit vergleichbaren siderischen Schwankungen, was den Verlauf des Sterntages und der Jahreszeiten betrifft. Offensichtlich sind sowohl das Konzept eines nicht greifbaren, statischen Äthers als auch das eines konkreten, sogar mitgeführten, aber immer noch in sich bewegungslosen Äthers mit diesen Ergebnissen unvereinbar.

---

* Ursprünglich veröffentlicht in: *Proceedings, Natural Philosophy Alliance*, 1(1):15-20, Frühjahr 2004.
Siehe auch: http://www.orgonelab.org/miller.htm

Das Orgonakkumulator-Handbuch

Ein alternativer Erklärungsansatz ist ein dynamischer Äther, der sich — den alten naturphilosophischen Vorstellungen vergleichbar (Anm. d. Ü.) — wie eine »kosmische treibende Urkraft« verhält, was allerdings voraussetzt, daß der Äther sowohl eine geringfügige Masse besitzt als auch spezifische Bewegungen im Weltraum vollführt. Eine Lösung bieten die bioenergetischen Forschungen Wilhelm Reichs (zwischen 1934 und 1957), der ein Energiekontinuum entdeckt und nachgewiesen hat, welches bestimmte biologische und meteorologische Eigenschaften besitzt, im Hochvakuum vorhanden ist, in Wechselwirkung mit Materie steht, von Metallen reflektiert wird sowie inhärente, sich selbst anziehende (d.h. gravitative) spiralig-fließende Bewegungsformen zeigt.

Giorgio Piccardi (zwischen ca. 1950 und 1970) und seine Schüler haben ebenfalls eine Energie dokumentiert, die von Metallen reflektiert wird und unter solarem Einfluß steht. In Korrelation mit der spiralförmigen Bewegung der Erde durch das All wirkt sich diese Energie auf die physikalische Chemie des Wassers aus, auf chemische Reaktionen und radioaktive Zerfallsraten.

Neuere Forschungen über alljährliche Schwankungen des »Dunkelmaterie-Windes« zeigen ganz ähnliche Geschwindigkeitsunterschiede, die mit der spiraligen Bewegungsform der Erde um die sich ihrerseits durch die Milchstraße fortbewegende Sonne in Verbindung stehen, und lassen die Hypothese zu, daß es sich bei der »dunklen Materie« um den mißverstandenen Ersatz für einen dynamischen und stofflichen kosmologischen Äther handelt.

Positive Ätherdrift-Experimente im 20. Jahrhundert

Die Forschungsarbeiten von Dayton Miller sind wohl als die außerordentlichsten von allen Ätherdrift-Experimenten hervorzuheben. [1] Beginnend in 1902 an der Case School in Cleveland (mittlerweile Case-Western Reserve University) — dort zusammen mit Edward Morley — bis zu seinen letzten Experimenten 1926 auf Mount Wilson führte Miller mit insgesamt über 12.000 (zwölftausend) Umdrehungen seines Michelson-Lichtinterferometers zu unterschiedlichen Zeiten im Jahresverlauf mehr als 200.000 Einzelmessungen durch, welche eindeutig positive Ergebnisse erzielten. Ferner nahm er zwischen 1922 und 1924 am Fachbereich Physik der Case School gründliche Kontrollexperimente vor. Mehr als die

Anhang: Der kosmologische Äther

Hälfte aller Ätherdrift-Messungen Millers fanden von 1925 bis 1926 auf dem Mount Wilson statt und erbrachten die aussagekräftigsten positiven Resultate.

Millers Interferometer war das größte und empfindlichste, das jemals gebaut worden ist. Es hatte eine Höhe von 1,5 m und besaß kreuzweise angeordnete Arme aus Eisen von 4,3 m Länge. Um problemlos und gleichmäßig gedreht werden zu können, war es auf einer Granitplatte montiert, die in einem mit Quecksilber gefüllten Becken schwamm. Am Ende eines jeden Kreuzarms waren vier Spiegel angebracht, um die Lichtstrahlen 16fach horizontal zu reflektieren, was einen Lichtweg von insgesamt 64 Metern ergab. [2]

Dayton Millers Lichtstrahl-Interferometer, *das größte und empfindlichste Instrument dieser Art, das jemals gebaut wurde, in seinem speziell konstruierten Unterstand auf dem Mount Wilson. Im Verlauf seiner Experimente von 1925 / 1926 entdeckte Miller ein klares Ätherdriftsignal und veröffentlichte seine Ergebnisse in mehreren wissenschaftlichen Fachzeitschriften seiner Zeit. Die meisten seiner Physikerkollegen ignorierten ihn jedoch, da sie sich bereits im Bann der Theorien Albert Einsteins befanden, denen zufolge ein tangibler kosmischer Äther nicht existieren durfte, ganz zu schweigen von einer Ätherdrift. Eine Ausnahme stellte Michelson dar, der kurze Zeit nach Miller zusammen mit Pease und Pearson auf dem Mount Wilson eine Reihe von Interferometer-Experimenten durchführte und ebenfalls ein Ätherdriftsignal nachweisen konnte.*
Zu seinen Lebzeiten wurde Miller nie widerlegt.

Das Orgonakkumulator-Handbuch

Im Verlauf seiner Experimente — und in Anbetracht des zuvor von Michelson-Morley (M-M) beobachteten geringen Effektes, der nichtsdestotrotz niemals ein »Nullresultat« gewesen war [3] — gelangte Miller zu der Überzeugung, daß eine Mitführung des Äthers durch die Erde erfolgte. Daraus ergab sich wiederum die Notwendigkeit, das Interferometer in größerer Höhe und in einer Umgebung ohne geographische oder sonstige Hindernisse aufzustellen. Dementsprechend fanden seine letzten Versuchsreihen auf dem Mount Wilson in 1800 m Höhe unter einer Leichtbaustruktur statt, deren Wände im Umkreis des Lichtweges lediglich aus dünnen, luftdurchlässigen Materialien wie Segeltuch, Glas oder Papier bestanden. Ferner wurden alle möglichen Hemmnisse aus Holz, Stein oder Metall beseitigt. [1, 2]

Im Vergleich dazu hatte das ursprüngliche M-M-Interferometer einen Gesamtlichtweg von nur 22 Metern [3, S. 153], und die Messungen wurden mit einer undurchlässigen hölzernen Abdeckung um das Instrument herum durchgeführt, welches sich im Kellergewölbe eines großen Steingebäudes auf dem Campus der Case School in Cleveland (etwa 100 m über Meereshöhe) befand.

Der veröffentlichte Bericht des gemeinhin falsch wiedergegebenen M-M-Experiments faßte die Resultate von lediglich sechs Stunden an Datenerfassungen zusammen, die über 4 Tage hinweg (am 8., 9., 11. sowie 12. Juli 1887) mit insgesamt nur 36 Umdrehungen des Interferometers vorgenommen worden waren. Nichtsdestoweniger erzielten M-M ein geringfügig positives Ergebnis und wiesen ausdrücklich auf die Notwendigkeit weiterer Versuchsreihen zu unterschiedlichen Zeiten im Jahresverlauf hin, um »Ungewißheiten auszuschließen«.

Demgegenüber verwendete Miller ein Interferometer mit dem nahezu dreifachen Lichtweg des Instruments von M-M und einer entsprechend höheren Empfindlichkeit, und nahm die 333-fache Anzahl von Umdrehungen vor. [2]

Ausgehend von der am Interferometer gemessenen Ätherdrift-Verschiebung von etwa 10 km pro Sekunde berechnete Miller 1928, daß sich die Erde mit einer Geschwindigkeit von 208 km pro Sekunde auf einen Punkt am nördlichen Sternenhimmel zubewege, und zwar in der Konstellation des Drachen, Rektaszension: 17h (255°), Deklination: +68°, mit einer Abweichung von 6° vom Pol der Ekliptik und von 12° vom Rotationspol der Sonne. [4]

Miller war zunächst überzeugt, unser Planet »pflüge sich

Anhang: Der kosmologische Äther

nordwärts« auf dieser Achse durch einen in sich unbeweglichen, aber von der Erde mitgeführten Äther. 1933 änderte er aus Gründen, die ich später diskutieren werde, seine Meinung und argumentierte, daß, obgleich seine Berechnungen zu Geschwindigkeit und Bewegungsachse richtig seien, *die Bewegungsrichtung auf dieser Achse* umgekehrt auf einen Apex in der südlichen Himmelssphäre weise, nämlich einen Punkt inmitten der Großen Magellanschen Wolke im Sternbild Schwertfisch, Rektaszension: 4 h 54 min, Deklination: -70° 33', und einer Abweichung von 7° vom Südpol der Ekliptik. [1, S. 234]

Zu seinen Lebzeiten stießen Millers Arbeiten durchaus auf ernsthaftes Interesse, selbst bei Einstein, der zu Recht erkannte, daß seine Relativitätstheorie in Gefahr war. (2, S. 114) Nachfolgende Arbeiten von anderen, einschließlich Michelson selbst, bestätigten Miller im allgemeinen. Um einige Beispiele zu nennen:

1. In den späten 1920er Jahren verwendeten Michelson-Pease-Pearson (M-P-P) drehbare Interferometer mit sich kreuzenden Armen vom Michselson-Typ. [5] Ihre ersten beiden Versuchsreihen, bei denen sie Interferometer mit einer Gesamtlichtwegstrecke von 22 bzw. 32 Metern einsetzten, jedoch in nur niedriger Höhenlage, erbrachten »*keine Abweichungen in der erwarteten Größenordnung*«. Ein dritter Durchgang auf dem Mount Wilson an einem Interferometer mit einer 52 m langen Lichtwegstrecke, das Millers Instrument zumindest nahekam, erzielte ein positives Resultat mit einer gemessenen Abweichung von »nicht mehr als« etwa 20 km/sec.

M-P-P verwarfen dieses Ergebnis indessen, wohl aufgrund ihrer voreingenommenen und ungerechtfertigten Ablehnung eines von der Erde mitgeführten substantiellen Äthers, die sie einen weitaus größeren Effekt erwarten ließ.

2. 1932 berichteten Kennedy-Thorndike über eine Messung der Ätherdrift von etwa 24 km/sec, doch auch für sie kam ein stofflicher, mitgetragener Äther von vornherein nicht in Betracht, und so sprachen sie fälschlicherweise von einem »Null-Ergebnis«. [6]

3. M-P-P nahmen ab 1929 Standardmessungen der Lichtgeschwindigkeit in einer flach auf dem Boden liegenden, ca. 1,6 km langen und teilweise evakuierten Stahlröhre vor. [7] Aber selbst unter diesen für eine Erfassung der Ätherdrift ausgesprochen ungünstigen Bedingungen beobachteten sie Abweichungen von rund 20 km/sec — gaben dies indes nur gegenüber einem Zeitungsreporter zu. [8]

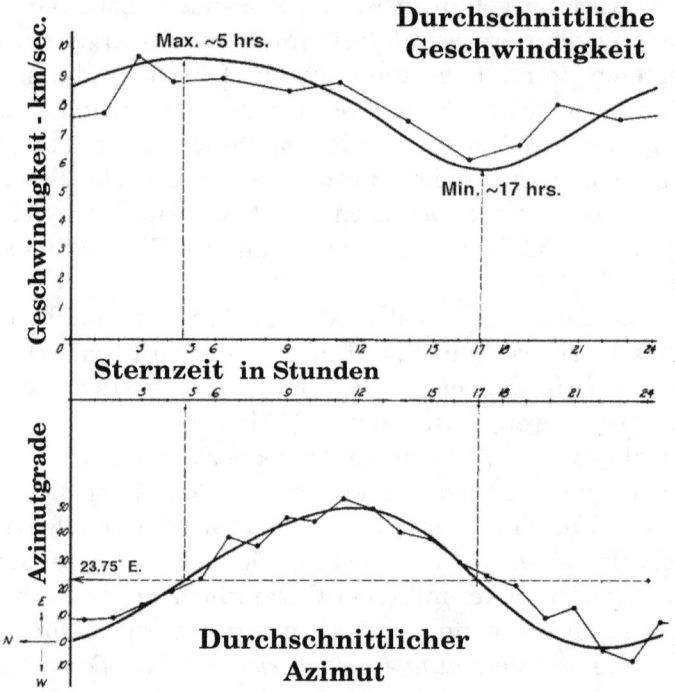

Abb. 1: Durchschnittliche Geschwindigkeit und Azimut der globalen Ätherdrift (aus Millers Mount Wilson-Experimenten, 1928)

Oberer Graph: Durchschnittliche Schwankungen der beobachteten Größenordnung der Ätherdrift aus allen vier jahreszeitlichen Meßperioden nach Sternzeit. Das Maximum der Äthergeschwindigkeit befand sich bei etwa 5 Uhr Sternzeit und das Minimum bei 17 Uhr Sternzeit.

Unterer Graph: Durchschnittliche Azimutalstände nach Sternzeit, ermittelt aus Millers 1933 revidierten Mittelwerten für alle vier jahreszeitlichen Perioden (siehe Abb. 2 rechts). [4, S. 365; 1, S. 234] Zusammengenommen ergeben sie eine durchschnittliche nordöstliche Abweichung von 23.75°, sehr nahe der Neigung der Erdachse von 23.5°.
Zufall?

Anhang: Der kosmologische Äther

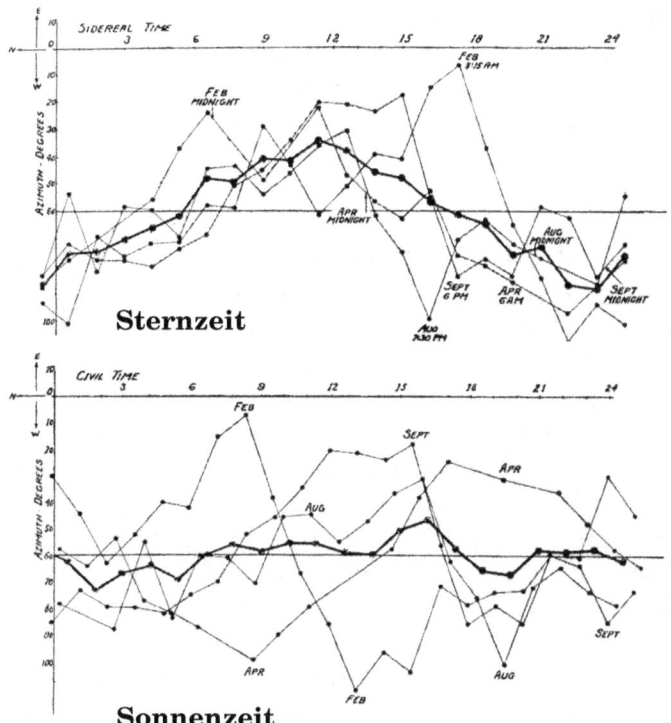

Abb. 2: *Graphische Gegenüberstellung der Ätherdrift-Meßdaten aus Millers Mount Wilson-Experimenten von 1928 in Stern- und Sonnenzeit*

Im **oberen Graphen** wurden Millers Daten nach Sternzeitkoordinaten eingetragen und zeigen außergewöhnlich strukturierte Veränderungen in den Meßergebnissen. Der Azimut des Signals verschiebt sich von einem östlichen Höchstwert um ca. 12 Uhr Sternzeit zu einem westlichen Minimum um 22,5 Uhr Sternzeit (siehe auch die untere Kurve in Abb. 1 links).

Der **untere Graph** enthält genau dieselben Daten, diesmal nach Sonnenzeitkoordinaten eingezeichnet. Es ergibt sich keinerlei strukturiertes Muster. Wenn die Signalschwankungen einem Tagesrhythmus folgen würden, z.B. Temperaturkurven infolge Sonneneinstrahlung, dann würde der untere Graph ein entsprechendes Muster aufweisen.

Das Orgonakkumulator-Handbuch

Nach dem Tod von Michelson 1931 und von Miller in 1941 wurde es still um die Frage nach der Ätherdrift und der Existenz eines mitgeführten, stofflichen Äthers im All. Die wissenschaftliche Welt folgte Einstein und seiner Relativitätstheorie, welche einen Raum voraussetzte, in dem ein Äther mit tangiblen Eigenschaften nichts verloren hatte, ganz zu schweigen von möglichen Variationen in der Geschwindigkeit des Lichts. [9]

»Nach der allgemeinen Relativitätstheorie ist der Raum mit physikalischen Qualitäten ausgestattet; es existiert also in diesem Sinne ein Äther. (...) Dieser Äther darf aber nicht mit der für ponderable Medien charakteristischen Eigenschaft ausgestattet gedacht werden, aus durch die Zeit verfolgbaren Teilen zu bestehen; der Bewegungsbegriff darf auf ihn nicht angewendet werden.«
Albert Einstein, *Äther und Relativitäts-Theorie* [9]

Einsteins theoretischen Erfordernissen gemäß wurden Ätherdrift-Experimente mit positiven Resultaten einfach ignoriert und verschwiegen, so als ob sie nie stattgefunden hätten. Mit Einsteins Ermunterung und Unterstützung nahm schließlich 1955 ein Gruppe unter der Leitung eines früheren Studenten Millers, Robert Shankland, eine »Neuanalyse« von Millers Ätherdrift-Daten vor, welche nur als ein hochgradig vorurteilsbeladenes und inkompetentes Postmortem bezeichnet werden kann. [10]

Ausschlaggebend war, daß die Gruppe um Shankland die besonders strukturierte Natur von Millers Meßdaten ignorierte, welche in allen vier jahreszeitlichen Abschnitten auf die gleichen Sternkoordinaten für die Ätherdrift wiesen und so einen sehr realen kosmischen Einfluß aufzeigten. Dieser verschwindet allerdings, wenn die gleichen Daten nach unserer gebräuchlichen Sonnenzeit ausgewertet werden (siehe Abb. 2). [4, S. 362-363]

Ich habe die schwerwiegenden Probleme der Shankland-Kritik bereits an anderer Stelle diskutiert [2] und werde deshalb hier nicht weiter darauf eingehen. Ich möchte jedoch betonen, daß ihre Behauptung, Miller »widerlegt« zu haben, schlichtweg *Unsinn* ist. Sie beruht auf voreingenommener Datenauswahl, Negativannahmen, die Miller bereits Jahrzehnte zuvor widerlegt hatte, sowie Unkenntnis über die Grundlagen der Ätherdrift-Interferometrie.

In den späten 1990er Jahren unterzog Maurice Allais Millers Ätherdrift-Forschung einer Neuuntersuchung und fand weitere,

Anhang: Der kosmologische Äther

nicht zufallsbedingte Muster in Millers Daten, die mit seinen eigenen Beobachtungen über das ungewöhnliche Verhalten von Pendeln im Verlauf von Sonnenfinsternissen in Beziehung standen. [11]

Die wichtigsten neueren Arbeiten seit Miller stellen die Experimente von Yuri Galaev am Institut für Radiophysik und Elektronik in der Ukraine dar. Galaev unternahm unabhängige Ätherdrift-Messungen in Radio- und optischen Frequenzbereichen. [12, 13] Seine Resultate »*bestätigten nicht nur Millers Ergebnisse bis ins Detail*«, [14] sondern erlaubten auch die Berechung der Beschleunigung der Ätherdrift ab Erdoberfläche, die mit jedem Höhenmeter um rund 8,6 m/sec zunimmt.

Millers eigenen höhenabhängigen Meßdaten zufolge betrug die Geschwindigkeit der Ätherdrift auf dem Mount Wilson etwa 5,14% der angenommenen Geschwindigkeit des »Ätherwindes« im freien Weltraum (Millers Reduktionsfaktor »k« [1, S. 234-235]), wobei sowohl jahreszeitliche als auch siderische Schwankungen auftraten, wie weiter unten diskutiert wird.

All diese Experimente deuten auf das frühere Konzept des kosmologischen Äthers als ein fluidisches Medium hin, etwas »greifbares«, das mitgeführt bzw. abgebremst werden kann, je näher es der Erdoberfläche kommt.

Diese grundlegenden Eigenschaften des Äthers, wie sie sich immer wieder in den Meßdaten zeigen — stofflich, fließfähig, mit einer ganz geringen Masse und daher interagierend mit Materie — sind von zentraler Bedeutung für die Integration der Äthertheorie in die moderne Kosmologie. Sie bedingen, daß der Äther sowohl von Materie, auf die er trifft, abgebremst werden kann, ihr jedoch gleichzeitig auch *einen kleinen Bewegungsimpuls vermitteln kann*. Daraus vermögen wir unmittelbar ein Modell zu konstruieren, das keiner metaphysischen Konstrukte wie z.B. einer relativistisch gekrümmten Raumzeit oder einer Lorentz'schen Meßlattenkontraktion bedarf. Zu diesem Zweck müssen wir die Arbeiten weiterer Forscher heranziehen, welche ebenso wie Miller auf »ätherartige« kosmologische Phänomene mit meßbaren stofflichen Eigenschaften gestoßen sind.

Wilhelm Reichs dynamisches, äthergleiches Orgon

Zwischen 1934 und 1957 veröffentlichte Reich eine Reihe von Versuchsberichten, in welchen er die Existenz einer besonderen Art von Energie dokumentierte, die er *Orgon* nannte. [15, 16] Seinen

Das Orgonakkumulator-Handbuch

Entdeckungen zufolge lädt die Orgonenergie das Gewebe von lebenden Organismen auf und spielt eine grundlegende Rolle bei allen Lebensvorgängen. Sie existiert auch als ein freibewegliches, dynamisches, sogenanntes *Orgonenergie-Kontinuum* in der Atmosphäre. Reich wies sie ferner in Hochvakuumröhren nach und postulierte ihr Vorhandensein im Weltall. [17, 18]

Ihre Eigenschaften sind Millers Äther bemerkenswert ähnlich:

a) Die masselose Orgonenergie füllt den gesamten Raum in ganz ähnlicher Weise wie ein kosmischer Äther, befindet sich jedoch in unentwegt fließender und strömender, *gesetzmäßiger* Bewegung. Sie vermag sich an einer Stelle zu konzentrieren bzw. aufzubauen, derweilen sie an anderer ausdünnt bzw. abnimmt. Orgon kann Materie leicht durchdringen, aber auch schwach mit ihr in Wechselwirkung treten, indem es von Materie angezogen wird und sie auflädt bzw. von ihr reflektiert wird. Metalle geben Orgon schnell wieder ab, während nichtmetallische Materialien es speichern, was den Bau von speziellen metallisch-dielektrischen Behältnissen (*Orgonenergie-Akkumulatoren*) ermöglicht. Diese führen u.a. zu einer besonderen Anregung des Pflanzenwachstums und fördern die Wundheilung sowie Regenerierung von Gewebe, zeigen jedoch auch anomale physikalische Effekte wie etwa die spontane Erzeugung von Wärme, eine verringerte elektroskopische Entladungsrate und ungewöhnliche Ionisationswirkungen innerhalb von orgongeladenen Hochvakuumröhren und Geiger-Müller-Zählrohren. [16, 19, 20, 21, 22] Nahezu alle von Reichs auf experimenteller Forschungsarbeit beruhenden Feststellungen sind unabhängig von anderen Wissenschaftlern nachvollzogen und bestätigt worden. [22]

b) Ausgehend von seinen Beobachtungen der Orgonenergiehülle der Erde, die *mit höherer Geschwindigkeit* von West nach Ost rotiert als die Erde selbst, und seiner Entdeckung einer gesonderten Energieströmung, welche sich innerhalb der Atmosphäre von Südwest nach Nordost bewegt, postulierte Reich das Vorhandensein umfangreicher spiraliger Orgonenergieströme im Weltall. Eine Hauptfließbewegung finde entlang der Ebene der Milchstraße statt — von ihm als der *Galaktische Orgonstrom* bezeichnet — und weitere Energieströme flössen sowohl parallel zur Ebene der Ekliptik des Sonnensystems als auch zum Äquator der Erde (der *Äquatoriale Orgonstrom*). Auf der Grundlage seiner Studien der Atmosphäre und Beobachtungen am Teleskop führte Reich weiter aus, daß sich

Anhang: Der kosmologische Äther

die kosmischen Energieströme gegenseitig anzögen, sich dann spiralförmig überlagerten und verdichteten, um so neue Materie aus dem kosmischen Energiesubstrat heraus zu erschaffen. [18] Diese spiraligen Wellenbewegungen umschrieb er mit dem deutschen Begriff der *Kreiselwelle*. Er kam zu der Überzeugung, daß sie einer Vielzahl von biologischen, atmosphärischen und kosmischen Bewegungsformen zugrundelägen. [18, 23] Reichs These der *Kosmischen Überlagerung* zufolge [18] sind die Rotation von Planeten um ihre Achse, der Umlauf von Planeten um ihre Sonnen sowie die Drehung von Monden um Planeten alles Ergebnisse riesiger sich überlagernder Ströme kosmischer Energie.

c) Reich hat Millers Arbeiten nirgendwo erwähnt, betrachtete die ältere Äthertheorie allerdings als ein »brauchbares Konzept«. Ähnlich wie Miller hatte auch er festgestellt, daß sich die Orgonenergie in großen Höhen schneller bewegte und dynamischer war, und er identifizierte sowohl die Frühlings-Tagundnachtgleiche als auch Perioden von besonders starker Sonnenfleckenaktivität als Zeitpunkte vermehrter Ladung und Lebhaftigkeit der Orgonenergie.

Reichs Entdeckungen und seine Theorie der Kosmischen Überlagerung stimmen mit der konventionellen Astronomie insofern überein, als daß Sterne und Planeten mit ihren Umlaufbahnen anerkanntermaßen riesige offene Spiralformen im All beschreiben. Besonders betont wird diese Tatsache allerdings nicht, da schließlich vom »leeren Raum« ausgegangen wird, und nur wenigen Lehrbüchern ist sie eine Erwähnung wert. Im Gegensatz dazu entwickelte Reich seine eigenen speziellen funktionellen Gleichungen zur Gravitation und dem Verhalten von Pendeln auf der Grundlage seiner Erkenntnisse über die Kreiselwellenbewegung und ein energetisches Medium, das den gesamten Raum ausfüllt. [25]

Seine Entdeckungen sind mit dem Konzept eines dynamischen Äthers sehr gut vereinbar. Die Orgonenergie entspricht auch den Voraussetzungen einer *kosmischen, treibenden Urkraft*, paßt dagegen weder zur Vorstellung eines *statischen bzw. unbeweglichen* Äthers noch zu Millers *passivem*, wenn auch *von der Erde mitgeführtem* Äther. Reichs Universum wurde von Strömungen fließender und pulsierender kosmischer Orgonenergie belebt, welche die Sterne und Planeten auf ihren Himmelspfaden vorwärtsbewegte, ähnlich einem auf dem Wasser schwimmenden Ball, den die Wasserwellen vorantreiben. [18]

Das Orgonakkumulator-Handbuch

Der Äther:
Statisch, von der Erde mitgeführt oder dynamisch?

Seit Isaac Newtons Zeiten betrachteten die meisten Physiker den Äther als ein *statisches* oder *unbewegliches* Phänomen. Etwas, das den gesamten Kosmos durchdrang, jedoch hauptsächlich ein *ruhendes*, gleichsam *erstarrtes* Hintergrundmedium darstellte. Ein statischer Äther, oder »absoluter Raum«, war für Newton eine Notwendigkeit. Damit beraubte er den Äther all seiner konkreten Eigenschaften, mit Ausnahme der Befähigung, Lichtwellen zu übertragen.*

Dies war Newton wohl insbesondere deswegen ein Bedürfnis, um seine mathematischen Bewegungsgesetze mit seiner Theologie in Einklang zu bringen, *»die Spaltung zu überwinden«*, welche sich seit Galilei zwischen Naturwissenschaft und kirchlicher Lehre aufgetan hatte, indem er jegliche Vorstellung einer *kosmischen Bewegungskraft* aus dem Universum verbannte, die neben seinen Gott treten könnte. Der Äther war fortan leblos, statisch und am Universum unbeteiligt — geschweige denn nahm Einfluß auf Himmelsbewegungen — und Gott wurde vor der Arbeitslosigkeit bewahrt und durfte seine Rolle als *treibende Kraft* im Kosmos wieder aufnehmen. [24] Das ist zwar nicht direkt aus Newtons Mathematik ersichtlich, ist jedoch Teil seiner zugrundeliegenden Weltanschauung, wie seine philosophischen Schriften zeigen.

Demgemäß suchten M-M und andere stets vergeblich nach einem ruhenden, substanzlosen Äther, ohne Mitnahme durch die Erde auf ihrem zügigen Weg durch ihn hindurch. Selbst Millers Auffassung wich vom Konzept eines statischen Äthers nur insoweit ab, als es notwendig war, um den Mitführungseffekt durch die Erde sowie das Phänomen der Ätherreflektion durch höhere Materiedichten zu erklären, welche seine empirischen Messungen ebenfalls offenbart hatten. Millers Äther war demzufolge weiterhin statisch, wenn auch fließfähig und von ausreichender Substanz, um an der Erdoberfläche mitgenommen zu werden. Er akzeptierte daher die vorläufigen

---

* In jungen Jahren war Isaac Newton fest von der Existenz eines kosmischen Äthers überzeugt gewesen. Später änderte er dann seine Meinung, als theologische Belange für ihn zunehmend an Bedeutung gewannen. Siehe *Isaac Newton's Letter to Robert Boyle, on the Cosmic Ether of Space*:
http://www.orgonelab.org/newtonletter.htm

Anhang: Der kosmologische Äther

Ergebnisse von M-M nie und bemühte sich stattdessen, Ätherdrift-Experimente in größeren Höhen und zu unterschiedlichen Jahreszeiten durchzuführen. 1933 war er dann aufgrund seiner Meßdaten zu der Schlußfolgerung gelangt, die Erde laufe durch den Äther hindurch auf das Sternbild Schwertfisch in der Nähe des Südpols der Ekliptik zu.

Abgesehen davon, daß dies im Widerspruch zur tatsächlichen Bewegungsrichtung der Erde steht, birgt die Sichtweise eines nach wie vor statischen, obgleich mitgeführten Äthers jedoch noch ein weiteres gravierendes Problem.

Wenn man davon ausgeht, daß der Äther stationär bzw. in sich unbeweglich ist, dabei eine geringfügige Masse besitzt und infolgedessen als stoffliches »Etwas« mit Materie in Wechselwirkung treten und von Himmelskörpern »mitgeschleppt« werden kann, dann muß er im Laufe der Zeit unweigerlich *eine Bremswirkung auf die Planetenbewegungen ausüben*. Früher oder später würde ein solch mitgeführter, aber im Grunde statischer Äther schließlich alle Bewegungsabläufe im Kosmos zum Stillstand bringen.

Um das Universum indes »am Laufen zu halten«, sieht man sich nun gezwungen, eine weitere, unabhängige Kraft zu postulieren, welche genügend Energie für sämtliche kosmischen Bewegungsprozesse bereitstellt, um der »Bremsung« durch den ruhenden, gleichwohl mitgeführten Äther entgegenzuwirken. Selbst die gewöhnliche Schwerkraft erscheint hierfür kaum auszureichend. Andernfalls muß man alle tangiblen Eigenschaften des Äthers eliminieren und ihn in eine Abstraktion verwandeln, womit man wieder bei Newton angelangt ist und *seiner Notwendigkeit einer Gegenkraft zum Äther in der Natur, um die kosmischen Bewegungsabläufe beständig aufrechtzuerhalten*, oder zumindest eines anfänglichen »Urknalls« als Anstoßkraft.

Eine dritte Lösung, die mit Ausnahme von Reich offensichtlich von Newton, Michelson, Miller, Einstein und allen anderen kategorisch ignoriert wurde, besteht darin, *dem kosmologischen Äther nicht nur Substanz und konkrete Eigenschaften zu verleihen, sondern auch die Befähigung zu einer dynamischen, spiralförmigen Bewegung, welche sich in den beobachteten Planetenumlaufbahnen widerspiegelt.*

Das Orgonakkumulator-Handbuch

Millers Schlußfolgerungen von 1928 und 1933 im Vergleich

Es besteht in der Tat eine erstaunliche *empirische Übereinstimmung* zwischen Miller und Reich. Abb. 3 stellt eine einfache bildliche Veranschaulichung von Millers Meßergebnissen dar. Man kann sie entweder Millers Interpretation folgend betrachten, oder aber im Reich'schen Verständnis.

Die »X«-Markierungen auf der Erdkugel geben den Standort des Interferometers im Tagesverlauf an, und man kann sehen, wie die Ätherströmung (grau) den Kreuzarmen des Interferometers in unterschiedlichen Winkeln begegnet, während die Erde sich weiterdreht.

Drache – Wega – Herkules
Nordpol der Ekliptik

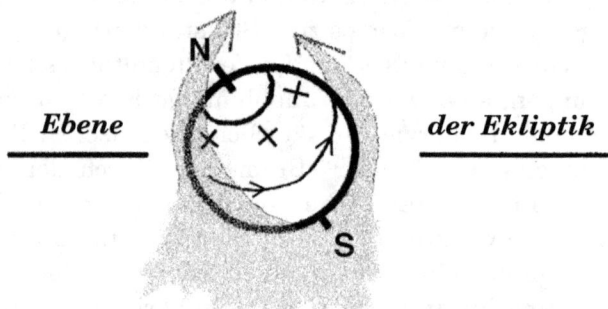

Ebene   *der Ekliptik*

Schwertfisch – Große Magellansche Wolke
Südpol der Ekliptik

Abb. 3: Relative Bewegung von Erde und Äther
Drängt die Erde südwärts durch einen passiven, stillstehenden Äther, oder ist der Äther dynamisch, wie Reichs Orgonenergie, und strömt nordwärts in Form einer sich überlagernden spiraligen Kreiselwelle, wobei er das Erde-Sonne-System mit sich nimmt? Die drei »X« auf der Erdkugel markieren die Kreuzarme von Millers Interferometer zu unterschiedlichen Tageszeiten und zeigen, wie die Richtung des Ätherwindes nach Sonnenzeit zu variieren scheint, aber nach galaktischen Sternkoordinaten tatsächlich relativ konstant bleibt.   (Graphik: DeMeo 2004)

Anhang: Der kosmologische Äther

Wie bereits erwähnt, waren Millers endgültige Schlußfolgerungen von 1933, die Erde triebe auf einen Punkt in der Nähe des Sternbildes Schwertfisch zu, nahe dem Südpol der Ekliptik. [1, S. 234] 1928 war er dagegen aufgrund des gleichen Datenmaterials zu dem Ergebnis gekommen, daß die Bewegungsrichtung entlang *derselben Achse der Ätherdrift*, jedoch in der *entgegengesetzten Richtung* zum Nordpol der Ekliptik läge. [4] Seine ursprünglichen Berechnungen dieses nördlichen Zielpunktes sind eher vereinbar mit einer *dynamischen Theorie der Ätherdrift*, in welcher der Äther selbst ganz allgemein *aus Richtung Sternbild Schwertfisch auf den nördlichen Pol der Ekliptik (Sternbild Drache)* zufließt, wobei er das Sonne-Erde-Mond-System auf diesem Kurs mit sich nimmt. Auf diese Weise ist aufgrund des Schleppeffektes an der Erdoberfläche allerdings nur ein kleiner Teil der tatsächlichen Äthergeschwindigkeit meßbar (ca. 10 km/sec). Wie Miller notierte, konnte das Interferometer »*... zwar die Achse bestimmen, entlang derer die Bewegung der Erde in Bezug auf den Äther stattfindet, jedoch nicht die Bewegungsrichtung auf dieser Achse.*« [1, S. 231]

Heutzutage geht man davon aus, daß die Sonne auf ihrem Weg durch die Galaxis auf die Wega zusteuert, den Hauptstern in der Leier, welche sich in der Mitte eines kleinen Dreiecks befindet, das von den Sternbildern Drache, Herkules und Schwan gebildet wird. Alle diese Konstellationen sind dem Nordpol der Ekliptik und Millers nördlicher Polarachse der Ätherdrift relativ nahe und außerdem im bzw. dicht am Milchstraßenband gelegen. Es scheint, als ob das Sonnensystem munter dahinwirbelt, fortgetragen von den gigantischen energetischen Strömungen eines der galaktischen Arme. Die Abbildungen 3 und 4 verdeutlichen diese Zusammenhänge, denen wir noch die folgenden Erläuterungen anfügen können.

Die mit Millers Meßdaten aus seinen Mount-Wilson-Experimenten ermöglichten Berechnungen der Ätherdrift-Geschwindigkeit zeigen sowohl stündliche Schwankungen nach Sternzeit als auch jahreszeitliche Unterschiede:

<u>Stündliche Variationen in siderischer Zeit
(Miller 1928, siehe auch Abb. 1)</u>

Maximale Geschwindigkeit um 5 Uhr Sternzeit: ca. 10 km/sec
Minimale Geschwindigkeit um 17 Uhr Sternzeit: ca. 6-7 km/sec

Das Orgonakkumulator-Handbuch

Diese Schwankungen der Ätherdrift-Geschwindigkeit *nach Sternzeit* sind am einfachsten als Folgen eines Beschattungseffekts zu erklären. Um 17 Uhr steht das Interferometer im Erdschatten, während es um 5 Uhr für die größtmögliche Erfassung der Ätherdrift optimal ausgerichtet ist. Man erhält eine ungefähre Vorstellung davon durch die Zeichnung in Abb. 3: Das »X« am linken Rand der Erdkugel markiert eine Position des Interferometers, die dem Ätherwind vollständig ausgesetzt ist. Am rechten Rand wird das Instrument dagegen überwiegend durch den Erdumfang abgeschirmt. Tatsächlich folgen nicht nur die Geschwindigkeit, sondern auch die von Miller gemessenen azimutalen Schwankungen im Verlauf des Sterntages einem derartigen Muster. [25, S. 142-143]

Jahreszeitliche Unterschiede (Miller 1933 [1, S. 235])

15. September: 9,6 km/sec (gemessen)
2. Dezember: Minimalgeschwindigkeit (berechnet)
8. Februar: 9,3 km/sec (gemessen)
1. April: 10,1 km/sec (gemessen)
2. Juni: Maximalgeschwindigkeit (berechnet)
1. August: 11,2 km/sec (gemessen)

Die *jahreszeitlichen Schwankungen* in der Geschwindigkeit der Ätherdrift können leicht als Auswirkungen der vereinten Bewegungsvorgänge von Erdumlauf um die Sonne und Wanderung der Sonne durch die Galaxis verstanden werden.

In Abb. 4 und Abb. 5 wurden die kosmologischen Vorstellungen von Miller und Reich in Übereinstimmung mit der modernen Astronomie miteinander kombiniert. Von April bis August bewegt sich die Erde über beträchtliche Distanzen durch das All, während sie im Dezember und Januar nur eine verhältnismäßig kurze Strecke zurücklegt. Beispielsweise betragen die Entfernungen in Abb. 4 für die Abschnitte B-C-D vom 21. März bis 21. September ungefähr das Doppelte von D-A-B, welche den Zeitraum vom 21. September bis 21. März umfassen.

In der Zeitspanne, die ungefähr mit der Frühlings-Tagundnachtgleiche beginnt, beschleunigt die Erde auf maximale Geschwindigkeit (B bis C). Ab Anfang Juni findet eine Abbremsung statt (C bis D), bis die Erde in einen Abschnitt eintritt, wo sie sich im Verhältnis zum Hintergrund des Weltalls nur relativ langsam fortbewegt (D-A-B). Der Zyklus wiederholt sich mit der nächsten Beschleunigungsphase

Anhang: Der kosmologische Äther

Planetarische Spiralbewegungen und Millers Ätherdrift

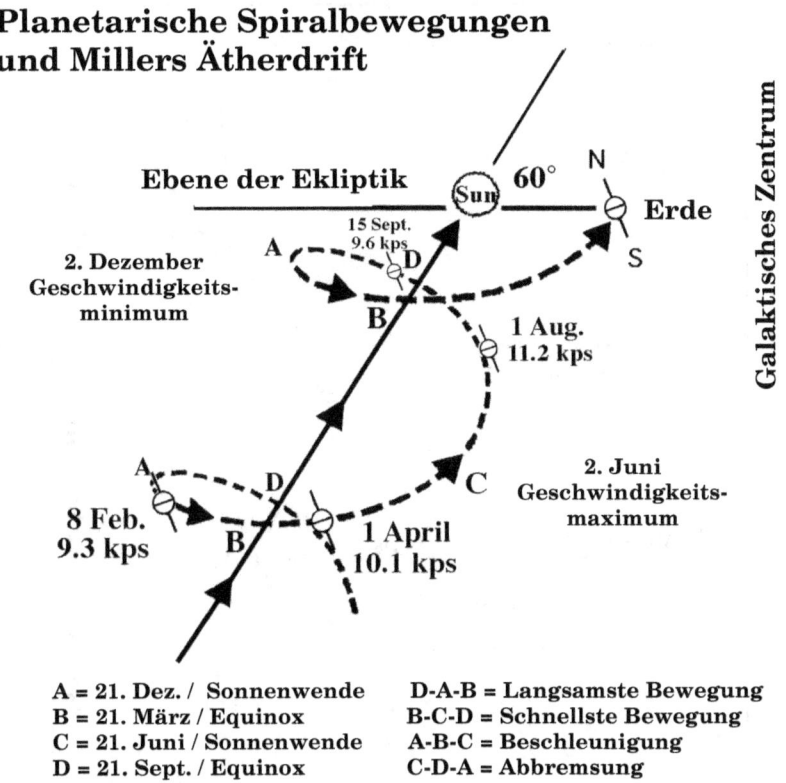

A = 21. Dez. / Sonnenwende
B = 21. März / Equinox
C = 21. Juni / Sonnenwende
D = 21. Sept. / Equinox

D-A-B = Langsamste Bewegung
B-C-D = Schnellste Bewegung
A-B-C = Beschleunigung
C-D-A = Abbremsung

Abb. 4: Der spiralförmige Umlauf der Erde um die sich fortbewegende Sonne

Die Erde legt von März bis September eine größere Strecke zurück (B-C und C-D) als in der Zeitspanne von September bis März (D-A und A-B). Diese Beschleunigung bzw. Verlangsamung im Jahresverlauf scheint davon abzuhängen, ob sich die Erde auf das Zentrum der Galaxis zubewegt oder sich davon entfernt. Im Bild sind zusätzlich die bei Millers Mount-Wilson-Experimenten gemessenen jahreszeitlichen Schwankungen der Ätherdriftgeschwindigkeit vermerkt, die mit diesem Spiralform-Modell übereinstimmen, wobei zu beachten ist, daß es sich hierbei um die Meßwerte am Interferometer handelt, die den Mitführungseffekt durch die Erde beinhalten, **und daher nicht zu verwechseln sind mit der Reingeschwindigkeit des Ätherwindes oder der Erdwanderung durch den Weltraum.** [25]
(Graphik: DeMeo 2004)

Das Orgonakkumulator-Handbuch

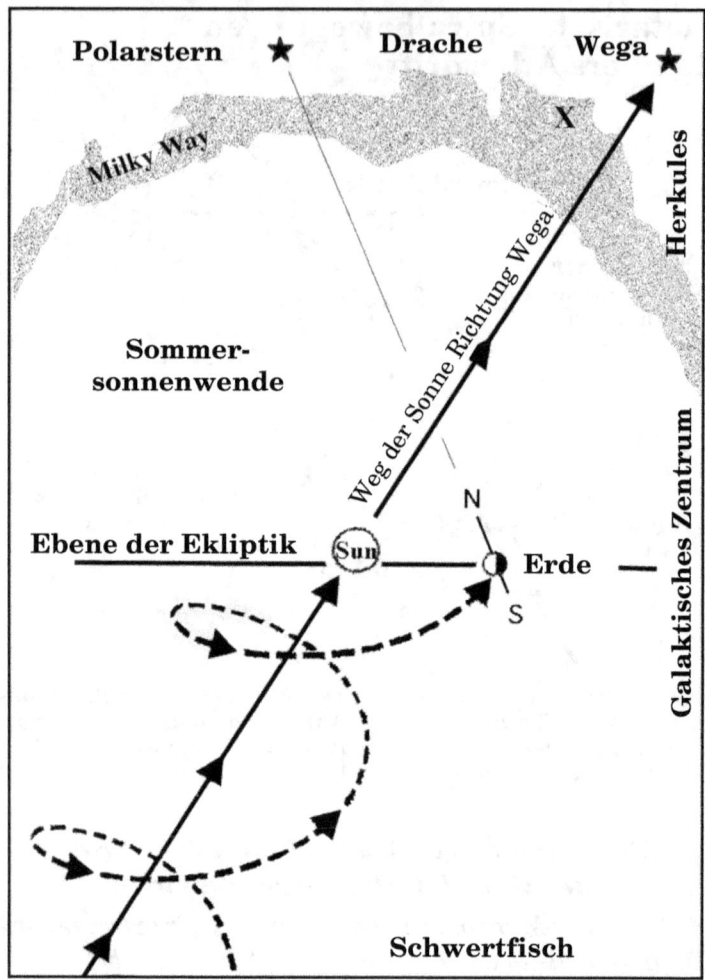

Abb. 5: Spiralbewegung des Sonne-Erde-Systems

Die Erde (hier in der Position der Sommersonnenwende gezeigt) beschreibt in ihrem Umlauf um die Sonne eine Spirale, während die Sonne sich in Richtung Wega bewegt. Das Sternbild Drache markiert die ungefähre Lage des Nordpols der Ekliptik. Etwa um 7° davon entfernt befindet sich der Nordpol der von Miller berechneten Achse der Ätherdrift (»X«). Die Ebene der Ekliptik ist zum Pfad der Sonne um etwa 60° gekippt, was zu jahreszeitlichen Schwankungen in der Geschwindigkeit der Erdbewegung führt.[25] (Graphik: DeMeo 2004)

Anhang: Der kosmologische Äther

im darauffolgenden März. Man gewinnt den Eindruck, als ob unser Planet dem Einfluß einer starken energetischen Strömung oder Schwungkraft ausgesetzt ist, *welche ihn in den Frühlingsmonaten schneller auf das galaktische Zentrum zutreibt,* um dann wieder nachzulassen, wenn die Erde sich ab September vom galaktischen Zentrum entfernt. Die übrigen Planeten unseres Sonnensystems erfahren auf ihren Umlaufbahnen ähnliche Geschwindigkeitsunterschiede.

Reich waren sowohl die Veränderungen der Erdgeschwindigkeit als auch der Neigungswinkel von etwa 62,6° bekannt, den die Erdachse zur Galaktischen Ebene einnimmt. [18, 25] Ferner ist die Ebene der Ekliptik des Sonnensystems um ca. 60° gegenüber der Linie geneigt, auf der sich die Sonne in Richtung der Wega bewegt (siehe Abb. 5). Ähnliche Winkelbeziehungen tauchen in Millers Ätherdrift-Daten auf, die »...*um einen Winkel von ca. 60° herum hin und her pendelten...*« [4, S. 357] Miller und Reich betonten aufgrund ihrer jeweiligen Entdeckungen beide die Bedeutung entsprechender translatorischer Bewegungen der Erde durch das Weltall.

Piccardis Biometeorologie und die »Dunkle Materie«

Der italienische Chemiker Giorgio Piccardi machte eine Reihe vergleichbarer Beobachtungen über kosmische Einflüsse auf Phasenwechselexperimente unter konstanten Laborbedingungen, wie z.B. das Ausfällen von gelöstem Bismutchlorid oder das Gefrieren von sogenanntem unterkühlten (»supercooled«) Wasser. [26] Piccardi kam schließlich zu dem Schluß, daß die schraubenförmige Bewegung der Erde um die Sonne der bestimmende Faktor für die anomalen jahreszeitlichen Schwankungen bei seinen chemischen Versuchsreihen sei, die in der Frühlings- und Sommerperiode der nördlichen Hemisphäre jeweils ihren Höhepunkt erreichten.

Piccardis kosmischer Faktor konnte durch Metallgehäuse beeinflußt werden, so wie bei Reichs Orgonenergie-Akkumulator oder Millers Ätherabschirmung, und manifestierte sich global. Das heißt, das Phänomen wirkte sich auf Experimente, die gleichzeitig sowohl in der nördlichen als auch der südlichen Hemisphäre durchgeführt wurden, in identischer Art und Weise aus. Das bedeutete, daß es nichts mit jahreszeitlichen Schwankungen in den Umgebungsbedingungen zu tun hatte, wie beispielsweise Temperatur oder Feuchtigkeit. Piccardi vermerkte:

Das Orgonakkumulator-Handbuch

»Wenn der Raum leer wäre, frei von Feldern, Materie und inaktiv, wäre eine derartige Überlegung ohne Bedeutung. Heute wissen wir jedoch, daß es im Raum sowohl Materie als auch Felder gibt.«
[26, S. 97-98]

Dem Biologen Frank Brown fielen am Wood's Hole Institut in Massachusetts ähnliche kosmische, mit der Sternzeit und den Jahreszeiten in Zusammenhang stehende Schwankungen in den biologischen Rhythmen (»Inneren Uhren«) verschiedener Pflanzen und Tiere auf, welche unter konstanten Laborbedingungen gehalten wurden. Seine Beobachtungen befinden sich überwiegend in Übereinstimmung mit dem hier beschriebenen kosmologischen Modell. [27] Ferner gibt es einiges an Fachliteratur aus verschiedenen anderen Disziplinen, in der entsprechende anomale Veränderungen in Verbindung mit Sternzeit und dem Kreislauf der Jahreszeiten dokumentiert werden. In allen Fällen lassen sie sich ebenfalls als Einfluß eines kosmischen Äthers interpretieren. [19]

Schlußendlich sollten wir auch die vielen, in letzter Zeit gemessenen saisonalen Variationen des »Dunkelmaterie-Windes«

Abb. 6: Piccardis bewegliches Modell der schraubenartigen Bewegung der Erde um die Sonne. *Es wurde auf der Brüsseler Weltausstellung von 1958 vorgestellt und veranschaulichte auch die unterschiedlichen Geschwindigkeiten der Erdbewegung durch den Kosmos. [26, S. 98]*

Anhang: Der kosmologische Äther

neu überdenken. [28] Sie werden zwar als eine Folge der spiralförmigen Bewegung der Erde durch den Weltraum anerkannt, allerdings ohne irgendeinen Bezug zur Ätherdrift herzustellen. Kombiniert mit der Geschwindigkeit des Erdumlaufs um die Sonne von 30 km/sec und derjenigen des Sonnensystems durch das All von 232 km/sec kommt man auf ein Geschwindigkeitsmaximum des postulierten »Dunkelmaterie-Windes« am 2. Juni und ein Minimum am 2. Dezember — genauso wie in Abb. 4 dargestellt.

Die »Dunkle Materie« bleibt bisher eine eher vage Angelegenheit. Sie wurde eingebracht aufgrund von Gravitationsanomalien, die auf eine sehr geringe Masse im offenen Weltraum hindeuten, soll aber im wesentlichen für Lichtwellen durchlässig sein, außer in galaktischen Halos. Ich behaupte, die »Dunkle Materie« — bei der nunmehr eine maximale »Windgeschwindigkeit« nachgewiesen wurde, welche sich in Übereinstimmung mit den kosmologischen Ätherbewegungen gemäß den Erkenntnissen von Miller, Reich und Piccardi befindet — ist nichts anderes als der *substantielle und dynamische kosmische Äther*.

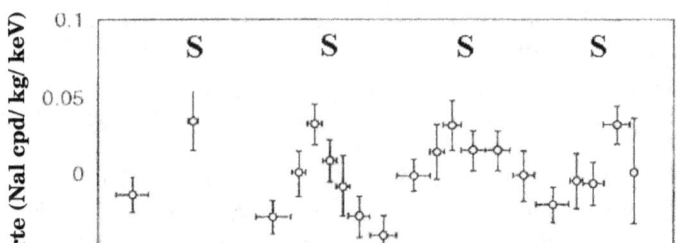

Abb. 6: Jährliche Schwankungen im »Dunkelmaterie-Wind« (nördliche Hemisphäre), ermittelt vom italienischen DAMA-Projekt (nach Bernabei). [28] Dieser kosmische Wind, nenne man ihn nun Äther, Dunkle Materie oder Orgonenergie, nimmt im Juni zu, wenn die Erde ihre Höchstgeschwindigkeit erreicht, und läßt dann wieder bis zu einem Minimum im Dezember nach.

Das Orgonakkumulator-Handbuch

Quellenangaben zum Anhang über den kosmologischen Äther

[1] D. Miller, *Rev. Modern Physics,* Vol.5(2), S. 203-242, July 1933.
[2] J. DeMeo »Dayton Miller's Ether-Drift Research: A Fresh Look«, *Pulse of the Planet,* 5, S. 114-130, 2002. http://www.orgonelab.org/miller.htm
[3] A.A. Michelson & E. Morley, *Am. J. Sci.,* 3rd Ser., Vol.XXXIV (203), Nov. 1887.
[4] D. Miller, *Astrophys. J.,* LXVIII (5), S. 341-402, Dec. 1928.
[5] A.A. Michelson, F.G. Pease, F. Pearson, »Repetition of the Michelson-Morley Experiment«, *Nature,* 123:88, 19 Jan. 1929; auch in J. Optical Soc. Am., 18:181, 1929.
[6] J. Kennedy, E.M. Thorndike, *Phys. Rev.* 42 400-418, 1932.
[7] A.A. Michelson, F.G. Pease, F. Pearson, »Measurement of the Velocity of Light in a Partial Vacuum«, *Astrophysical J.,* 82:26-61, 1935.
[8] D. Deitz, »Case's Miller Seen Hero of 'Revolution'. New Revelations on Speed of Light Hint Change in Einstein Theory«, *Cleveland Press*, 30 Dec. 1933.
[9] A. Einstein, »Relativity and the Ether«, *Essays in Science,* 1934. Deutsches Originalzitat aus: A. Einstein, »Äther und Relativitäts-Theorie«, Springer Verlag, 1920
[10] R.S. Shankland, et al., »New Analysis of the Interferometer Observations of Dayton C. Miller«, *Rev. Modern Physics,* 27(2):167-178, April 1955.
[11] M. Allais, *L'Anisotropie de L'Espace,* Clément Juglar, Paris, 1997.
[12] Y.M. Galaev, »Ethereal Wind in Experience of Millimetric Radiowaves Propagation«, *Spacetime and Substance,* V.2, No.5 (10), 2000, S.211-225. http://www.spacetime.narod.ru/0010-pdf.zip
[13] Y.M. Galaev, »The Measuring of Ether-Drift Velocity and Kinematic Ether Viscosity Within Optical Waves Band«, *Spacetime and Substance*, Vol.3, No.5 (15), 2002, S. 207-224. http://www.spacetime.narod.ru/0015-pdf.zip
[14] Y.M. Galaev, persönliche Mitteilung an den Autor, 6. April 2004.
[15] W. Reich, *Discovery of the Orgone, Vol.1: Function of the Orgasm,* Farrar, Straus & Giroux, NY, 1973 (Neuausgabe der Original-veröffentlichung von 1942).
[16] W. Reich, *Discovery of the Orgone, Vol.2: The Cancer Biopathy,* Farrar, Straus & Giroux, NY, 1973 (Neuausgabe der Original-veröffentlichung von 1948).

Anhang: Der kosmologische Äther

[17] W. Reich, *Ether, God & Devil,* Farrar, Straus & Giroux, NY, 1973 (Neuausgabe der Originalveröffentlichung von1951).
[18] W. Reich, *Cosmic Superimposition,* Farrar, Straus & Giroux, NY, 1973 (Neuausgabe der Originalveröffentlichung von 1951).
[19] J. DeMeo, »*Evidence for... a Principle of Atmospheric Continuity*«, in Press.
[20] J. DeMeo (Herausgeber) *Heretic's Notebook,* Natural Energy, 2002.
[21] W. Reich, *The Oranur Experiment,* Wilhelm Reich Foundation, Rangeley, ME, 1951.
[22] Die online zugängliche *Bibliography on Orgonomy* umfaßt Hunderte von Einträgen, die nach Stichworten durchsucht werden können: http://www.orgonelab.org/bibliog.htm
[23] W. Reich, *Contact With Space,* Farrar, Straus & Giroux, NY, 1957, pp.95-110.
[24] L. Stecchini, »The Inconstant Heavens«, in *The Velikovsky Affair: Warfare of Science and Scientism*, A. deGrazia, Ed., University Books, 1966.
[25] J. DeMeo, »Reconciling Miller's Ether-Drift With Reich's Dynamic Orgone«, *Pulse of the Planet,* 5:137-146, 2002. http://www.orgonelab.org/MillerReich.htm
[26] G. Piccardi, *Chemical Basis of Medical Climatology,* Charles Thomas, Springfield, 1962.
[27] F. Brown, »Evidence for External Timing of Biological Clocks« in *An Introduction to Biological Rhythms,* J. Palmer (Ed.), Academic Press, NY 1975.
[28] R. Bernabei, »DAMA Experiment: Status and Reports«, Sept. 2003 & R. Bernabei, »DAMA/NaI results«, Feb. 2004.
 http://people.roma2.infn.it/~dama/bernabei_alushta_dama.pdf
 http://people.roma2.infn.it/~dama/belli_noon04.pdf
 http://www.lngs.infn.it/lngs/htexts/dama/

Weitere Informationen zum kosmischen Äther sind hier zu finden:

* J. DeMeo, »Dayton Miller's Ether-Drift Research: A Fresh Look«, *Pulse of the Planet,* 5, S.114-130, 2002.
 www.orgonelab.org/miller.htm
* J. DeMeo, »Reconciling Miller's Ether-Drift With Reich's Dynamic Orgone«, *Pulse of the Planet,* 5:137-146, 2002.
 www.orgonelab.org/MillerReich.htm
* Cosmic Ether-Drift and Dynamic Energy in Space:
 www.orgonelab.org/energyinspace.htm

Das Orgonakkumulator-Handbuch

Stichwortregister

A

Abbot, Charles G. 67
ACLU (American Civil Liberties Union) 24
Akupunktur 11, 63, 159, 197
Alfven, Hannes 70, 240
Allais, Maurice 252
AMA (American Medical Association) xv, 20, 22, 29
Amöbe (siehe Bione)
Anderson, William 157, 237
Angst (siehe Emotionen)
Animalischer Magnetismus (siehe Mesmer, Franz)
Apollo-Astronauten iv
Apoptose (siehe bionöser Zerfall)
Arp, Halton 70, 240
Atemblockade 151
Äther oder Ätherdrift (siehe kosmischer Äther)
Atombombentests und Folgen (Erdbeben, Störungen der Erdrotation) 91, 103, 108, 132, 188

B

Baker, Courtney 24, 164ff, 236ff
Baubiologie 85
Becker, Robert O. 64ff, 240
Benveniste, Jacques 67, 240
Bergson 64
Bernabei, Rita 265, 267 (siehe Dunkelmaterie-Wind)
bewußte Intention (siehe PEAR-Labor)
Blasband, Richard v, 24, 157, 160ff, 237ff
Bioelektrizität 7ff, 38, 43ff, 48, 55, 65ff, 106ff, 191, 233
Bioenergie (siehe Orgonenergie)
biologische Transmutationen 66, 103, 241
biologische Uhren/Rhythmen 71ff, 240, 264, 267

Bione 7, 46ff, 55, 139, 141, 154, 160, 191, 234
bionöser Zerfall 7, 10, 46ff, 142, 150ff
Bionpackung 139ff, 153
Biopathie 27, 87, 135, 149ff, 156ff, 164, 172 (siehe auch Überladungsbiopathie)
blaues Leuchten
  Astronauten iv
  Atmosphäre 97ff, 178
  Atomreaktorunfälle 99, 104
  Biolumineszenz 10, 45ff, 139
  Bione 55, 139
  Blutzellen 10
  DOR-Bedingungen 97ff
  heiße Quellen 138, 143
  Radioaktivität 104
  rote Blutkörperchen 10
  Tscherenkow-Strahlung 104
  Wälder 98
  Wasser 143
Blutkörperchen, Blutzellen, Lebendblut 10, 156, 162ff, 170
Brady, Mildred und Robert 17-25, 29, 31, 194 (siehe auch Reich, Wilhelm: Verfolgung)
Bremer, Kenneth 157
Brenner, Myron 157
Brown, Frank 71ff, 240, 264, 267
Burr, Harold S. 59, 64, 240

C

Charcot, Jean Martin 64
Chembuster (siehe Orgonit)
chemische Effekte (siehe Piccardi, Giorgio)
Cheops-Pyramide 82, 84
Chinesische Medizin und Chi 11, 63, 159, 195, 240
Clifford, Richter xv, 27
Cloudseeding, Fernwirkungen 68
Consumer Reports (Zeitschrift) 18, 20

Consumers' Research 23
Consumers' Union 18ff, 23ff
Cott, Alan 157, 238
Couch-Potato-Syndrom 111
CSICOP 12, 20, 31, 237 (siehe auch Reich, Wilhelm: Verfolgung)
Curie, Eve und Pierre 104, 138

D

DeMeo, James
 bioelektrische Experimente 106
 Biographie 277
 Experimente zum Lichtspektrum 119ff
 Experimente zum Pflanzenwachstum 60, 180ff
 Experimente zur Hemmung der Wasserverdunstung im Orgonakkumulator 187ff
 Experimente zur Temperaturdifferenz im Orgonakkumulator 184ff
 Form des Akkumulators 82ff
 Konzept des »alten Heustadels im Wald« 117ff
 Konzept des »Hohlraum-Kondensators« 79
 Neutronenexperimente 103
 persönliche Beobachtungen mit dem Orgonakkumulator 169-175
 Vorwort viii, xi
Dew, Robert 157, 238
dielektrische Eigenschaften 79-83, 225, 254
DNA-Theorie, Probleme mit 60, 64ff
DOR (tödliches Orgon - siehe Oranur und DOR)
DOR-Buster 147, 159, 162ff, 170, 235, 238 (siehe auch: Energieabzugsrohre und Wassereimer)
Duesberg, Peter 241
Dunkle Materie, Dunkelmaterie-Wind 10, 38, 246, 263ff (siehe auch kosmischer Äther)

E

Einstein, Albert x, 9, 69, 184ff, 233, 236, 247-252, 257, 266
élan vital 38, 64
elektrodynamisches Feld 64, 105, 128 (siehe auch Burr, Harold)
elektromagnetische Felder, Schutz vor v, xi-xii, 85ff, 89-93, 98, 100, 105, 110ff, 119, 122-136, 178, 192 (siehe auch Oranur und DOR)
Elektrosmog (siehe elektromagnetische Felder)
Emotionen 7, 38ff, 41ff, 63, 73ff, 95, 111ff, 149-158, 167, 172ff, 178, 193, 196, 233-237
Energieabzugsrohre und Wassereimer 145ff, 170, 192
Energiesparlampe 89, 107, 114, 119ff, 204
Energiefelder
 Bione, Blut 10, 139
 Erde, Atmosphäre 58ff, 92, 103, 108ff, 178
 menschliches iv, 7, 56ff, 60, 65, 88, 100, 113, 189ff
 Orgonakkumulator 86, 113

F

Fachzeitschriften zur Orgonomie
 Annals, Institute for Orgonomic Science 33
 Annals, Orgone Institute 27
 Cosmic Orgone Engineering 15
 Int. Journal, Sex-Economy and Orgone Research 15, 27, 149
 Journal of Orgonomy 33
 Orgone Energy Bulletin 15, 27
 Pulse of the Planet 33, 277
FBI (Federal Bureau of Investigation) 12, 15, 18ff
FDA (Food and Drug Administration) 12, 18, 21-32, 60, 142ff, 145, 162, 165, 195, 198, 236ff (siehe hierzu auch Reich, Wilhelm: Verfolgung)
Französische Akademie der Wissenschaften 45

Stichwortregister

Freedom of Information Act 12
Freud, Sigmund 5-8, 41ff, 64, 233
Fuckert, Dorothea 157, 239

G
Galaev, Yuri 245, 253, 266
galaktische Halos 265
Galilei, Galileo xv, 28
Gardner, Martin 20, 25, 31, 194
  (siehe auch Reich, Wilhelm:
  Verfolgung)
Geistheilung xiii, 196ff
Gebauer, Rainer 191, 236, 239
Gerson, Max 21, 153ff
Gold, Philip 157
Gould, Jay 128, 241
Grad, Bernard 163ff, 191, 238
Greenfield, Jerome 12, 237

H
Handauflegung (Heilung) 196
Hays, Arthur Garfield 24ff
Hebenstreit, Günther 238
heilendes Wasser (siehe Wasser)
heiße Quellen (siehe Wasser)
»Heustadel im Wald«-Konzept
  (siehe DeMeo, James)
»Hohlraum-Kondensator«-Konzept
  (siehe DeMeo, James)
Homöopathie 11, 66ff, 144ff, 159, 197
Hoppe, Walter 157, 236, 239
Hormesis 144
Hoxsey, Harry 21, 153ff
Hyperaktivität bei Kindern 107, 112ff

I
intergalaktisches Medium (siehe
  kosmischer Äther)
IPA (Internationale Psychoanalytische Vereinigung) 6, 13

J
Jung, Karl 6

K
Kammerer, Paul 64
Kavouras, Jorgos 157, 236
Kennedy-Thorndike 249, 266
Kernfusionsanlagen 69
Kervran, Louis 66, 103, 241
KGB (siehe Sowjetunion)
Kirlian-Fotografie 56, 189
Komintern (siehe Kommunismus)
Kommunismus, Komintern viii, 6, 11-32, 194ff
  Ermordung von Reichs
    Mitarbeiter 14
  Komintern-Agenten, Spitzel-
    netzwerk 11, 15, 21
  Verfolgung von Reich 11-32
Kommunistische Partei (siehe
  Kommunismus)
Konservendosen Akkumulator
  84ff, 207ff
Kosmische Überlagerung 49, 102, 255
kosmischer Äther viii, xiii, 10, 38, 68ff, 101ff, 105, 138, 233, 245-267
Krebs
  Krebsbiopathie 150ff (siehe
    auch Biopathie)
  Krebszelle, Ursprung 7, 47ff, 139, 149ff. 153ff
  konventionelle Behandlung 3ff
  »Krieg gegen den Krebs« 3ff
Kreiselwellenbewegung der
  Orgonenergie 49, 255, 258
Kurbäder, Kurwesen (siehe
  Wasser)

L
Langmuir, Irving 68
Lassek, Heiko 157, 239
lebendes Wasser (siehe Wasser)
Lebensenergie (siehe Orgon-
  energie)
Lebenskraft, Vis vitalis 11, 38, 64ff, 145
Leuchteffekte, Biolumineszenz 10, 49, 139 (siehe auch blaues
  Leuchten)

Levine, Emanuel 157, 239
Libido 41
Licht, Beleuchtung 119ff
Lion, Kurt 24
Lust-Angst-Reaktionen 21, 41ff, 172

M
Marer, E. 162, 240
Martin, James E. 12, 31, 237
Marxismus (siehe Kommunismus)
McCarthyismus 11, 32, 194
medizinischer DOR-Buster (siehe DOR-Buster)
Menninger, Karl 20
Mesmer, Franz Anton, und Animalischer Magnetismus 11, 64, 196
Michelson-Morley-Experiment 69, 245-250, 257, 266
Michelson-Pease-Pearson-Experiment 245ff, 266
Mikroskop, Lichtmikroskop mit starken Vergrößerungen zur Lebendbeobachtung 44ff
Mikrowellenstrahlung xi-xii, 86, 91, 100, 118, 124-134, 194
Miller, Dayton 10, 68ff, 105, 240ff, 245-266
Mills, Peter 25ff
Mobilfunk (siehe auch Mikrowellenstrahlung)
morphogenetisches Feld 64
Moss, Thelma 56, 241
Müschenich, Stefan 191, 236, 239

N
Nature (Zeitschrift) 67, 240, 242
Nationalsozialismus, Nazis 6, 13ff, 19
New Republic (Zeitschrift) 16ff, 194
New Scientist (Zeitschrift) 64
New York Times (Zeitung) 31
Neutrinos, Neutrinomeer 10, 100ff (siehe auch kosmischer Äther)
Newton, Isaac 68, 256ff
NKWD (siehe Sowjetunion)
NLRB (National Labor Relations Board) 22ff
Nordenström, Björn 65ff, 241

O
Oberster Gerichtshof der USA 28, 30, 198
Od 64
Oranureffekt und DOR 89-115, 118ff, 123ff, 127, 130, 136, 144ff, 169, 181ff, 188, 192ff, 233ff, 241ff
  DOR-Krankheit 95
  DOR-Wolken, DOR-Dunst 94ff, 98
  durch alte Fernseher mit Kathodenstrahl-Bildröhre 89, 106-113, 123ff, 132ff
  durch Atombombentests 103, 108, 113, 132, 188
  emotionale und körperliche Reaktionen auf 89ff, 110ff
  infolge des Oranur-Experiments 93ff, 99, 110, 234
  infolge des Three Mile Island-Unfalls 99, 104, 241
  infolge des Tschernobyl-Unfalls 99, 104
  Reinigung durch Wasser 145ff
  Oranur-Medizin 144
  schwarze Ablagerungen auf Steinen 95
  von Computern, Wi-Fi xii, 90, 107, 114ff, 124ff, 130, 178, 192
  von elektrischen Stromleitungen xi, 125, 131
  von Handys und Mobilfunksendemasten xi-xii, 85ff, 90, 107, 111, 117, 120, 126ff, 230
  von Heizdecken 90, 125, 173, 230
  von Leuchtstofflampen 106ff, 110-122, 131ff, 178, 181, 192, 204, 230
  von LED-Lampen 119ff
  von Mikrowellenherden 107, 129ff, 192
  von Radar 91, 107, 126ff, 130

Stichwortregister

von radioaktivem Material und Atomkraftwerken 92ff, 100ff, 127ff, 131ff, 136ff, 145, 188, 204, 216, 241ff, 246
von radioaktiven Rauchmeldern xi, 117, 127
von Röntgenstrahlen 56, 65, 89ff, 123ff, 132
Waldsterben xi, 98, 109
Orgasmus, orgastische Funktion 16, 27, 38, 41ff, 64, 149ff, 234
Orgonakkumulator (siehe Orgonenergie-Akkumulator)
Orgonbehandlung
  Arteriosklerose 87, 166
  Arthritis 142, 154ff, 173, 239
  Baby mit Fieber 173
  Bindehautentzündung 47, 87, 167
  Bluthochdruck 87, 157
  Brustkrebs 157, 171ff
  Depression 107, 157
  Diabetes 155, 157, 240
  Epilepsie 87, 166
  Erkältungen, Grippe 155, 170
  Erkrankungen, verschiedene 157
  Fettleibigkeit 87, 166
  Gebärmutterkrebs, Gebärmutterhalskrebs 157, 169
  Grüner Star (Glaukom) 87
  Hautentzündung 87, 167
  Hautkrankheiten 157
  Herpes genitalis 172
  Ichthyose 155, 157
  Koronararterienverschluß 157
  Krebs, Hautkrebs 157, 172
  Krebsbiopathie 150-157, 172
  Leberkrebs 174ff
  Leukämie 88, 134ff, 155, 157
  Lungenfibrose 173
  Melanom, malignes 157, 239
  rheumatisches Fieber 157
  Spinnenbiß 171
  Tuberkulose 155, 157
  Verbrennungen 154, 157, 170
  Wunde bei Kuh 174

Orgondecke 81, 88, 125, 141, 170ff, 196ff, 201ff
Orgone Biophysical Research Lab (OBRL) xiii, 46, 231, 243, 277
Orgonenergie (siehe auch Oranureffekt und DOR)
  atmosphärische 1, 9ff, 37ff, 48, 55ff, 71, 85ff, 140ff, 179, 189, 354
  Absorbierung durch Materie 37, 48, 50, 77ff, 80ff, 87, 137, 147, 187, 221, 229
  Belichtung von Film 47, 55ff
  Definition 37ff, 49ff
  Dunkelkammer 53, 55
  Eigenschaften 37ff, 49ff
  elektromagnetische Störungen, Medium zur Übertragung von xiii, 10, 38ff, 68, 100, 102, 105ff, 253, 256 (siehe auch kosmischer Äther)
  Entdeckung xv, 7ff, 32, 41-50, 180, 234
  Fluorophotometer 153
  Forschung an Mainstream Universitäten 12, 31, 195, 235
  körperliche Empfindungen 43, 61, 88, 99, 145, 177ff
  kosmische treibende Urkraft 246
  kosmischer Ozean 37, 102 (siehe kosmischer Äther)
  Luftfeuchtigkeit, Verdunstungseffekte 38, 50, 58, 86, 94, 188ff
  Lumineszenz (siehe blaues Leuchten, und Licht, Beleuchtung)
  masselos 254
  negative Entropie 49, 103
  Orgoneinheiten, »tanzende Lichtpunkte« 55, 178ff
  Orgonhülle der Erde 56, 100, 110, 222, 254
  Pulsation 37ff, 57ff, 97, 137, 234

273

Das Orgonakkumulator-Handbuch

spiralige Strömungsbewegung im Kosmos 10, 104, 246, 254ff, 257ff, 261ff, 265
Strömungsbewegungen in der Atmosphäre, Jet Stream 67
vergleichbare lebensenergetische Konzepte 63-74
Vesikel (siehe Bione)
West-Ost-Strömung 37, 98, 254
Wetterzyklen 88, 108

Orgonenergie-Akkumulator
Angriffe gegen (siehe Reich, Wilhelm: Verfolgung)
Aufenthaltsdauer 88
Außenanstrich 78
bewußte Intention, Vergleich mit 196ff
Belüftung, Notwendigkeit zu 84, 182, 188
Blutdruck, Herzfrequenz 50, 61, 166
Box 211-216, 221-231
»Celotex«-Problem 80
Detoxifikation, kombiniert mit 153
Deutschland, medizinische Anwendung in 155ff
dielektrische Materialien 79-83, 225, 254
Doppelblindstudien an Menschen, kontrollierte 157ff
elektrostatische Entladung, Anomalie 8ff, 50, 57, 79, 83, 102, 186ff
Erdhügel 83
Erfindung des 8, 33-53
Ferromagnetismus, ferromagnetisch 37, 77-82, 189
Form, Wirkung von 82, 84
Fotos von 52ff, 215ff, 231
»Flauschfaktor« 79, 81, 182
Gegenanzeigen, Überbeladungssymptome 87ff, 166ff
Geiger-Müller-Zähler, Aufladung von 38, 50, 57ff, 99, 107, 128, 132, 170, 235ff, 254
gesetzliche Lage 197ff
Größe im Verhältnis zum Körper 87
Grundregeln für Konstruktion u. Einsatz 77-88
Heilbehandlungen beim Menschen, klinische Studien 157
Heilexperimente an Mäusen, kontrollierte 159-165
Heilwirkungen 149-157
Höheneffekt 70, 86, 257
Konservendosen-Akkumulator 85, 207ff
Krebsbehandlung xiii, 3ff, 15, 47, 60, 149-165, 172ff, 234
magnetische Anomalie 8, 37, 47
organische Lage, Materialien 78
parasympathische Effekte 50, 61, 151, 158, 166
Pflanzenwachstum, Effekte 50, 60, 79, 180, 197, 254
physiologische, biomedizinische Effekte 50ff, 149-167
Piccardi, Vergleichbarkeit mit (siehe Piccardi, Giorgio)
Problematik von elektromagnetischen Feldern 117-136
Problematik von Kupfer, Aluminium 78ff, 85, 114, 118, 126, 145, 147, 182, 192
Reinigung von (siehe Wasser)
Schematische Darstellung 51
Schmerzlinderung 65, 141, 154ff, 170, 176
sexuelle Potenz, angebliche Steigerung von 193ff
Sitzgröße, Bauanleitung 221-231
Sonnenaktivität und Mondphaseneffekte 67, 86, 140
Temperaturdifferenz (To-T) 57, 184ff
Überladung 84ff, 114, 175 (siehe auch Überladungsbiopathie)
Verdunstung, Unterdrückungseffekt 187ff
Vitalitätseffekte 50, 151, 155

Stichwortregister

Zerstörung durch die FDA 25ff
zwanzigschichtiger Akkumulator 92, 231
Orgonfeldmeter 54, 57, 189ff
Orgonglocke 218
Orgonit, Orgongeneratoren, Chembuster 194
Orgonshooter-Trichter 52, 170ff, 177, 215, 217ff
Orgonstab 177, 219
Ott, John 110, 112

P

PEAR Labor, Princeton University 196ff
Petkau Effekt 109, 241
Piccardi, Giorgio 71ff, 140, 241, 246, 263ff. 267
Plasmaenergie (siehe kosmischer Äther)
Prana 63, 195
Psychosomatik 7

R

Raphael, Chester 157, 239
Roter Faschismus (siehe Kommunismus)
Regeneration von Zellen 54ff, 64ff
Reich, Eva v, 1, 157, 217
Reich, Wilhelm
  Angriffe der Schulmedizin 23ff, 154, 198
  Angriffe von Kommunisten, Nazis 11-34, 194ff
  Angriffe von Moralisten 12, 16, 32
  Behandlung von Krebs, Leukämie beim Menschen 149-157
  Behandlung von Krebsmäusen xiii, 155, 159-165
  Bruch mit Kommunisten, Marxisten 12ff
  Bücher und Veröffentlichungen, Liste 233ff
  Bücherverbrennung xv, 4, 14, 26ff, 30, 32, 162
  einstweilige Verfügung und Klage gegen 18-34
  Foto 2
  Frauenrechte, Einsatz für 12ff
  Freud, Verhältnis mit 6, 13
  Haftstrafe und Tod im Gefängnis 26-33
  in Europa 5ff, 11-15, 41-45
  in den USA 6ff, 15-34
  Inhaftierung nach Pearl Harbor 15
  Laboratorium in Forest Hills 15
  Laboratorium Orgonon, Rangeley Maine 15ff, 28, 33
  Laboratorium in Skandinavien 14, 44
  Massenpsychologie des Faschismus 6, 13, 16ff, 234
  Mentoren, Vordenker 64
  Pornographie, Haltung zu 193
  Sexualökonomie, Sexualreform, Sex-Pol (siehe Sexualität)
  Therapie zur Auflösung emotionaler Blockaden 157ff
  Verfolgung 11-34, 194, 236-241
  Verleumdungskampagnen gegen 14-34, 73, 162, 193ff
  Vorträge, Seminare zu 1
  Wilhelm Reich Museum 33, 243
Reichelt, Günter 109
Relativitätstheorie (siehe Einstein, Albert)
Rife, Royal 154
Roosevelt, Franklin D. 17ff, 21ff, 142

S

Schauberger, Viktor 139ff, 190, 240
Schulmedizin 4, 24, 154, 172, 198
schwarzer Faschismus (siehe Nationalsozialismus)
Schwitzhütte, indianische 138
Semmelweis, Ignaz 154
Sex-Pol (siehe Sexualität)
Sexualität 6ff, 12ff, 19, 41ff, 193ff
Sexualökonomie (siehe Sexualität)

275

Shankland, Robert 252
Sheldrake, Rupert 64
Sobey, Victor 157, 239
Sonnenflecken 70ff, 140, 255
Sowjetunion
  Cambridge-Spionagering 16
  KGB 14ff, 29ff
  NKWD-Todesliste, Bedrohung Reichs 14ff, 30
  Silvermaster-Spionagering 18
Spektralanalysen von Lampenbirnen 120ff
Sternglass, Ernest 127, 242
Strahlung und Strahlenmeßgeräte 65, 128-132
Straight, Michael 16ff, 194 (siehe auch Reich, Wilhelm: Verfolgung)
Streamline-Analyse zur Wettervorhersage 67

T

T-Bazillen 150, 154, 156
Thermophile, Extremophile 139
Three Mile Island-Reaktorunfall 99, 104, 241
Time (Zeitschrift) 12, 31
Tropp, Simeon 157, 240
Trotta, E.E. 162, 240
Trotzki, Leon 13ff, 19
Tscherenkow-Strahlung 104
Tschernobyl, Unfall von 99, 104

U

Überladungsbiopathie 87ff, 135, 147, 162ff (siehe auch Biopathie)
Überladung, energetische 84ff, 92ff, 114, 124, 138, 146ff, 175
Uranminen 91, 109, 144
»Urknall«, Theorie vom expandierenden Universum x, 69ff, 102, 241, 257

V

VACOR-Röhre, Orgon im Vakuum 50, 58, 235, 246, 254
vegetative Strömung 41ff, 234
Verfassung, USA 26-30
Vollspektrumlicht 119ff

W

Waldsterben xi, 98, 109
Wallace, Henry 17ff (siehe Reich, Wilhelm: Verfolgung)
Wasser 137-147
  Auffrischung, Reinigung von Akkumulatoren 145ff
  blaue Farbe 143
  Experimente zur Hemmung der Verdunstung 187ff
  heiße Quellen, Heilbäder 138, 143ff, 197
  Kurbäder, Kurwesen 21, 138, 142ff
  lebendes Wasser xiii, 18, 137-147, 190, 240
  Mineralbäder, Bäder mit Meersalz, Epsom-Salz 137
  Orgonladung 59, 137
  Radium Hot Springs 143
  Radiumwasser 138, 143
  Warm Springs, Georgia 142
Weverick, N. 157
Whiteford, Gary 109, 242
Wilder, John 12, 31, 237
WLAN, WiFi (siehe Mikrowellenstrahlung)
Wolfe, Theodore xv, 237
Wood, Charles A. 22ff

X

»X-ray Ghost«-Phänomen 56, 65

Z

Zetapotential 10
Zufallsgeneratoren (siehe PEAR-Labor)

Über den Autor

James DeMeo, PhD, ist der Direktor des Orgone Biophysical Research Lab (OBRL), das er 1978 gründete. Er promovierte in Geographie an der Universität von Kansas, USA, und bestätigte dort mit seinen Forschungsarbeiten etliche von Wilhelm Reichs Entdeckungen auf den Gebieten der Soziologie und Biophysik. Er studierte ferner Ökologie und Chemie an der Florida International University sowie der Florida Atlantic University und lehrte später im Fachbereich Geographie sowohl an der Illinois State University als auch an der Universität von Miami.

Seine interdisziplinäre Forschungstätigkeit umfaßt ein breites Spektrum soziokultureller und biophysikalischer Inhalte. Dazu zählen u.a. historische und kulturvergleichende Studien über die Einflüsse von Dürre und die Entstehung von Wüsten auf die Ursprünge menschlicher Gewalt und kriegerischer Auseinandersetzungen, Laboruntersuchungen zu den Auswirkungen kosmischer Zyklen auf lebensenergetische Vorgänge sowie Feldforschungen zur Anwendung des Reich'schen Cloudbusters bei der Beendigung von Trockenheiten und der Begrünung von Wüstenregionen.

Dr. DeMeo hat über einhundert wissenschaftliche Beiträge in Fachzeitschriften und Büchern zu so vielfältigen Themen wie alternative Energien, Umweltschutz, Gesundheit, Kulturgeschichte und experimentelle Orgon-Biophysik veröffentlicht. Er ist außerdem Autor mehrerer Bücher, einschließlich des vorliegenden populären *Orgonakkumulator-Handbuchs* und des umfangreichen Werkes *Saharasia, The 4000 BCE Origins of Child-Abuse, Sex-Repression, Warfare and Social Violence, In the Deserts of the Old World*. Er ist Redakteur der OBRL-eigenen Zeitschrift *Pulse of the Planet* und Mitherausgeber des deutschsprachigen Buches *Nach Reich: Neue Forschungen zur Orgonomie*.

Dr. DeMeo lebt in den Bergen der Siskiyou Mountain Range im südlichen Oregon, USA, wo er ein privates Bildungs- und Forschungsinstitut betreibt.

www.orgonelab.org
www.saharasia.org

Weitere Veröffentlichungen vom Verlag Natural Energy Works
(in englischer Sprache)
www.naturalenergyworks.net

SAHARASIA: The 4000 BCE Origins of Child-Abuse, Sex-Repression, Warfare and Social Violence, In the Deserts of the Old World
by James DeMeo
464 pages, with over 100 maps, photos, and illustrations. Extensive bibliography and full index.

Heretic's Notebook: Emotions, Protocells, Ether-Drift and Cosmic Life-Energy, with New Research Supporting Wilhelm Reich
Edited by James DeMeo
With numerous photos and illustrations. 272 pages.

In Defense of Wilhelm Reich: Opposing the 80-Years' War of Mainstream Defamatory Slander Against One of the 20th Century's Most Brilliant Physicians and Natural Scientists
by James DeMeo
269 pages. Illustrated.
Extensive references, full index.

The History of Modern Morals
by Max Hodann,
A Central Participant in the European Weimar-Era Sexual Reform Movement
350+ pages, full index.
(Republication of a 1937 classic, with a New Introduction by James DeMeo)

Wilhelm Reich and the Cold War:
The True Story of How a Communist Spy Team, Government Hoodlums and Sick Psychiatrists Destroyed Sexual Science and Cosmic Life Energy Discoveries
by James E. Martin
415 pages, with document appendix, bibliography, and full index.

John Ott:
Exploring the Spectrum
Directed by John Ott
An exciting video journey through the world of time-lapse photography by one of the founders of the science of photobiology
Multi-region DVD
80 minutes, English language.

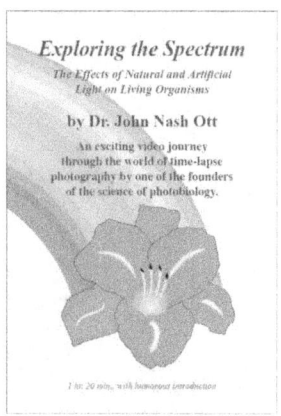

www.ingramcontent.com/pod-product-compliance
Lightning Source LLC
Chambersburg PA
CBHW052103230426
43671CB00011B/1914